［図説］日本の土壌

岡崎正規・木村園子ドロテア・波多野隆介
豊田剛己・林健太郎 …………… 著

朝倉書店

執 筆 者

岡 崎 正 規	東京農工大学大学院農学研究院・教授
木村園子ドロテア	東京農工大学大学院農学研究院・准教授
波 多 野 隆 介	北海道大学大学院農学研究院・教授
豊 田 剛 己	東京農工大学大学院農学研究院・准教授
林 健 太 郎	(独)農業環境技術研究所物質循環研究領域・主任研究員

(執筆順)

は じ め に

　『図説 日本の土壌』（山根一郎・松井　健・入沢周作・岡崎正規・細野　衛共著）は，1978年に出版された．山根は，日頃から「土の科学をもっとわかりやすく紹介したいと考えていた．形象化しにくい土を写真・図・表を中心にして本を送り出すことになった」と「はじめに」に記している．見開きで，左ページが文章，右ページが写真・図・表からなる本書は，ひとめで土壌を理解できるように工夫され，これまで出版された土壌学の教科書とは一線を画していた．「土の科学のむずかしさは数学や物理学のようなむずかしさではなく，土そのものや土にあらわれる現象の錯雑さのためである．土を理解しやすくするためにはその錯雑さを，視覚の助けをかりて論理的にときほぐしていくことが必要である」との山根の言葉そのままがこの本に生かされていた．今でもその光の輝きはいささかも衰えてはいない．

　しかし，刊行から30年を経て，我々を取り巻く環境は大きく変化した．土壌に関する知見は増加し，土壌の難しさを解きほぐすさらなる努力が続けられてきた．さらに，地球規模の環境変化は著しく，土壌侵食や塩類集積による土壌劣化は加速度的に増加・拡大し，土壌の汚染は食の安全を脅かす最も重要な要素となってきた．

　そんななか，『図説 日本の土壌』の改訂新版を出版する計画があると，朝倉書店から旧版の著者の一人であった岡崎に連絡があった．岡崎は，現在最もアクティブに活躍している共著者に連絡を取り，旧版の精神を受け継ぎつつ新版を作成する計画を立案し，共著者と何度も議論し，内容を検討した．

　本書をわが国の土壌の入門書であると位置づけ，土壌自身および土壌に現れる現象の錯雑さを視覚の助けを借りて解きほぐそうと企画した．土壌の内包する「からくり」を手に取って，温めながら間近でみようとしたのである．それには，土壌のもつ特徴の一つである色（カラー）の手助けが是非とも必要であった．30年の月日は，新版のカラー刷りを可能にしたのである．

　本書の第Ⅰ部では，わが国に分布する土壌の種類と特徴を概説した．第Ⅰ部第1章は「わが国に分布する土壌」，第2章「わが国に分布する土壌の種類と性質」において，読者は日本の土壌の基本的な情報を得ることができる．第Ⅱ部では，土壌のもつ多様な機能のひとつひとつを紹介しながら，土壌のもつ多様な機能を物質の循環を柱として解説することとした．第Ⅱ部の第1章は「物質は巡る」，第2章は「生物を育む土壌」，第3章は「土壌と大気の間に」，第4章は「土壌から水へ」，第5章は「土壌から植物へ」，第6章は「土壌から動物へ」，第7章は「土壌からヒトへ」，第8章は「ヒトから土壌へ」，第9章は「土壌資源」，第10章は「土壌と地域」，第11章は「土壌と地球」，第12章は「かけがえのない土壌」において，読者は物質の流れとともに，土壌の役割を解説しており，読者の土壌に関する理解がより進むものと信じている．

　　2010年3月　　　　　　　　　　　　　　　　　　　　　著者を代表して　岡 崎 正 規

目　次

US Soil Taxonomy により分類された土壌の特徴 ………………………………………………… vi

第Ⅰ部　わが国の土壌とその分布　　2

1. わが国に分布する土壌 ……………………………………………………［岡崎正規］…… 4
   1.1 わが国の土壌のなりたち ……………………………………………………………… 4
   1.2 わが国の土壌の水平および垂直分布 ………………………………………………… 4
   1.3 土壌の生成作用 ………………………………………………………………………… 8

2. わが国に分布する土壌の種類と性質 ……………………………………［岡崎正規］…… 12

第Ⅱ部　土壌のはたらき　　26

1. 物質は巡る …………………………………………………………［木村園子ドロテア］…… 28
   1.1 宇宙と元素の誕生 ……………………………………………………………………… 28
   1.2 地球の誕生 ……………………………………………………………………………… 30
   1.3 土壌の生成と元素 ……………………………………………………………………… 32

2. 生物を育む土壌 …………………………………………………［波多野隆介・豊田剛己］…… 36
   2.1 植物にとって本当に土壌は必要か …………………………………………………… 36
   2.2 土壌に及ぼす動物のインパクト ……………………………………………………… 44
   2.3 微生物と土壌 …………………………………………………………………………… 46

3. 土壌と大気の間に ……………………………………………………………［豊田剛己］…… 56
   3.1 土壌が呼吸する ………………………………………………………………………… 56
   3.2 土壌と大気の間を窒素が移動する …………………………………………………… 58
   3.3 硫黄，塩素が土壌と大気を行き来する ……………………………………………… 62

4. 土壌から水へ ………………………………………………………［岡崎正規］…… 66
   4.1 土壌中の物質が水に溶ける ……………………………………………………… 66
   4.2 水に溶解した物質の土壌中での移動 …………………………………………… 72
   4.3 水に分散・溶解した物質の再沈着・再沈殿 …………………………………… 74

5. 土壌から植物へ ……………………………………………………［林　健太郎］…… 76
   5.1 土壌が有する植物に必要なもの ………………………………………………… 76
   5.2 土壌は栄養分をどのように保持しているのか ………………………………… 80
   5.3 植物はどのようにして土壌から栄養分を得るのか …………………………… 82

6. 土壌から動物へ ……………………………………………………［豊田剛己］…… 90
   6.1 環境構成要素としての土壌 ……………………………………………………… 90
   6.2 植物を構成する元素 ……………………………………………………………… 92
   6.3 微量元素の鉱物への取り込みと放出 …………………………………………… 92
   6.4 元素の偏りが汚染を生む ………………………………………………………… 94

7. 土壌からヒトへ ……………………………………………………［波多野隆介］…… 98
   7.1 食料の確保 ………………………………………………………………………… 98
   7.2 有害物質と有用物質 ……………………………………………………………… 98
   7.3 重金属による汚染 ………………………………………………………………… 100
   7.4 農薬による汚染 …………………………………………………………………… 104
   7.5 化学肥料と堆肥 …………………………………………………………………… 106
   7.6 ヒトが欲する食料とは …………………………………………………………… 108

8. ヒトから土壌へ ……………………………………………………［林　健太郎］…… 112
   8.1 人間活動がもたらす土壌の荒廃 ………………………………………………… 112
   8.2 知らぬ間に周囲に広がる影響 …………………………………………………… 116
   8.3 ライフサイクル思考がインパクトを和らげる ………………………………… 118

9. 土 壌 資 源 …………………………………………………………［岡崎正規］…… 124
   9.1 食糧生産のための土壌 …………………………………………………………… 124
   9.2 環境浄化のための土壌 …………………………………………………………… 124
   9.3 健康な生活のための土壌 ………………………………………………………… 126
   9.4 工業材料としての土壌 …………………………………………………………… 126
   9.5 地下に眠る石油，石炭，天然ガス，リンと土壌資源 ………………………… 129
   9.6 なくなるリンと土壌資源 ………………………………………………………… 130

10. 土壌と地域　　　　　　　　　　　　　　　　　　　　　［波多野隆介］……132
   10.1　土壌が景観をつくる ………………………………………………… 132
   10.2　地域における物質移動 ……………………………………………… 132
   10.3　バランスはとれているのか ………………………………………… 142

11. 土壌と地球　　　　　　　　　　　　　　　　　　　　　　［林　健太郎］……148
   11.1　土壌と地球環境のかかわり ………………………………………… 148
   11.2　地球環境問題と土壌への影響 ……………………………………… 152
   11.3　地球温暖化が土壌に及ぼす影響 …………………………………… 160

12. かけがえのない土壌　　　　　　　　　　　　　　　　　［豊田剛己］……164
   12.1　土 壌 の 質 …………………………………………………………… 164
   12.2　土 壌 汚 染 …………………………………………………………… 165
   12.3　土壌汚染の修復と人の健康 ………………………………………… 168

   索　　　引 ……………………………………………………………………… 171

US Soil Taxonomy により分類された土壌の特徴

ゲリソル Gelisol
永久凍土

ヒストソル Histsol
泥炭

アンディソル Andisol
火山灰由来

スポドソル Spodosol
酸性・鉄アルミ集積

オキシソル Oxisol
熱帯林・強風化

アリディソル Aridisol
乾燥地, 砂漠

バーティソル Vertisol
粘土

アルティソル Ultisol
亜熱帯林, 低塩基

モリソル Mollisol
温帯草原, 腐植集積

アルフィソル Alfisol
温帯林・草原, 肥沃

インセプティソル Inceptisol
温帯林, 粘度生成

エンティソル Entisol
未熟, 岩石

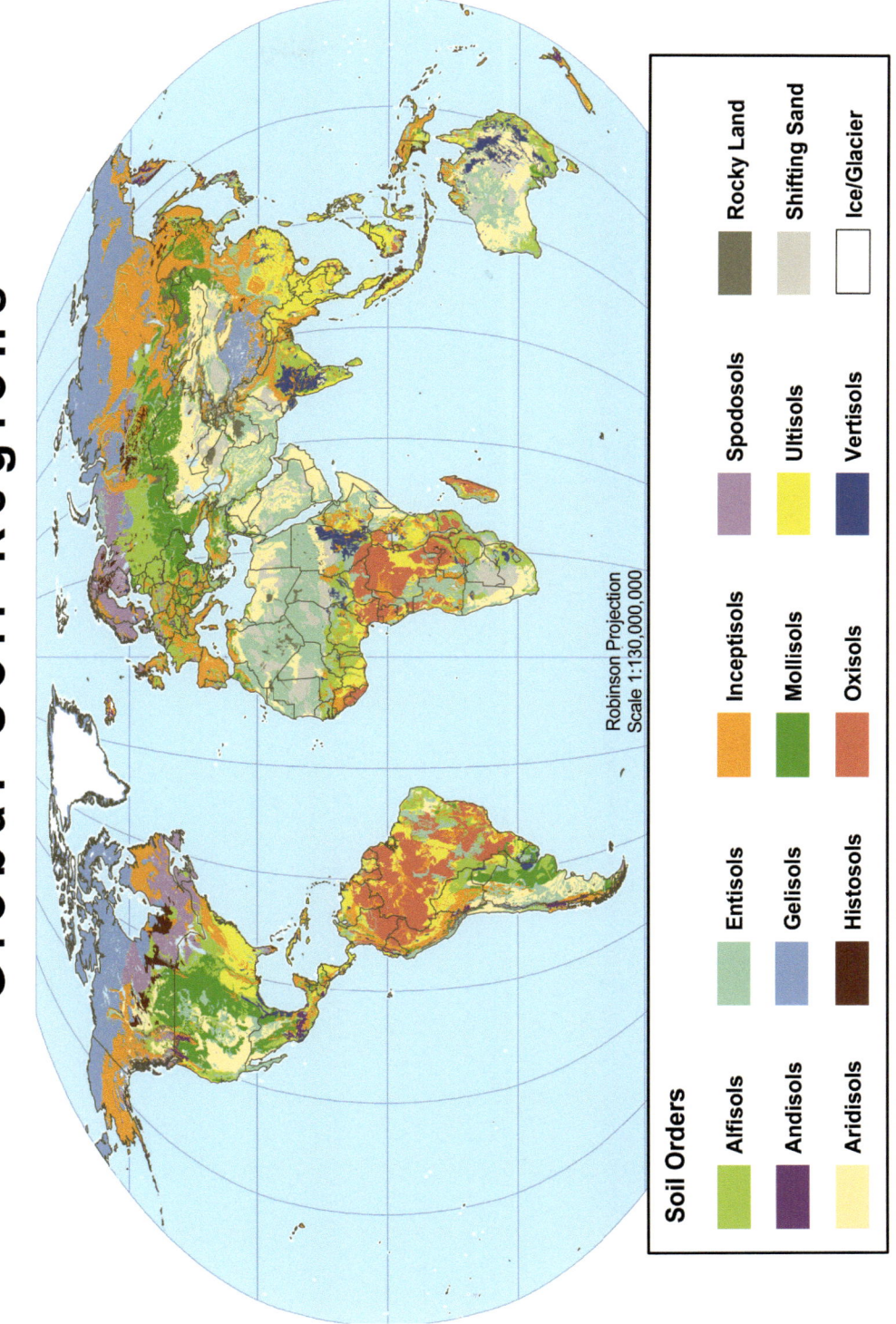

第 I 部

わが国の土壌とその分布

第1章　わが国に分布する土壌
第2章　わが国に分布する土壌の種類と性質

宇宙ステーションから垣間見える地球の陸域には，いくつもの植生の帯が見える．さらに目を凝らして北半球の中緯度に位置し，ユーラシア大陸の東端に南北3000 kmの弧状の島となって分布するわが国を発見する．国土は狭いが，中央部は3000 mを超える山々が連なり，今も煙を吐いている活火山を含む188個の火山を数えることができる．火山から噴出された噴出物は，火山によって，また噴出時期によって岩質が異なり，わが国の土壌の母材を複雑にしている．さらに，プレートテクトニクスによってもたらされた隆起と沈降の歴史は，岩質とともに，わが国に分布する土壌を複雑にさせた．さらに大陸周辺部は大気の流れが複雑となり，オホーツク気団，小笠原気団が季節的に配置を換え，配置換えの時期には，一月に150～300 mmを超えるような多量の降水をもたらすことも，わが国の土壌を多様にさせている．
　第Ⅰ部では，世界の土壌図（前ページ）（USDA, 2006）を参照しつつ，これらとは違いをみせるわが国の土壌の特徴と分布について概観する．

1 わが国に分布する土壌

■ 1.1 わが国の土壌のなりたち

　材料となる岩石，鉱物（母材 parent material）が，その場の気候（大気候，中気候，小気候，微気候），地形（地表の起伏，とくに水のはたらき）の影響を受け，さらに生物（動物，植物，微生物）の作用が加わり，一定の時間が経過して，ようやく土壌としての形態（断面）とはたらき（機能）をもつものができあがる．土壌をつくり上げるために必要な要因を土壌生成因子（図1.1）という．土壌生成因子のうち，気候と植生の影響が大きい場合には，気候帯（植生帯）に従って土壌も帯状に分布する．これを「土壌が成帯的に分布する」といい，成帯的に分布する土壌を成帯性土壌 zonal soils とよぶ．わが国は，地形が急峻で，浸食が激しい．したがって，成帯性土壌は成立しにくい．地形や母材などの局所的な影響を強く受けて生成した土壌，たとえば火山噴出物（火山灰など）に由来する黒ボク土（アンディソル Andisols；アンドソル Andosols）などを成帯内性土壌（間帯性土壌）intra zonal soils という．また，岩石や未固結の堆積物の上にほんの少し土壌が生成したような未熟な土壌を非成帯性土壌 azonal soils とよび，区別している．

　わが国には堆積岩が 61％，火成岩が 35％，変成岩が 4％存在する．石灰岩を除く堆積岩や花崗岩，流紋岩類のような火成岩は，酸性岩（ケイ酸質で，SiO_2 を 66％以上含む）で，カルシウムやマグネシウムが乏しい（図 1.2）．

　わが国の気候を温度からみると，根室以東は亜寒帯，北海道，東北，中部山地は冷温帯，東海，本州西南部，四国，九州は暖温帯または暖帯，奄美大島以南の南西諸島は亜熱帯に属する．他方，降水量は年間 1500〜3000 mm にも達し，わが国は湿潤気候下にある．我々は，物事を正確に認識するために固有の 1 つの名前をつけ，定義を明確にする．土壌に関してもひとつひとつの土壌に名前を与え，それぞれの土壌を明確に類別した．しかし，現在，1 つの土壌は 3 つの名前をもっている．土壌の名前に国家の威信がかかっているためである．土壌名は自国の科学の到達点を反映している．これまで使用してきた土壌名を捨てて，新しい土壌名を用いるのは，自国の科学を否定することにつながると考えるのは当然である．そこで，地域において使用する土壌名（local name）と世界分類においてよばれる土壌名（WRB；Soil Taxonomy）を併記することにしたのである．たとえば，褐色森林土 Brown forest soil（Dystrochrept；Cambisol）のように記載する．

■ 1.2 わが国の土壌の水平および垂直分布

a．土壌の水平分布　　わが国は成帯性土壌が生成する自然条件に乏しい．しかし，標高 300 m 程度までの低標高地域を基準として，成帯性土壌の分布域を区分し，図 1.3（松井・磯谷，1990）に示す．ポドゾル性土 Podzolic soils（Typic Cryothods；Haplic Podzols）（図 1.4）が主として分布する北海道北部地域（北緯 44〜45 度以北）は，トドマツ，エゾマツ，ハイマツ，ア

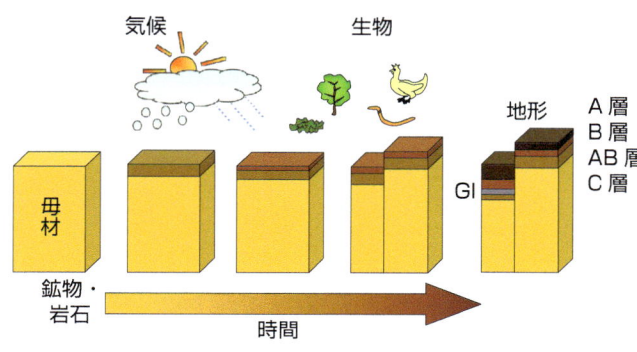

● 図1.1 土壌生成因子
母材,気候,地形,生物,時間を土壌生成因子という.

● 図1.3 わが国における成帯性土壌の分布(松井・磯谷, 1990)

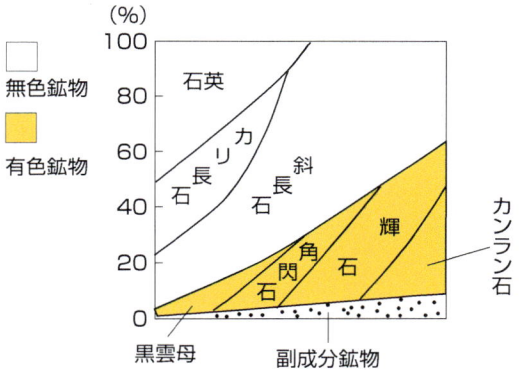

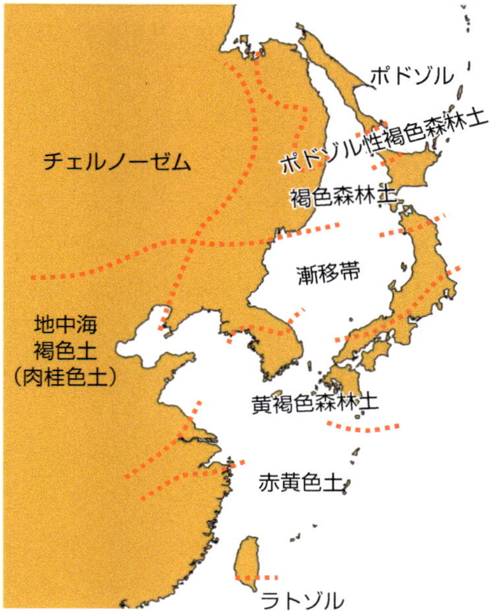

● 図1.2 岩石の類別

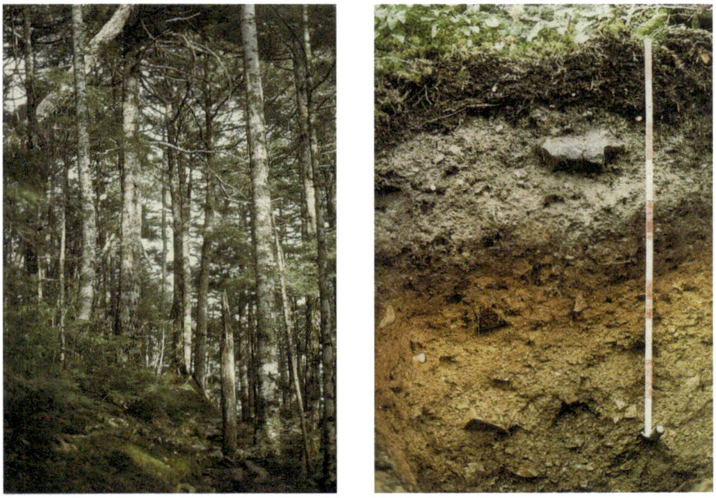

● 図1.4 ポドゾル性土(永塚鎮男氏提供)
常緑針葉樹あるいは針広混交林下に発達する.

オモリトドマツ，トウヒ，コメツガなどの常緑針葉樹林下あるいはこれらにミズナラなどを交えた針広混交林下にみられる．褐色森林土 Brown forest soils（Typic Dystrochrepts；Dystric Cambisols）（図 1.5）は強い酸性を呈し，酸性褐色森林土ともいわれる．褐色森林土が主として分布する地域は，北海道北部を除く北海道から東北地方北部（北緯 39～44 度）にまたがり，針広混交林およびブナ，ナラなどの夏緑広葉樹林を主体とする森林植生下に褐色森林土が発達する．褐色森林土から黄褐色森林土 Yellow brown forest soils（Typic Dystrochrepts；Dystric Cambisols）（図 1.6）への漸移帯（移行帯）transition zone とみられる地域は東北地方南部から本州中部地域（北緯 36～39 度）にわたる．この地域における優占植生は，夏緑広葉樹で一部常緑広葉樹（照葉樹）を交える．黄褐色森林土は北関東以南から吐噶喇列島まで（北緯 29～36 度）の地域に分布し，シイ，カシ，タブなどの常緑広葉樹を主体とする森林植生下に生成する．しかし，現在は，常緑広葉樹がコナラ，クヌギ，クリなどの二次林に置き換わっている．南西諸島から台湾の大部分までの地域は，赤黄色土 Read and yellow soils（Typic Hapludults；Haplic Alisols）（図 1.7，1.8）が生成される自然条件下にある．アコウ，ガジュマルなど南方型の常緑広葉樹（亜熱帯林）が優占している．現在みられる赤黄色土は，第四紀更新世の間氷期に生成された古土壌 relic soil（化石土壌 fossil soil）と考えられる．

以上簡単に述べてきた成帯性土壌（低標高の地域を基準として区分した）の分布は，当然のことながら，現実にみられる土壌の分布とは必ずしも一致していない．それは，中央アルプスをはじめとする日本列島の中央部には 3000 m を超える高い山々が連なり，土壌が垂直方向にも成帯性を示すからである．

b．土壌の垂直分布 垂直成帯性は，標高が 100 m 高くなると気温が 0.73℃ 低くなることによって形成される．1000 m 山に登ると，1000 km 北に移動したことと同じ気温変化となる．わが国は森林植生が発達するに十分な降水量が得られる．したがって，乾湿の条件は植生帯を決定する要因にはならず，温度環境の違いが植生帯を決める．そこで，吉良（1949）は植生帯の境界を説明する指数として温量指数（暖かさの指数，WI：warmth index）を考案した．暖かさの指数は，月平均気温 t が植物の生育に有効な 5℃ を上回る月について，平均気温から 5℃ を差し引いた値を積算して求めた値で，

$$WI = \sum(t-5) \quad n : t > 5℃ である月の数$$

で表すことができる．わが国の周辺地域における WI 等値線を図 1.9（吉良，2001）に示す．WI＜15 は高山帯（低小草原，ヒゲハリスゲクラス域），WI＝15～45 は亜高山帯（常緑針葉樹林（針葉低木林），トウヒ-コケモモクラス域），WI＝45～85 は冷温帯（夏緑広葉樹林（針広混交林），ブナクラス域），WI＝85～180 は暖温帯（照葉樹林）とよばれる．しかし，本州中部には WI が 85 以上であっても照葉樹林が成立しない地域が存在する．照葉樹林の分布の北限あるいは上限が，冬の寒さで決められていると考えられ，寒さの指数（CI：coldness index）を考え出した．寒さの指数を

$$CI = -\sum(5-t) \quad n : t < 5℃ である月の数$$

と定義すると，照葉樹林分布限界は CI＝－10 の等値線とよく一致した．WI が 85 以上であっても，CI が －10 を下回る地域では，暖温帯性の落葉広葉樹が優占する森林植生（夏緑広葉樹林）がみ

●図 1.5 褐色森林土（永塚鎮男氏提供）
針広混交林および夏緑広葉樹林下に発達する．

●図 1.6 黄褐色森林土（永塚鎮男氏提供）
常緑広葉樹林下に発達する．

赤黄色土
南方型の常緑広葉樹林（亜熱帯林）下に発達する

● 古赤色土と確認されたもの
● 古赤色土の可能性のあるもの

●図 1.7 北海道〜九州にみられる赤黄色土の分布

られ，CIが-10を上回る地域では，照葉樹林が優占する．WI＝180〜240は亜熱帯（亜熱帯降雨林，ヤブツバキクラス域）である．

　南アルプス南側（太平洋側）の山麓部を例として土壌の垂直成帯性をみると図1.10（近藤，1967）のようである．

　標高500〜1500mの地域は冷温帯にあり，山地帯とよばれ，年平均気温11〜14℃，年降水量2500〜3000mmで，夏緑広葉樹林となっている．このブナを代表とする夏緑広葉樹林帯は群落分類学的にはブナクラス域とよばれ，カエデ属，サクラ属，シデ属などの高木が混在し，さらにクロモジ属，ガマズミ属などの低木もみられる（図1.11）．

　さらに標高が高くなると，常緑針葉樹を主体とする亜高山帯とよばれる標高1500〜2500m，年平均気温5℃，年降水量2100〜2300mmの地帯となる．気候学的には亜寒帯にあり，群落分類学的にはトウヒ-コケモモクラス域とよばれる．シラベおよびオオシラビソを主体とし，モミ属およびトウヒ属が混在する常緑針葉樹林を構成する樹木の種数は少なく，林冠の高さが均一となり，うっ閉して土壌水分の蒸発を妨げ，地温を低下させ，表層に厚い堆積腐植（粗腐植）層を生成させる（図1.12）．堆積腐植層から供給される有機物によって，ポドゾル化した褐色森林土（ポドゾル性褐色森林土）が生成される．しかし，雪崩を発生しやすい急斜面や谷沿いでは，常緑針葉樹林は成立できず，ダケカンバやミヤマハンノキがみられる．

　標高2500mの森林限界を超えるとハイマツ（図2.2）低木林をはじめ，多くの高山植物群落が成立し，高山帯とよばれる．森林限界は，積雪や強風など，気温とは別の要因によって決定される．強い風を受ける尾根や夏であっても雪が残る凹地にはハイマツは発達せず，矮性低木あるいは草本性の高山植物からなる多様な群落が形成される．ハイマツ群落下の土壌には，有機物の集積した薄い表層土の直下に灰白色の漂白層が認められ，さらにその下層に暗褐色の腐植や鉄の集積した層位がみられる（図1.4）．この土壌はポドゾル性土とよばれ，時に高山ポドゾル性土とよばれることもある．こうした土壌の垂直成帯性は，わが国の低地から高地に向かって認められ，標高300m程度までを基準とした水平方向の成帯性分布をさらに複雑にさせ，多様性をもたらせている．

　水平および垂直方向に成帯性を示すことの他に，わが国に存在する土壌は，山地には非成帯性土壌である岩屑土，火山放出物未熟土などが，また，低地には泥炭土，グライ土，低地土，黒ボク土などの成帯性内性土壌や砂丘未熟土などの非成帯性土壌がある．

　このように，わが国には分布面積は少ないが，きわめて多種類の土壌が存在することになる．

■ 1.3　土壌の生成作用

　土壌を生成する作用の強さと組み合わせによって，層位が分化され，種々の土壌（土壌断面）が形成される．層位の分化は，土壌の生成作用により，岩石とは異なる層位（horizon）が地表近くに出現することになる（図1.1）．この地表面近くに生まれた層が土壌である．植物の遺体を主体とした腐植の蓄積は地表面近くで生じ，粘土鉱物の生成は，下層にも及ぶ．水に溶解したり懸濁した物質は水の動きに伴って，溶脱（leaching）したり，集積（accumulation）したりする．そのため，土壌は，物質が溶脱した層（eluvial horizon）や物質が集積した層（illuvial horizon）

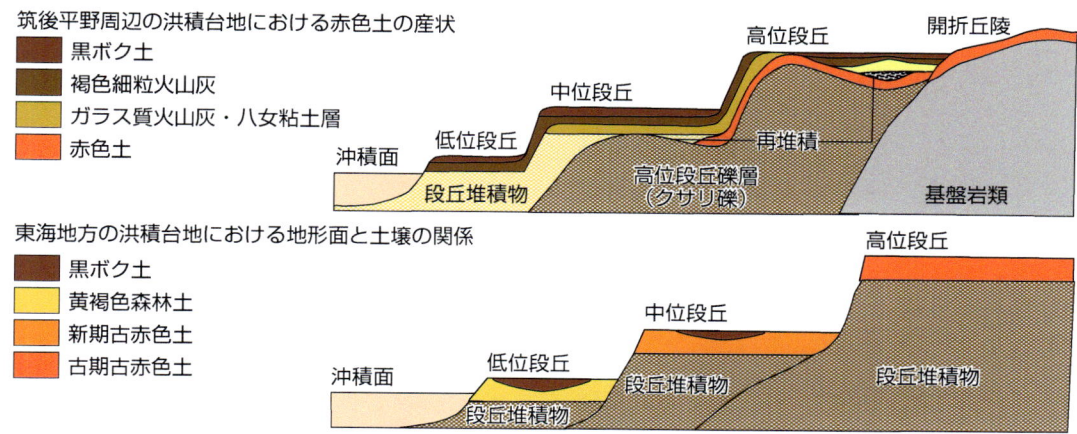

● 図 1.8　赤黄色土と地形面の関係（松井・加藤，1962）

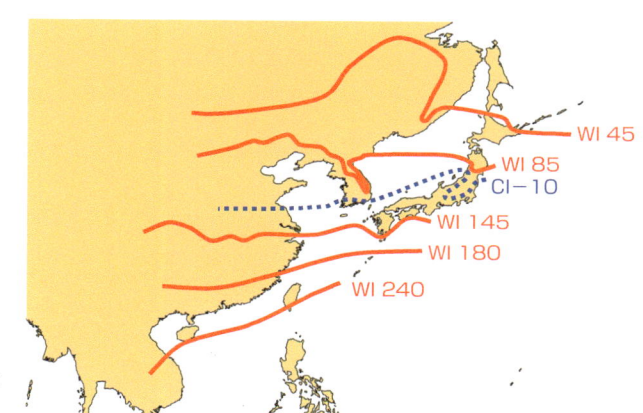

● 図 1.9　わが国における暖かさの指数 WI と寒さの指数 CI（吉良，2001）

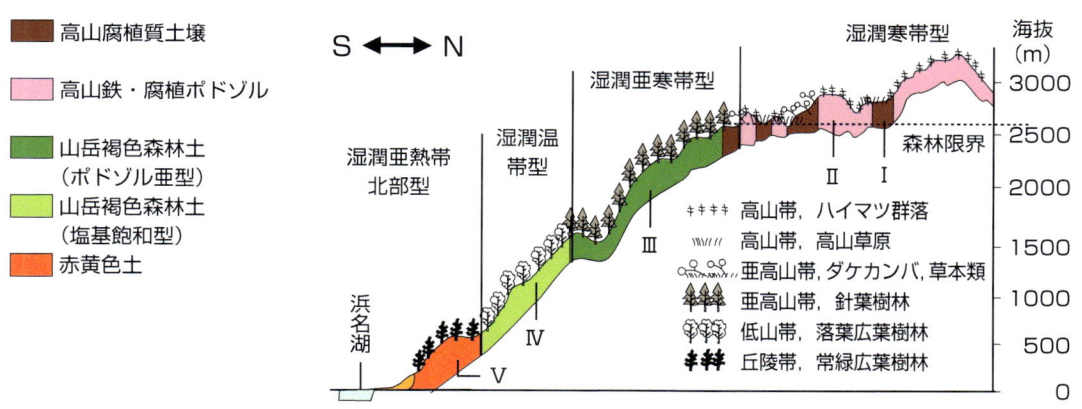

● 1.10　中央アルプスにおける土壌の垂直性（近藤，1967）

1　わが国に分布する土壌　　9

など，それらのもともとの材料（母材 parent material）とは明らかに異なる層位が分化されることになる．これらの特徴に応じて，土壌の層位に O, A, E, B, C などの記号を与えている．

O層（organic horizon）は，森林土壌などにみられる地表面の落葉落枝の層である．これらは，粗腐植層ともよばれる．当該年度の落葉などほとんど分解・変質していない粗腐植層をL層（litter horizon）（≒O_i），それ以前の落葉が堆積し，やや分解・変質が進みマット状になった黒色の粗腐植層をF層（fermentation horizon）（≒O_e），落葉落枝が土壌動物，微生物により攪乱，分解されて集積した漆黒色の粗腐植層をH層（humus horizon）（≒O_a）という．

A層は，植物の遺体が土壌動物，微生物による分解，再合成により生成された腐植が無機物質と混合した黒色の層で，有機物に対しては集積層であるが，無機物質の多くに対しては溶脱層となる．とくに有機物が集積しているA層はAhと表示する．

E層は，鉄，アルミニウム，粘土，腐植が溶脱した層で，風化抵抗性の大きい石英砂が主体であるために灰白色にみえる．とくに溶脱が激しい層位にのみ認められる．

B（Bs, Bt, Bw）層は，鉄，アルミニウム，腐植，粘土などが集積し，層位が赤・黄・褐・黒色に変化したり，粒径組成や構造が上下の土層とは明らかに変化した層位である．土壌の特徴はB層に明確に現れており，土壌を類別するための指標土層となる．Bhsは，有機物と鉄あるいはアルミニウムの三二酸化物複合体が集積したB層であることを示している．

C層は固結していない母材の層である．また固結した基岩をR層という．

◆文　献
福嶋　司（2005）：極相群落の種類と分布．図説日本の植生，福嶋　司ほか編，pp. 68-69, 朝倉書店．
吉良竜夫（2001）：森林の環境・森林と環境，358 pp., 新思索社．
近藤鳴雄（1967）：日本南アルプス南部における山岳土壌の垂直成帯性について．ペドロジスト，11：153-169.
松井　健・磯谷達宏（1990）：南北に異なる丘陵地の自然環境．丘陵地の自然環境―その特性と保全，松井　健ほか編，pp. 5-10, 古今書院．
松井　健・加藤芳朗（1962）：日本の赤色土壌の生成時期・生成環境に関する二三の考察．第四紀研究，2：161-179.

わが国に分布するブナ林
下図はブナ林の実際の分布（A）と分類樹モデルで予測された現在の気候条件下での分布可能域（B）および，CCSR/NIES 気候変化シナリオをあてはめた場合の 2090 年代の分布可能域（C）

ブナ林（群馬県沼田市玉原高原）（福嶋司氏提供）

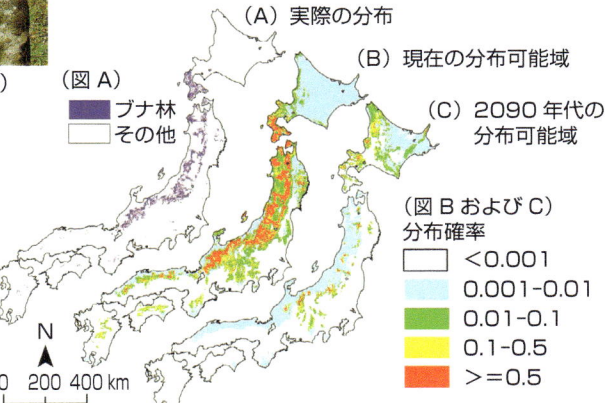

(A) 実際の分布
(B) 現在の分布可能域
(C) 2090 年代の分布可能域

（図 A）
■ ブナ林
□ その他

（図 B および C）
分布確率
□ <0.001
■ 0.001-0.01
■ 0.01-0.1
■ 0.1-0.5
■ >=0.5

● 図 1.11　ブナクラス域の植生
（福嶋，2005）

モル
・寒帯・針葉樹
・厚い L・F・H 層，薄い A 層
・落葉少ない
・土壌動物少ない
・糸状菌による分解遅い
・酸性腐植

モーダ
・冷温帯・広葉樹
・薄い L・F・H 層，A 層中程度
・落葉中程度
・土壌動物量中程度
・分解中程度
・中性腐植

ムル
・温帯・広葉樹
・薄い L 層，厚い A 層
・落葉多い
・土壌動物多い
・分解早い
・中性腐植

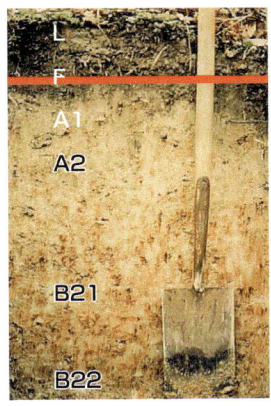

● 図 1.12　堆積腐植の性状

わが国に分布する土壌の種類と性質

　国土は狭いが，多様な母材と複雑な気候は，種々の植生を発達させ，多様な土壌を生み出した（図2.1）．多様な土壌の生成，分布に関する研究は，土壌を構成する成分や金属イオンなどの基本的な情報のほかに，土壌中の水の移動に伴う物質の移動や土壌生物のはたらきなどの研究成果などを待たなければならなかった．近年，分析機器の発達にも後押しされ，土壌の研究は急速に進展し，ようやく多くの土壌がどのように形成され，我々の生活の基盤である食糧生産，環境を支えるかが明らかになってきた．

　a．ポドゾル性土　　大陸のポドゾル地帯に比べて，わが国の気候条件は温暖であるために典型的なポドゾルは生成しにくい．ポドゾルは，ロシア語で，「ポド」＝下，「ゾラ」＝灰を意味し，灰色の土層をもつ土壌に対してロシア農民が用いた呼称に由来するといわれる．わが国のポドゾル性土 podzolic soils (Podzols；Cryods) は WI＜15 の高山帯（寒帯）と WI＝15〜45 の亜高山帯（亜寒帯）である常緑針葉樹林帯に出現すると考えられるが，実際には，高山帯と山地帯である常緑針葉樹にミズナラを交えた針広混交林下に出現する．したがって，ポドゾル性土の分布域は北海道北部および北海道から本州の高山帯に分布する．ポドゾル性土は O/E/Bhs/C の基本土層配列を示す．本土壌の特徴は，堆積腐植（O層）直下にみられる漂白層の白〜灰色と腐植・鉄の集積層のみせる黒〜黒褐色とのコントラストの美しさにある（図1.4）．漂白層（E層）は，植生から供給された堆積腐植（有機物）から溶出された有機物（水溶性有機物）が鉄やアルミニウム化合物を溶解し，ケイ酸塩が残存して形成される．鉄，アルミニウムの溶解の原動力（ポドゾル化作用）は，供給された有機物（腐植）と水の下方移動である．したがって，ポドゾル化作用の原動力が整えられれば，熱帯（熱帯ポドゾル）にも，また1本のカウリ（カウリポドゾル）の樹木下にも，花崗岩の風化物や砂丘（砂丘ポドゾル）の一部にもポドゾルが生成される．カウリのほかにもヒース，コウヤマキ，ハイマツ，ヒバなどの植物は，ポドゾルを生成しやすく，ポドゾル生成植物とよばれる（図2.2）．ポドゾル性土を生み出す機構は，以下のように説明されている．すなわち，堆積腐植層で生成されたフルボ酸が鉱物を分解し，溶解させた鉄やアルミニウムとキレート化合物を形成して，下方に移動させる．キレート化合物を形成していないフルボ酸は下方移動中に鉱物を分解し，キレート化合物を形成する．フルボ酸と鉄やアルミニウムとの量比がある一定の値に達すると沈殿を開始する．さらに，微生物がフルボ酸の一部を分解すると鉄やアルミニウムの沈殿を促進する．こうして Bhs 層の上部に腐植を集積した Bh 層，その下部に鉄やアルミニウム（アルミノシリケイト）を集積した Bs 層が形成される．最近では，フルボ酸ばかりでなくクエン酸，バニリン酸などの低分子有機酸もキレート化合物の生成に寄与しているといわれている．また，鉄やアルミニウムの移動集積にプロトイモゴライトが関与するとする考え方が示されている．

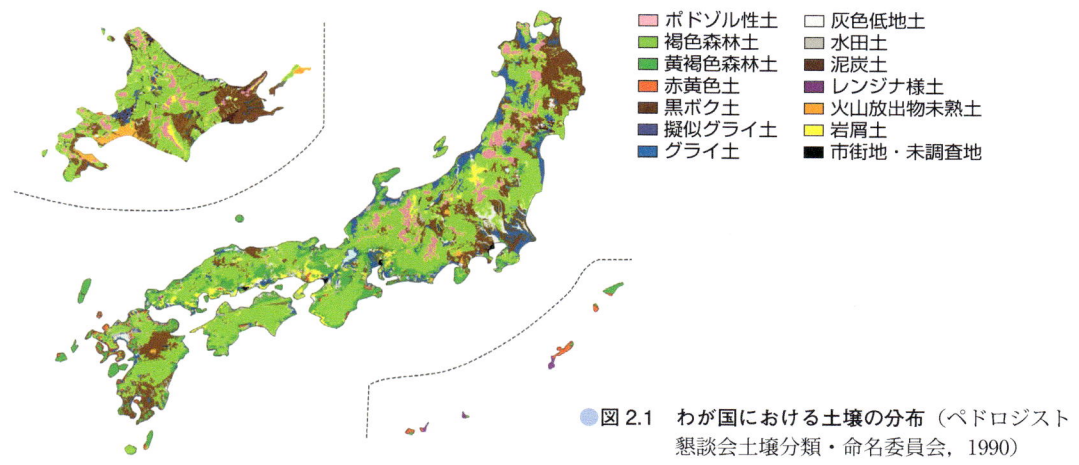

●図 2.1　わが国における土壌の分布（ペドロジスト懇談会土壌分類・命名委員会，1990）

凡例：
- ポドゾル性土
- 褐色森林土
- 黄褐色森林土
- 赤黄色土
- 黒ボク土
- 擬似グライ土
- グライ土
- 灰色低地土
- 水田土
- 泥炭土
- レンジナ様土
- 火山放出物未熟土
- 岩屑土
- 市街地・未調査地

ハイマツ

アオモリトドマツ（斜面上部）

●図 2.2　ポドゾル生成植物（福嶋，2005）

ブナ

●図 2.3　褐色森林土の植生と土壌（永塚鎮男氏提供）

2　わが国に分布する土壌の種類と性質

ポドゾルが漂白層と集積層を併せもつことを定義としているが，US Soil Taxonomy のスポドソルはポドゾルの定義よりも広く，腐植や鉄・アルミニウムの集積層（スポディック層）をもつことにあり，両者の違いに注意を要する．

b．褐色森林土　わが国のブナやナラを主体とする典型的な夏緑広葉樹林帯は，WI＝45〜85で，CI＞－10地域に出現する．夏緑広葉樹林帯の下にみられる褐色森林土 Brown forest soils（Cambisols；Ochrepts）は A/Bw/C の層位配列をもち，粘土や鉄の移動は明瞭ではない（図2.3）．わが国の褐色森林土は欧米の褐色森林土に比べて pH が低い．そこで，しばしば酸性褐色森林土 acid brown forest soils とよばれる．欧米の褐色森林土の母材の多くは，石灰質（カルシウム含量の高い）のレス（loess：欧州，北米，南米に分布するレスは更新世の周氷河地域に存在し，氷河が削剝した堆積物中のシルト粒子が偏西風に運搬されて厚く堆積したものであり，黄河流域のレスは中央アジアの乾燥地から風で運ばれた細粒物質が，その後の続成作用によりレスとなったと推定される）であるが，わが国の褐色森林土の母材は非石灰質であり，しかも降水量が飛び抜けて多いことが，低い土壌 pH（pH 4〜5）をもたらしたといえる．

本土壌の特徴は，オクリック表層と褐色の B 層をもつことであり，分布面積は 160,557 km^2 にのぼり，わが国に分布する土壌で最も広い面積を占める．褐色森林土は新しい母材から生成しており，褐色森林土地帯の樹木の生育量は，微地形に対応した土壌の水分状態（乾湿）によって規制される．尾根から谷に向かって乾性，適潤性，湿性など乾湿が変化し，その程度を下位分類の基準として設定している．

最近のゴルフ場開発や住宅・農用地開発は低地土の分布する地域から，しだいに丘陵，山地へと褐色森林土の分布する地域が開発の主体となってきたために，褐色森林土を人工改変土に変えてしまった地域も多い．ブナ林の減少は，褐色森林土の減少に直結している．

c．黄褐色森林土　シイ，カシ類を主体とする常緑広葉樹林（照葉樹林）帯は，WI＝85〜180で，CI が－10を上回る地域にみられ，常緑広葉樹林下には，黄褐色森林土（Cambisols；Ochrepts）が出現する．本土壌は，ヒマラヤからミャンマー北部，中国の揚子江流域を経てわが国に至る日華区系区の植生区にみられる．この土壌の粗腐植層（堆積腐植層）は褐色森林土に比べて薄く，4 cm を超えることはめったにない．基本的な土層配列は，A/Bw/C である（図2.4）．A 層は5〜15 cm くらいで，有機物含量は褐色森林土よりも少なく，30〜140 g kg^{-1} 程度である．B 層は褐色，黄褐色，明褐色を呈し，褐色森林土よりも明度が高く，C 層は母材の種類によって黄褐色からオレンジ色まで種々の色を示すが，赤黄色土よりも赤味が弱い．このような土色を示すのは，土壌中の鉄の形態に由来する．風化に伴って岩石，鉱物中の鉄は酸化され，水和酸化鉄となる．風化の程度によって，結晶度の低い水和酸化鉄から結晶度の高い水和酸化鉄あるいは酸化鉄がつくられる．腐植のような物質が含まれていると結晶化は進みにくい．土色は水和酸化鉄や酸化鉄の種類と結晶の程度によって決まるが，いうまでもなく腐植の含量にも関係する．黄褐色森林土は褐色森林土よりもやや強い風化を受け，腐植含量が少ないために，水和酸化鉄の結晶化が進み，褐色森林土よりも明度の高い土壌が生成したと考えられる．一次鉱物の長石の風化程度を褐色森林土および赤黄色土と比較すると，褐色森林土よりも強く，赤黄色土よりも弱い．わが国における分布面積は，41,063 km^2 である．

●図2.4 黄褐色森林土の植生と土壌（永塚鎮男氏提供）

●図2.5 赤黄色土の植生と土壌

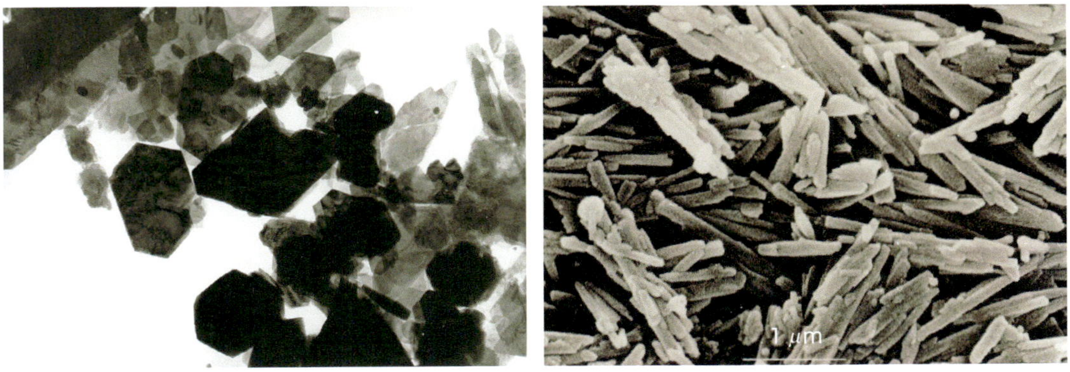

カオリナイト　　　　　　管状ハロイサイト

●図2.6 赤黄色土中の粘土鉱物

2　わが国に分布する土壌の種類と性質

d. 赤黄色土 亜熱帯林帯は，WI＝180〜240 の地域に分布し，亜熱帯林下に赤黄色土 Red and yellow soils（Acrisols；Udulds）が出現するが，わが国に分布する赤黄色土は更新世温暖期に生成された古土壌 relic soil（Paleosol）とされている．本土壌の基本的な土層配列は，A/Bw または Bt/C である（図 2.5）．B 層の赤味の強い土壌を赤色土，黄色味の強い土壌を黄色土とよぶが，2 つの土壌の性質はよく似ているので，赤黄色土として一括して取り扱っている．わが国における赤黄色土の分布面積は，5693 km^2 である．この土壌の A 層は薄く，有機物含量が少なく，土壌 pH は低い．B 層は赤から黄色で，彩度の高い土色を示す．赤色はヘマタイト（α-Fe$_2$O$_3$），黄色はゲータイト（α-FeOOH）による．また，B 層下部に赤色と灰白色部が霜降り状に入り混じった紋様（虎斑）がみられることがある．虎斑をもつ赤黄色土は擬似グライ化作用を受けたと考えられ，灰白色部は融雪時あるいは長雨時に一時的に水が停滞，還元する条件が整えられて形成される．したがって，網目状の灰白色紋様は鉛直方向ばかりでなく，水平方向にも形成される．

赤黄色土中の細砂（粒径 0.02〜0.2 mm）の一次鉱物組成としては，有色鉱物が少なく，風化抵抗性の強い石英が相対的に多いことが特徴である．粘土鉱物の主体はハロイサイト（図 2.6）などの 1：1 型鉱物やアルミニウム-バーミキュライトである．もともと鉄成分の多い母岩からは赤色土が，鉄成分の少ない母岩からは黄色土が生成される．また，古い地形面には赤色土が，新しい地形面には黄色土がみられる．同一地形面内では，排水のよいところに赤色土が，排水の悪いところに黄色土が分布する．

e. 黒ボク土 黒ボク土 Andosols（Andosols；Udands）は火山噴出物に由来する成帯内性土壌である（図 2.7）．色が黒く（腐植が多い），乾燥しているときにその上を歩いてみるとボクボクしていること（仮比重が小さい）から黒ボク土と名づけられたこの土壌を，第二次世界大戦後，わが国に進駐してきた米軍とともに来日した土壌の専門家が，日本語の「暗土」（あんど）にちなんで Andosoil（アンドソイル）と命名し，世界に紹介したといわれる．世界分類の土壌名に唯一日本語に由来する名前がつけられている．腐植の多い Ah 層と褐〜黄褐色の Bw 層をもつ．土層配列は Ah/Bw/C である．わが国における黒ボク土の分布面積は，43,391 km^2 である．

火山が爆発してマグマが大気中に噴き上げられると，マグマは急激に冷却され，結晶をもたない火山ガラス（図 2.8）となる．量の多少はあるが，黒ボク土中には火山ガラスが含まれている．火山ガラスは風化の過程で容易にアルミニウムを放出し，種々の二次鉱物を生成するが，土壌 pH が 5 以上であるとアルミニウムはケイ素と結合し，X 線によって回折を示さない非晶質あるいは準晶質のアロフェン allophane（図 2.9）やイモゴライト imogolite（図 2.10）を多量に含む黒ボク土を生成する．一方，土壌 pH が 5 以下であると，アルミニウムは腐植と結合し，アロフェンやイモゴライトをほとんど含まない黒ボク土（準黒ボク土 Para-Kuroboku soils）を生成し，交換性アルミニウム含量が多く，強酸性を示す．準黒ボク土の分布面積は，7832 km^2 である．黒ボク土と準黒ボク土の化学的性質は大きく異なるが，多量の腐植を集積することは共通している．アロフェン中のアルミニウムは反応性に富み，容易に溶解し，腐植と安定な複合体をつくる．腐植含量とイネ科草本に含まれている植物ケイ酸体 plant opal（図 2.11）含量との間には密接な関係がみられ，多量の腐植の集積にはイネ科草本植生が関与している．アロフェンは土壌溶液の pH によって表面荷電を変化させる変異荷電特性を示し，イオンの交換反応や吸着反応を支配す

ススキ草地

霜柱

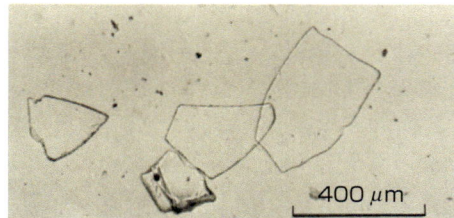

●図 2.7 黒ボク土（永塚鎮男氏提供）
黒ボク土は霜柱ができやすい．

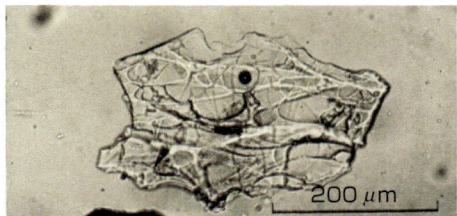

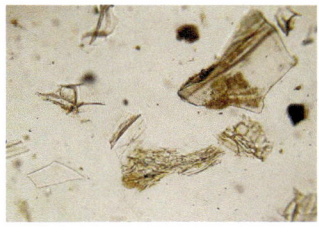

●図 2.8 火山ガラス
火山噴出物に由来する土壌にみられる．

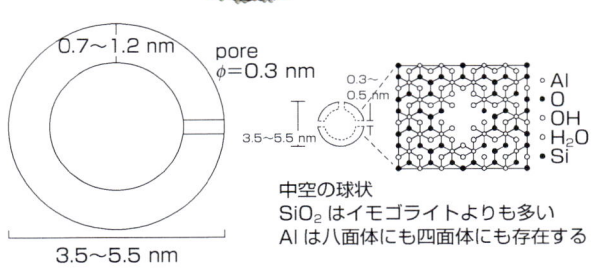

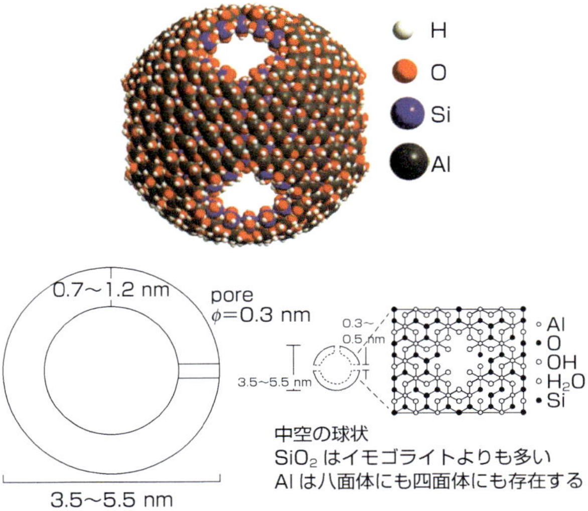

●図 2.9 アロフェン（逸見彰男氏提供）

中空の球状
SiO_2 はイモゴライトよりも多い
Al は八面体にも四面体にも存在する

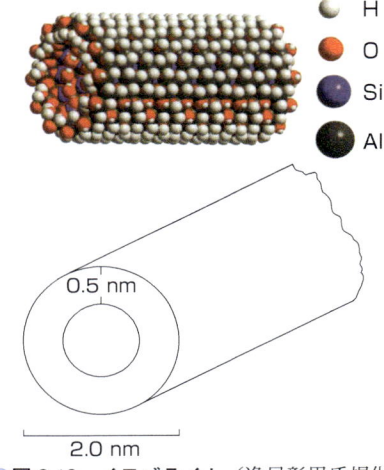

●図 2.10 イモゴライト（逸見彰男氏提供）

る．さらに，リン酸を強く吸着し，固定する性質も黒ボク土の特性の1つである．

f. 低地土 河川が上流から運搬してきた種々の物質は，海岸近くの低地に堆積して低地土の材料となる（図2.12）．また，海底にあった物質が隆起して低地土の母材となることもある．上流からの運搬物は河床を次第にもち上げると同時に，河道の両岸を高くし，自然の堤防をつくる．洪水時に溢れた運搬物は，河道から離れるに従って粒子の大きいものから堆積し，細かい粒を遠くに運搬する．河道の両岸の自然堤防は砂質で酸化的な土壌となり褐色を呈し，褐色低地土 brown lowland soils (Fluvisols ; Fluvents)（図2.13）とよばれる．土層の主要部分は地下水の影響を受けず，年間を通じて酸化的な条件が維持される．褐色低地土は，排水のよい扇状地，沖積段丘にもみられる．現在は，住宅地や畑として利用されることが多く，分布面積は約7500 km^{2}で，沖積地全体の16%を占める（三土，1993）．褐色低地土は中部，東北，北海道では畑地，樹園地として，西南日本では水田として利用されている．

一方，後背地の土壌は粘土質で，還元的な土壌となり，灰色低地土 gray lowland soils (Fluvents ; Aquents)（図2.14），グライ土，泥炭土となっている．灰色低地土は，年間のある時期に地下水が上昇するか，灌漑水によって土層が水で飽和されて還元的になり，灰色を呈する．地下水の影響によって生成された灰色低地土は管状，膜状斑鉄をもつ次表層で特徴づけられ，灌漑水の影響を受けて生成された灰色低地土は暈（雲）状斑鉄をもつ次表層で特徴づけられる．灰色低地土は沖積地に広く分布し，その面積は22,500 km^{2}で沖積地の47%を占める．現在，灰色低地土の93%が水田となっている．褐色低地土も灰色低地土も成帯内性土壌に分類される．

g. グライ土 土壌が水で飽和されると，大気中の酸素はなかなか土壌に到達しなくなる．土壌中は酸素が多少不足しても棲息できる微生物だけが活動できる世界となる．土壌の酸化還元電位 redox potential が600 mVから200 mV程度にまで減少すると，土壌の酸化還元電位を支配している鉄はFe(III)からFe(II)に変化し，Fe$_3$(OH)$_8$の組成をもつフェロジック鉄が生成され，フェロジック鉄を主体としてこれに有機物やマンガンなどが結合した物質などの色が混合して，独特の青灰色であるグライ色があらわれる．グライの語源は，ロシア語の俗語 gley（ぬかるみの土塊）に由来する．土壌の還元が進むとpHは上昇し，グライ土 gley soils (Fluvisols ; Aquents)（図2.15）は中性に近い土壌pHを示す．グライ土は氾濫原の後背湿地，三角州，海成干拓地，湖成干拓地などに分布し，分布面積は約17,000 km^{2}で沖積低地の33%を占め，北陸，東北，関東に分布面積が広く，とくに北陸は沖積低地の3/4がグライ土である．グライ土は成帯内性土壌の1つに分類される．

h. 泥炭土 地下水位の高い地域には，水に強い植物が生育する．植物の遺体は微生物などの分解者によって分解されることになるが，地下水位が高い地域では植物遺体の分解は抑制される．気温の高低にかかわらず，植物の生産量が分解量を上回っている場合には，植物遺体が積み重なって泥炭土 peat soils (Histosols ; FibristsまたはHemists)（図2.16）が生成する．したがって，気温が低く，分解が抑制されている寒冷地域や高山地域でも泥炭土が生成されるが，気温が高く，植物の生産が旺盛な熱帯地域にも泥炭土ができる．

わが国の泥炭土は長草型の草本からなる低位泥炭がしだいに発達し，ついで比較的低い水分で

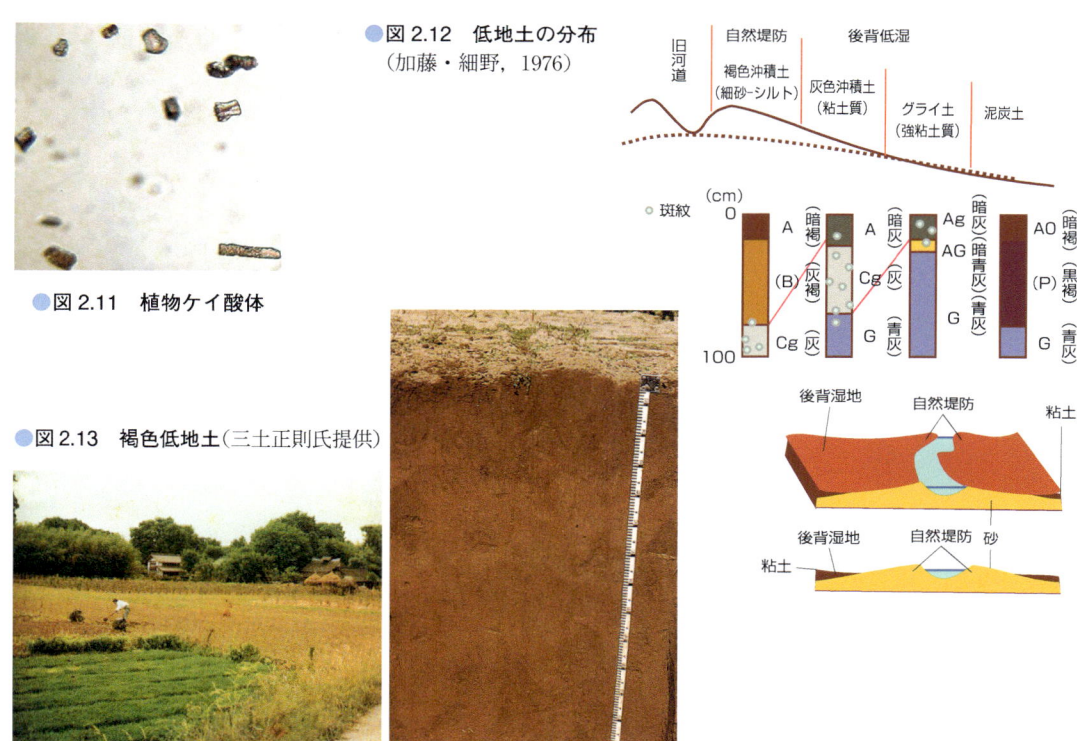

●図 2.11　植物ケイ酸体

●図 2.12　低地土の分布
（加藤・細野，1976）

●図 2.13　褐色低地土（三土正則氏提供）

●図 2.14　灰色低地土

●図 2.15　グライ土
（永塚鎮男氏提供）

2　わが国に分布する土壌の種類と性質　　19

も生育できる植物が繁茂して中間泥炭がつくられる．さらに中間泥炭の堆積が進むとドーム状となり，その上に生育する植物に対する下方からの養分供給は乏しくなる．同時に泥炭の下部は多少とも分解され，泥炭は再び湿潤化される．こうして，降水だけでも生育できる植物が繁茂するようになり，高位泥炭を形成する（庄子，1976）（図2.17）．泥炭土は有機物含量が20%以上で植物遺体が判別でき，表層50cm以内に積算して25cm以上の泥炭層が存在する土壌で，成帯内性土壌の1つとして分類される．泥炭土の分布面積は，3782 km^{2}である．

わが国における泥炭の優占構成植物はヨシ，スゲ，ハンノキ（低位泥炭），ヌマガヤ，ワタスゲ，ホムロイスゲ（中間泥炭），ミズゴケ類，ツルコケモモ（高位泥炭）である．泥炭土の大部分は植物遺体であるために，仮比重が0.07～0.3と小さく，地耐力が小さい．排水されると著しく収縮し，地盤の低下をきたす．さらに泥炭土は強酸性から弱酸性を示し，一般の土壌に比べて，カルシウム，カリウム，リン，鉄，銅，亜鉛などの成分が不足している．わが国の泥炭土の分布面積は3800 km^{2}で，そのうち3/4が北海道と東北地方に分布する．水鳥の生息地である湿地を保護するための国際条約であるラムサール条約に指定されている釧路湿原，伊豆沼の大部分ないし一部は泥炭土である．

i. 水田土　グライ土や泥炭土のように，地下水位の高い土壌では，水稲栽培の影響はそれほど明瞭ではない．しかし，灌漑水を引き込み，水稲栽培を可能とした水田（地下水位の低い水田）では，数十～数百年で灌漑水の影響を強く受けた水田土 paddy soils（Fluvisols；Aquents）（図2.18）に独特な断面がみられるようになる．

作土（0～15 cm程度）は灌漑水を引き入れ，田面を湛水すると，水稲栽培期間中は還元状態となる．作土中の鉄やマンガンは還元されて Fe(II) および Mn(II) となり，浸透水とともに下方に移動しやすくなる．移動してきた Fe(II) や Mn(II) は作土下の土層に吸着・保持され，落水後に地表から侵入してきた酸素によって酸化され，下層土に沈着して鉄やマンガンの集積層を形成する．作土から下層土にもたらされるのは，鉄やマンガンばかりでなく，還元力をもつ有機物も含まれている．この有機物は土壌構造の表面を還元してキュータン（ある種の土壌成分が移動し，土壌構造の表面に濃縮，被覆あるいは構造表面から物質が溶出して表面が内部とは異なる特徴的な構成物）を生み出したり，一度酸化沈着した鉄やマンガンを再び可動化する原動力となる．鉄はマンガンに比べて還元されにくく，酸化されやすい性質をもつ．そのため，作土中でマンガンは鉄よりも先に還元され，Mn(II) となって下層土に移動する．作土が還元された状態の水田であっても，酸化的な状態を保っている下層土に達すると酸化・沈積する．後から作土中で還元された鉄は Fe(II) となって下層土に移動し，先に酸化・沈着したマンガンを還元し，再び可動化して下方に移動させる．こうして鉄集積層の下にマンガン集積層が形成され，灌漑水の影響を受けた水田特有の断面がみられることになる．鉄は斑紋（mottling）を形成しやすいが，マンガンは結核（concretion）となりやすい．独特な水田土の断面をもつ水田土の分布面積は13,203 km^{2}である．

j. 酸性硫酸塩土　湖成・海成堆積物あるいは火山噴出物中の黄鉄鉱（パイライト）FeS_2が酸化され，硫酸を生じて強酸性を示す土壌を酸性硫酸塩土 acid sulfate soils（Thionic Fluvisols；Sulfaquents）（図2.19）という．硫酸還元菌のはたらきで，海水中に含まれている硫酸イ

●図 2.16　泥炭土（永塚鎮男氏提供）

別寒辺牛湿原

美唄

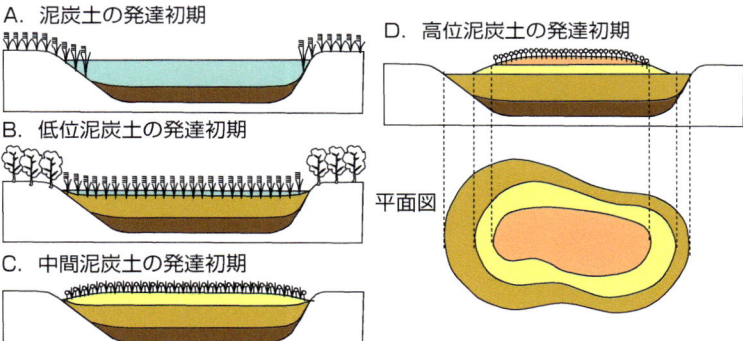

●図 2.17　泥炭土の形成（庄子, 1976）

●図 2.18　水田土

2　わが国に分布する土壌の種類と性質　　21

オンからパイライトが生成される．パイライトがそのまま存在していれば，土壌は強酸性にはならない．生成されたパイライトは鉄酸化菌あるいは硫黄酸化菌によって酸化されると硫酸を生成し，強い酸性を示すようになる．さらに酸化反応が進むと酸性硫酸塩土に独特な特徴物質であるジャロサイト jarosite（$KFe_3(SO_4)_2(OH)_6$）やゲータイト goethite（$FeOOH$）が生成される．pH が 4 以上になると，ジャロサイトはさらに加水分解されてゲータイトを生成する．ジャロサイトをもつ粘土質堆積物をキャットクレイ cat clay とよび，言葉の由来はオランダ語の Kat-teklei である．酸性硫酸塩土の分布面積は 3 km^2 である．

k．アルカリ土　わが国では，干拓地や浚渫埋立地の土壌あるいはガラスハウスやビニルハウス内の土壌の一部にアルカリ土 alkaline soils（Solonetz；Natric Orthids）（図 2.20）がみられることがある．アルカリ金属であるナトリウムの炭酸塩が溶解すると高い pH を示す．電気伝導度が 4 mS cm^{-1} 以下で，交換性ナトリウム率（ESP＝Na/(Ca+Mg+K+Na)×100）が 15％以上を示す土壌で，電気伝導度と交換性ナトリウム率がこれらの値をとると，結果として土壌 pH は 8.5〜10 となる．Solonetz の定義は，土壌表面から 100 cm 以内に粘土含量が高く，緻密で，柱状構造が発達し，交換性ナトリウム含量が高いナトリック層 nitric horizon をもつことである．ソロはロシア語の塩に由来する．

塩類濃度の高い土壌に灌漑水などによって水分が補給されると，陰イオンが先に土壌から洗脱される．ナトリウム含量が高い土壌は pH が高いために，大気中の二酸化炭素が溶解し，炭酸イオンあるいは炭酸水素イオンとなる．したがって，土壌 pH は 8.5〜10 にまで達する．高い土壌 pH のために，土壌中の粘土粒子は土壌溶液に分散しやすく，土壌腐植は溶解して，表層は暗色から黒褐色を呈し，黒アルカリ土とよばれる．

l．塩類土　アルカリ土と同様に，干拓地や浚渫埋立地の土壌あるいはガラスハウスやビニルハウス内の土壌に塩類土 saline soils（Solonchaks；Salorthids）（図 2.21）がみられる．電気伝導度が 4 mS cm^{-1} 以上で，交換性ナトリウム率が 15％以下である土壌である．電気伝導度と交換性ナトリウム率がこのような値をとると，結果として土壌 pH は 8.5 以下となる．Solonchaks は，サリック層 salic horizon をもつことである．サリック層は石膏（25℃において log Ks＝−4.85）よりも溶解しやすい塩類が二次的に集積した表層の土層あるいは表層に近い下層の土層で，少なくとも 15 cm の厚さの土層をもち，最低でも 1％の塩類を含み，土層の厚さ（cm）と塩類濃度百分率の積が 60 またはそれ以上である土層と定義される．

土壌中の塩類濃度の高い土壌ばかりでなく，過剰の施肥は塩類土を新たに生成させる．1990 年におけるわが国のビニルハウス面積は 408 km^2 で，ガラスハウス面積は 19 km^2 に達し，両者を合わせると東京都面積の約 20％に相当する．

m．岩屑土　岩屑土は固結岩屑土 lithosols（Leptosols；Orthents）と非固結岩屑土 regosols（Regosols；Orthents）とからなり，非成帯性土壌に分類される（図 2.22）．固結岩屑土は，土壌表面から 30 cm 以内に基岩が存在するか，土壌表面から少なくとも 75 cm までの細土が重量で 10％未満の新しい土壌である．わが国では，固結岩屑土は山地を中心に分布し，分布面積は 14,391 km^2 である．非固結岩屑土は，非固結堆積物からなる未熟な土壌で，気候条件によらず，山地を中心に分布し，その分布面積は 2034 km^2 である．

黄褐色：ジャロサイト
赤褐色：ゲータイト

●図 2.19　酸性硫酸塩土

●図 2.20　アルカリ土
電気伝導度：$4\,\mathrm{mS\,cm^{-1}}$ 以下，交換性ナトリウム率：15％以上．

ガラス
ハウス

砂漠の
バラ
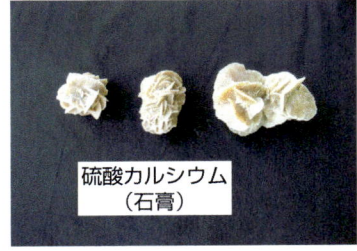
硫酸カルシウム
（石膏）

トルファン（一前宣正氏提供）

●図 2.21　塩類土

n. 砂丘未熟土　　海岸砂丘がみられる地域には，固結していない砂の粒子を主体とした断面の未発達な土壌が認められ，これを砂丘未熟土という．サンゴ礁の発達する南西諸島，小笠原諸島の海岸には，石灰質の砂質土壌も砂丘未熟土に含めることもある．土壌に栄養分は保持されにくいが，適切な灌漑，肥培管理によって，作物が必要な時期に，必要な量を供給し，今日では，野菜，スイカ，メロンなどきわめて生産性の高い農業が展開されている（図2.23）．

o. 人工改変土　　人間の活動が土壌を大きく改変し，これまでにない土壌を新しくつくり出している．土壌断面内の土層は自然の土壌とは大きく変化し，必ずしも自然の土壌の分類基準が適用できない土壌が広い面積で生み出されている（図2.24）．一方，耕地に対する我々の営農行為は，表層土壌への有機物の付加をもたらすこともある．

◆ 文　献

福嶋　司（2005）：日本の植生分布の特殊性—腹背的分布．図説日本の植生，福嶋　司ほか編，pp. 6-9，朝倉書店．
逸見彰男（2005）：口絵12．土壌サイエンス入門，三枝正彦・木村眞人編，文永堂出版．
加藤芳朗・細野　衛（1976）：地形と土壌，多田文男監修，p. 134，東海大学出版会．
吉良竜夫（1949）：日本の森林帯，41 pp., 林業技術協会．
吉良竜夫（2001）：森林の環境・森林と環境，358 pp., 新思索社．
久馬一剛（1986）：東南アジア低湿地の土壌．東南アジアの低湿地，農林水産省熱帯農業研究センター編，pp. 56-79，農林統計協会．
松井　健・磯谷達宏（1990）：南北に異なる丘陵地の自然環境．丘陵地の自然環境—その特性と保全，松井　健・武内和彦・田村俊和編，pp. 5-10，古今書院．
三土正則（1993）：褐色低地土，灰色低地土．土壌の事典，久馬一剛ほか編，pp. 68, 377，朝倉書店．
ペドロジスト懇談会土壌分類・命名委員会（1990）：1/100万日本土壌図，内外出版．
庄子貞雄（1976）：泥炭土．*Urban Kubota*, **13**：14-15，久保田鉄工．
Soil Survey Staff（1999）：Soil Taxonomy, 2nd ed., USDA Agriculture Handbook, No.436, US Department of Agriculture.
United States Salinity Laboratory Staff（1969）：Diagnosis and Improvement of Saline and Alkali Soils, Agriculture Handbook No.60, US Department of Agriculture.

●図 2.22　岩屑土

●図 2.23　砂丘未熟土（鳥取，永塚鎮男氏提供）

●図 2.24　人工改変土

2　わが国に分布する土壌の種類と性質　　25

土壌のはたらき

第 1 章　物質は巡る
第 2 章　生物を育む土壌
第 3 章　土壌と大気の間に
第 4 章　土壌から水へ
第 5 章　土壌から植物へ
第 6 章　土壌から動物へ
第 7 章　土壌からヒトへ
第 8 章　ヒトから土壌へ
第 9 章　土壌資源
第 10 章　土壌と地域
第 11 章　土壌と地球
第 12 章　かけがえのない土壌

第II部は，地球の皮膚のような土壌がどのように誕生し，土壌がどのように成長してきたのかからはじめ，土壌のもつ多様な機能のひとつひとつを紹介しながら，土壌の多様な機能を物質の循環を柱として解説することとした．

　土壌中の元素や物質は，自然の中で生物をはぐくむ材料となる．土壌から大気に，土壌から水に，土壌から植物に，土壌から動物に，土壌から人に元素や物質は移動する．また，これとは反対に，元素や物質は，人から土壌に移動する．このような元素や物質の移動を大きな循環として捉えることの重要性を示す．

　土壌は，生物生産の手段としての一面と同時に，資源あるいは物質の分解・浄化の場としての一面をもつ．土壌のもつ資源としての機能および分解の場としての機能を図や表を用いて詳細に述べる．さらに，土壌と地域，土壌と地球の関係を最新のデータに基づいて紹介する．

　最後に，かけがえのない土壌といかに末永く付き合っていくかを記述する．

1 物質は巡る

■ 1.1 宇宙と元素の誕生

a. ビッグバンと宇宙の晴れ上がり　宇宙は百数十億年前，量子重力的効果により「無」から生まれたと考えられている．ビッグバン理論によると，誕生直後，宇宙は真空のエネルギーをもっており，そのエネルギーにより空間どうしが強い斥力で反発しあい急速な膨張を起こした（図1.1）．この膨張は「インフレーション」とよばれ，10^{-32} 秒に 10^{100} 倍も膨張する急激なものであった．インフレーションにより，ビッグバンという超高温，超高密度の温度が100億Kもの灼熱の玉ができた．このビッグバン宇宙において物質が形成された．インフレーション直後は物質と反物質が同数存在したが，物質の方が10億分の1だけ多かったため，温度が低下し物質と反物質が対消滅した際，物質はわずかに残ったと推定されている．したがって，温度の低下により，宇宙には光子，ニュートリノ，反ニュートリノそしてわずかな物質が存在することになった．温度がさらに下がるにつれ，陽子や中性子が生まれ，陽子や中性子の結合により，まずヘリウムが，そして重水素ができ，リチウムもわずかに合成された．さらに温度が数千Kにまで下がったとき，陽子と電子は結合し水素原子となった．光子が電子に散乱されなくなったため，宇宙は光に対して透明となった．これが「宇宙の晴れ上がり」である．

b. 元素の生成　宇宙の初期の元素合成はリチウムで止まった（図1.2）．原子量でリチウムの次に軽いベリリウムやホウ素は壊れやすく，炭素は炭素の素となるベリリウムやホウ素がなかったから合成されなかった．宇宙における軽元素の合成後，元素合成は恒星に移ったと考えられている（図1.3）．恒星内では，まず水素が核融合を起こす．その結果，恒星は放熱および収縮する．こうして恒星の中心はさらに高温になり，高温・高密度が持続された．その結果としてヘリウムが核融合し，炭素が形成されたと推定されている．ヘリウムが枯渇すると，炭素から酸素やケイ素が，そして軽い元素から順に，鉄までの元素が形成されていったのである．鉄は核子1個あたりのエネルギーが最も低く，したがって安定である．恒星内で鉄より重い元素は形成されず，鉄ができたところで重元素の形成は終了した．

　太陽より10倍以上重い星では，鉄が星の中心部にある程度できた後，超新星爆発とよばれる大爆発を起こす．この爆発で，星の中で合成された元素が宇宙空間に再放出されると同時に，爆発時におけるエネルギーでさらに元素が合成される．このように放出された重元素が混合したガスは星間物質として存在し，新たな恒星の材料となるのである．これらの元素を取り込んだ星の内部で再び核融合反応が生じ，生じた重元素は再度放出される．このようなサイクルの結果，宇宙の中の水素以外の元素が少しずつ増えていったと考えられている．

　超新星爆発を起こした恒星の中心部は中性子星やブラックホールになると考えられている．中性子星は太陽を半径10kmの球に押し込んだような非常に高密度な星である．中性子はこのよ

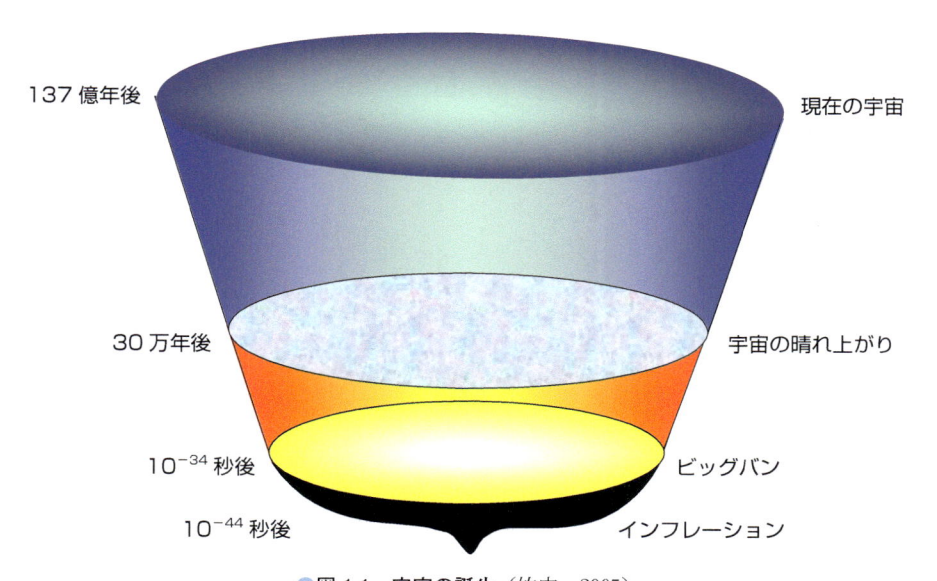

●図 1.1　宇宙の誕生（竹内，2005）
ビッグバン理論による宇宙の晴れ上がりを示す．

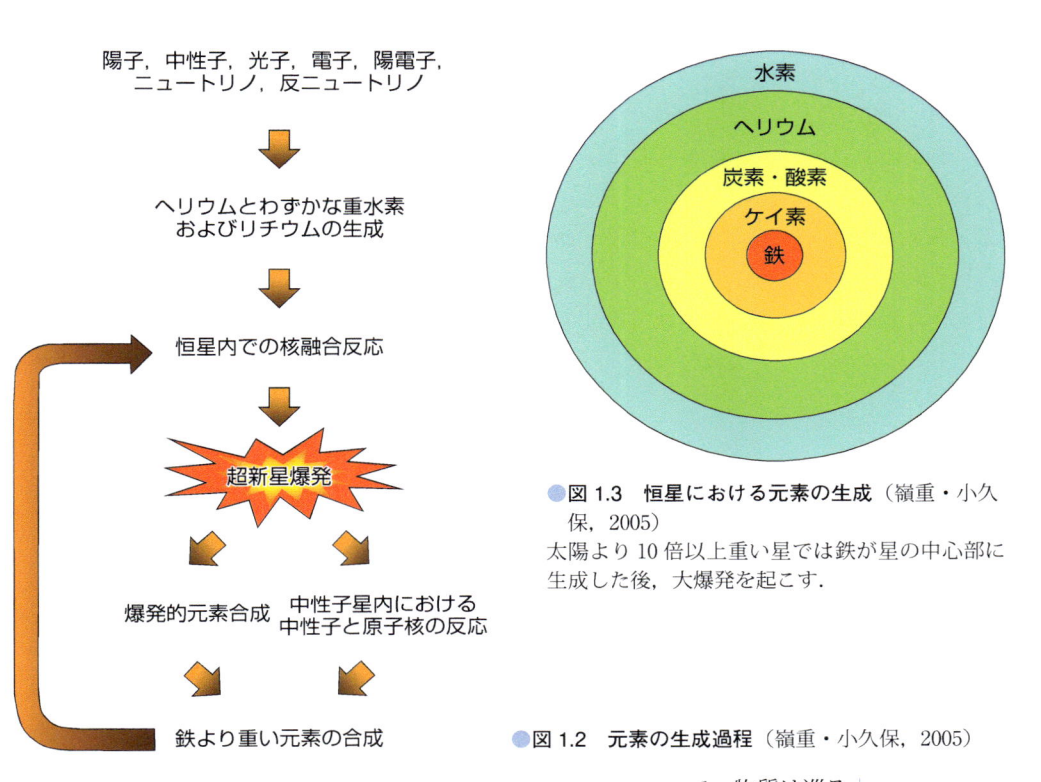

●図 1.3　恒星における元素の生成（嶺重・小久保，2005）
太陽より 10 倍以上重い星では鉄が星の中心部に生成した後，大爆発を起こす．

●図 1.2　元素の生成過程（嶺重・小久保，2005）

1　物質は巡る　　29

うな高密度の状態で安定となり，原子核と反応することができるようになる．中性子星の形成時，あるいは中性子星どうしの合体により，鉄より重い元素が生じたと考えられている．

■ 1.2 地球の誕生

a. ハビタブルゾーン　およそ46億年前，現在の太陽系が存在する近くで1つの星が大爆発を起して消滅した．爆発により，この星の内部で核融合反応によってつくられた炭素，窒素，酸素や鉄などの金属，その他の元素が宇宙にばらまかれた．このガスと塵からなる星間雲は，収縮をはじめ，回転しながら，次第に平べったくなっていった．収縮により，星間雲の中心部の温度，圧力，密度がしだいに高くなり，「原始太陽」が生じた．円盤状となったガス（主に水素とヘリウム）と塵（約1%）の集まりである「原始太陽系円盤」では，塵が集まり「微惑星」とよばれる100億個にも及ぶ小天体が誕生した．原始太陽に近い微惑星は岩石と金属鉄が主体であり，遠い方には温度が低いために氷（水やメタン，アンモニア）主体の微惑星になった．微惑星は衝突結合を繰り返し，「原始惑星」となった．円盤の形成から1000万年から1億年の間のことである．原始惑星どうしも互いの軌道を乱したり，交差したりすることにより衝突を繰り返した．地球の軌道あたりでは，火星サイズの原始惑星が何回も衝突したと考えられている．その結果，数千万年もの巨大衝突の時代を経て，最終的には数十個の原始惑星から，4個の地球型惑星，すなわち，水星，金星，地球，火星が誕生した．

b. 地球の成長　地球が他の惑星と最も異なる点は，地表に大量の液体の水が存在することである．そのためには3つの条件が必要であると考えられている．第1に，惑星にH_2Oが材料として取り込まれる，あるいは水素と酸素として取り込み，反応してH_2Oという物質が生じる，第2に，H_2Oが惑星の表面に存在する，第3に，液体として存在できる状態が保たれる，という条件である．地球型惑星では，H_2Oあるいは窒素や二酸化炭素のような気体になりやすい物質は鉱物の形で取り込まれたと考えられている．現在，発見される隕石において最も豊富な揮発性の物質はH_2Oである．炭素質隕石では質量の6%をH_2Oが占め，地球材料の15%ほどは炭素質隕石のような物質であったという説も存在する．揮発性物質を重力で保持するには，火星の1/10以上の大きさが必要である．液体の水が存在するには，0.01～374.1℃の範囲で，圧力がその温度における飽和水蒸気圧以上でなければならない．したがって，エネルギーを供給する太陽からの距離が，水蒸気が生じ気温がどんどん上昇する「暴走温室状態」にならず，地表温度が低いために氷になる全球凍結状態にならない範囲である必要がある．この範囲は金星より遠く，火星より近い範囲（ハビタブルゾーン）である（図1.4）．地球は，隕石によりH_2Oが供給され，大きさが火星の1/10以上あり，かつハビタブルゾーンに存在していたため，地表に液体の水が存在できたのである．地球の形成史でみると，惑星同士の衝突や星間物質の混合物であった地球はやがて大気を有するようになった（図1.5）．微惑星の衝突エネルギーはマグマオーシャンの形成につながったが，エネルギーの減少によりやがて原始大気は冷却し，高温の水蒸気であったH_2Oは液化して海となった．

　宇宙線や，宇宙線があたったことにより生じる紫外線により，原始地球大気や星間塵アイスマントルなどで二酸化炭素，一酸化炭素，窒素，水蒸気の混合体は化学反応を起こし，多種類のア

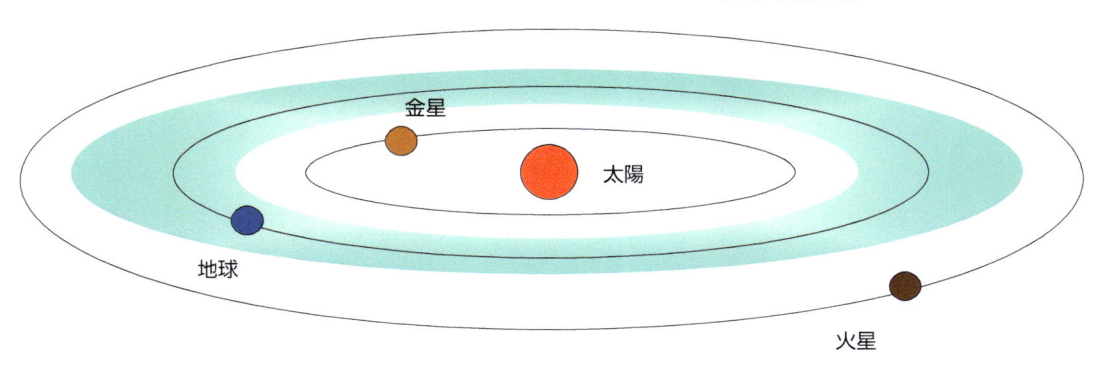

●図 1.4　液体の水が存在可能な領域（嶺重・小久保，2005）

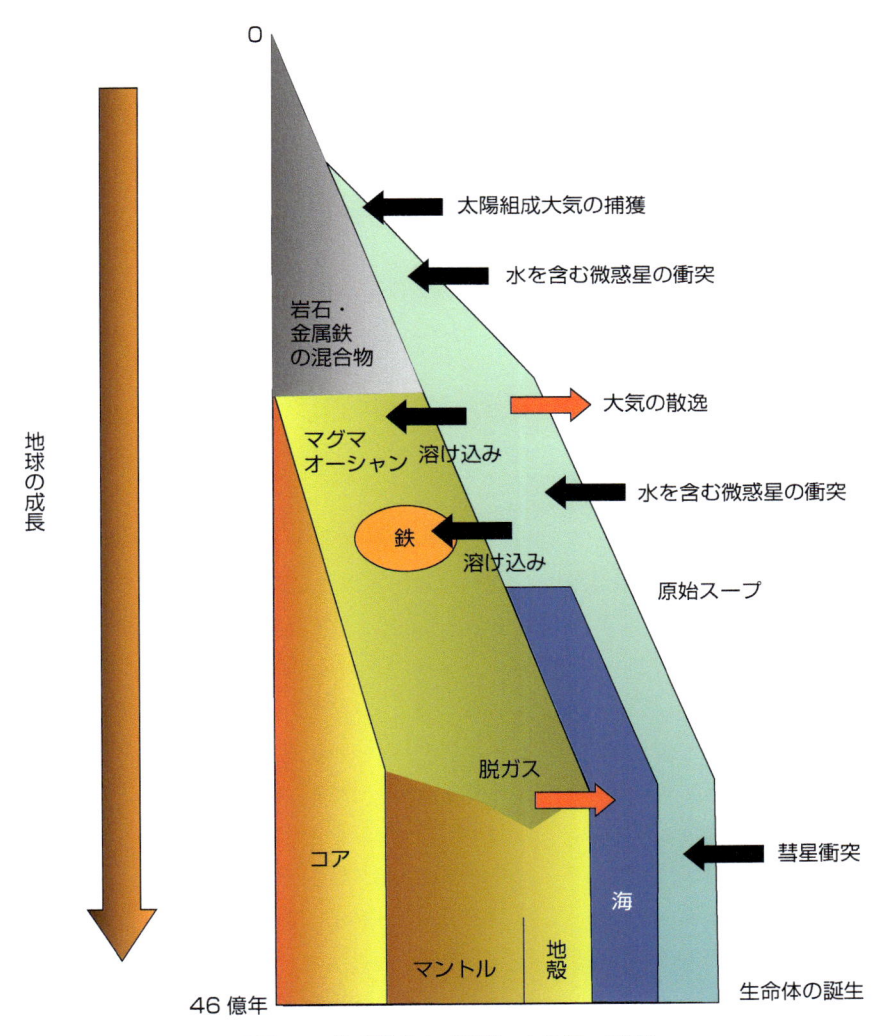

●図 1.5　地球形成史（嶺重・小久保，2005）

1　物質は巡る

ミノ酸が形成された．これらの有機物は，地球上にできた海に溶け込み，「原始スープ」とよばれる海を形成した．この海の海底に存在した熱水噴出孔から噴出された海水は，水素，メタン，硫化水素や，鉄，亜鉛，マンガンなどの重金属イオンを多く含んでいたとされる．したがって，噴出孔周辺は，高温・高圧で，還元的な環境であり，かつ触媒となる重金属イオンや，基質となる有機物や元素に富んでいた．噴出孔周辺は化学反応に適しており，かつ噴出孔を離れることにより，冷却され熱分解を免れえるという利点があった．生物を，アミノ酸配列を基に分類すると，そこでつくられる分子系統樹は高温環境を好む原核生物に収束する．現在の地球生物は共通の祖先「コモノート」がいたことを示唆している．以上のことより，地球の生命は噴出孔周辺において誕生したと考えられている．

■ 1.3　土壌の生成と元素

a. 土壌の生成　原始地球表面に露出した岩石，鉱物は，その場の気候，地形，生物の作用が加えられ，長い年月を経て土壌が形成される（第Ⅰ部参照）．すなわち，土壌の材料となる岩石，鉱物が風化されて母材となり，気候，地形，さらに微生物から小動物，地衣類のような下等植物（図1.6）から高等植物による作用とそれらの排泄物や残渣によって，時間をかけて母材とは大きく異なる性質を有する土壌ができあがる．風化には，加熱や冷却による膨張や収縮，水分の吸収による鉱物の膨張，雨や風による研磨，植物根の進入による破砕のような物理的な作用と栄養塩類の水和，酸化と還元，溶解と解離，沈殿や溶脱のような化学的な作用とがある．岩石，鉱物が風化され，土壌が生成するためには数千年という非常に長い時間が必要である．そのため，30〜60 kmの大陸地殻に対して，土壌は平均して18 cmにすぎないという（松中，2004）．

風化は標高や起伏のような地表の形状によっても大きく異なる．斜面上部の平坦面ではもっぱら下降水により土壌形成が進むが，急・緩斜面，また斜面におけるその位置によって，どのような土壌が形成されるかが異なる．実際にはこれらの微地形単位が複雑に組み合わされて地表面が形成される（浅海，2001）．

地形が土壌に及ぼす影響は，丘陵地のような複雑な地形でとくに顕著に現れる（松井ほか，1997）．頂部斜面および頂部平坦面では火山灰などの被覆により土壌が形成されやすいが，侵食されやすいため一般に土壌層は薄い．谷壁斜面では地表の物質移動が活発で，その下にある谷頭凹地あるいは谷底面に崩積する．谷底面は水が集まりやすく，嫌気的な条件下で土壌生成が進む．日本の代表的な丘陵地である多摩丘陵では頂部斜面から谷壁斜面では黒ボク土や淡色黒ボク土がみられるが，谷底面では，多湿黒ボク土，灰色低地土やグライ土がみられる（図1.7）．土壌図を作成する際，地形との関係が重要となる．地形の形成・発達と土壌の生成作用は本来別個の別次元のものであるが，同質の地質母材からなる一連の山地斜面において土壌は地表の傾斜度と対応すること（カテナ）が知られている．代表的な地点における土壌調査結果と地形発達因子の関係を解析し，その関係を外挿すること（同一地形面には同一土壌が分布すると仮定）により，点情報を面情報に広げるのである（浅海，2001）．面的な把握における地形の重要さがうかがえる．

ドクチャエフが著した『ロシアの黒土』以来，土壌の生成過程に影響を与えている5つの因子，母材，気候，生物，地形，時間を「土壌生成因子」とよぶ（第Ⅰ部図1.1参照）．これらの土壌

●図 1.6　風化された地表面に出現した地衣類

●図 1.7　多摩丘陵の微地形単位

1　物質は巡る

生成因子は独立して存在しておらず，互いに影響を及ぼす関係にある．本書の1ページに掲載したアメリカ農務省の土壌分類（US Soil Taxonomy）では，深さ50 cmの地温と湿潤の程度により，12の土壌目（Order）のうち11の土壌目は図1.8のように類別される（Soil Survey Division Staff, 1993）．しかし，アンディソルは，成帯内性土壌（間帯性土壌）であり，いずれの気候帯においても出現しうるため，記入されていない．

　母材，気候，生物，地形，時間の組み合わせの結果として，世界の土壌の性質は多様できわめて変化に富んでいる（ブリッジス，2004）．土壌生成は地殻の表面で生じ，表面から下方に向かっていく．そのため，土壌の垂直断面から，その土壌の形成史を読み解くことができる．一般に，土壌の最表層は動植物の遺体の分解によって生じる腐植を含んだ黒色の層が発達する．この層はA層とよばれる．この層でできた化学物質が母材（C層とよばれる）に作用してつくられた層がB層である．この基本形が環境との相互作用によりその土壌特有のものになる．

　b．土壌を構成する元素　　土壌を形成する主な元素は酸素であり，次いで，ケイ素，アルミニウム，鉄，炭素である（浅海，2001，図1.9）．岩石に比べると，酸素およびケイ素の割合が増加しており，カルシウム，カリウム，ナトリウムといった塩基の割合が減少している．塩基は母材が風化された際に溶脱などで失われ，粘土鉱物の結晶化によりケイ素の割合は増加するためである．岩石に比べて，土壌で特徴的なのが，炭素および窒素の増加である．炭素，窒素および酸素は，有機物の主たる構成要素であり，土壌の形成によって有機物が含まれるようになるためである．これらの元素は土壌において，母材からあまり風化作用を受けていない一次鉱物や母材の風化により生成した二次鉱物である無機物，さらに動植物の遺骸が分解されて再合成されて蓄積した有機物を形成する．岩石が主に固相から成り立つのに対して，土壌は母材に由来する固相の他，気相，液相より成り立つのである（図1.10）．

◆**文　献**
浅海重夫編（2001）：大学テキスト土壌地理学，302 pp.，古今書院．
浅海重夫（2001）：データで示す―日本の土壌の有害金属汚染，402 pp.，アグネ技術センター．
Brady, N. C. and Weil, R. R.（2002）：The Nature and Properties of Soils：Soil classification, Upper Saddle River, pp. 75–120, Prentice Hall.
ブリッジス，E. M.（2004）：世界の土壌，199 pp.，古今書院．
松井　健・竹内和彦・田村俊和編（1997）：丘陵地の自然環境―その特性と保全，202 pp.，古今書院．
松中照夫（2004）：土壌学の基礎，412 pp.，農村漁村文化協会．
嶺重　慎・小久保英一郎編著（2005）：宇宙と生命の起源―ビックバンから人類誕生まで，239 pp.，岩波ジュニア新書477，岩波書店．2004年理論天文学懇談会主催「起源―ビッグバンから人類へ」シンポジウムまとめ．
Soil Survey Division Staff（1993）：Soil Survay Manural, United States Department of Agriculture Handbook No.18, 437 pp.
竹内　均編（2005）：宇宙創造と惑星の誕生．*Newton*別冊，159 pp.

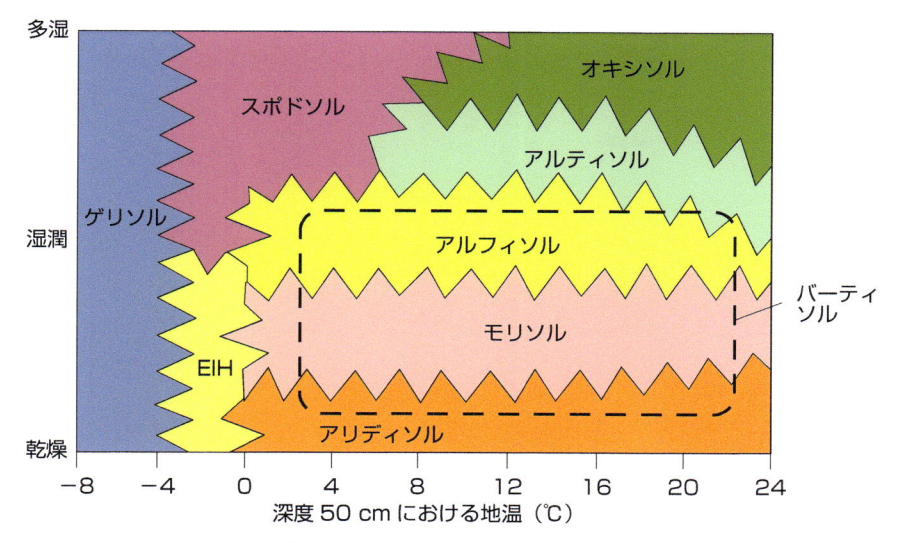

●図1.8 地温と降水量に依存する土壌の分布（Brady and Weil, 2002）
E：エンティソル（Entisol），I：インセプティソル（Inceptisol），H：ヒストソル（Histosol）．

地殻の元素組成

- ナトリウム 2.3%
- マグネシウム 2.3%
- カリウム 2.1%
- チタン 0.6%
- カルシウム 4.1%
- 窒素 0.0%
- 炭素 0.0%
- その他 0.5%
- 鉄 4.1%
- 酸素 47.7%
- ケイ素 27.9%
- アルミニウム 8.3%

土壌の元素組成

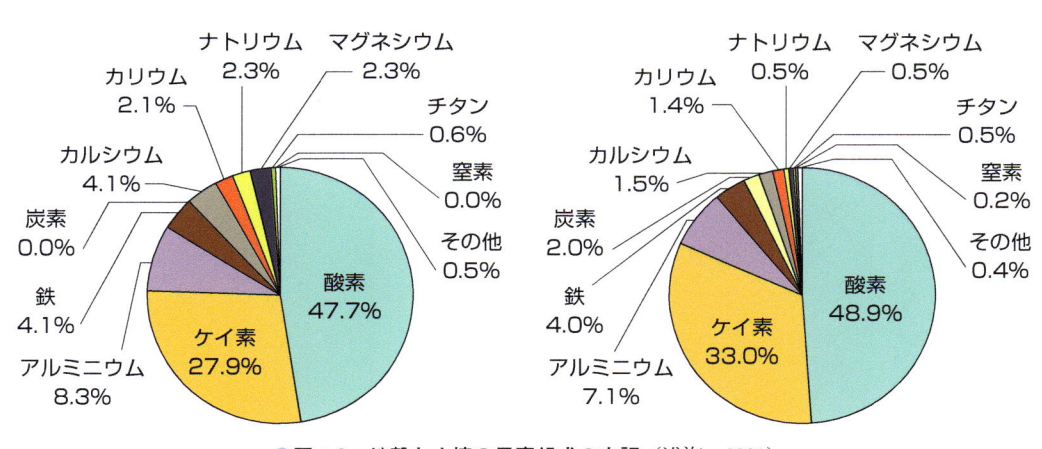

- ナトリウム 0.5%
- マグネシウム 0.5%
- カリウム 1.4%
- チタン 0.5%
- カルシウム 1.5%
- 窒素 0.2%
- 炭素 2.0%
- その他 0.4%
- 鉄 4.0%
- 酸素 48.9%
- ケイ素 33.0%
- アルミニウム 7.1%

●図1.9 地殻と土壌の元素組成の内訳（浅海，2001）

岩石　　霜柱が見える土壌

●図1.10 岩石と土壌の比較

1　物質は巡る

2 生物を育む土壌

■ 2.1 植物にとって本当に土壌は必要か

a. 一次鉱物の風化と必須元素

いかなる生物も生元素と水が供給されなければ生存できない．生元素（bioelement）は必須元素（essential element）とよばれ，生物が正常な生活機能を営むために必要な元素である．水素（H），酸素（O），炭素（C），窒素（N），リン（P），イオウ（S）の6元素はすべての生物に共通な必須元素であり，植物には，そのほか，カリウム（K），カルシウム（Ca），マグネシウム（Mg），鉄（Fe），マンガン（Mn），銅（Cu），亜鉛（Zn），モリブデン（Mo），ホウ素（B），塩素（Cl）がある．必須元素には，図2.1に示すようなはたらきと役割がある．生物共通の必須元素6元素と，K, Ca, Mg の3元素を多量要素（major element），そのほかの7元素を微量要素（minor element）という．植物体は多量要素の含有率が乾物あたりおよそ0.1％以上で正常に生育する．また微量要素の含有率が乾物あたりおよそ0.01％以下で正常に生育をする．それらのうち，C, H, O, N は大気に由来するが，そのほかの元素は，岩石を構成する造岩鉱物（一次鉱物，primary minerals）に由来する．

必須元素を供給する一次鉱物には，石英，長石，雲母，輝石，角閃石，カンラン石，火山ガラスなどがある．これらは，アルミニウムとケイ素からなるアルミノケイ酸塩である．ケイ酸塩鉱物（silicate mineral）の基本単位（図2.2）は，Si^{4+} を4個の O^{2-} が取り囲んだケイ酸四面体（silicon-oxygen tetrahedron）である．一次鉱物の化学的風化（chemical weathering）は，塩基性陽イオンとケイ酸分子（H_4SiO_4）の放出を意味する（第4章参照）．したがって，単純な結晶構造ほど，風化しやすい傾向にある．ただし，3次元構造をもつ長石類でも，マグマ中で高温で結晶化したものほど風化しやすい（図2.3）．すなわち，カルシウム長石＞ナトリウム長石＞カリ長石の順で，カルシウム長石の風化は，カンラン石や輝石に匹敵するほど速い．岩石が風化しやすい造岩鉱物を多く含むと，岩石は化学的風化に伴い物理的に風化（physical weathering）しやすくなる（ボーウェンの風化系列）．

化学的風化は，酸の添加，水の添加，電子の離脱と添加などにより起こる（表2.1）．酸の添加は，加水分解（hydrolysis）という．加水分解を生じさせる酸は，主に根の呼吸や微生物による有機物分解で土壌中に負荷された二酸化炭素（CO_2）が水に溶解した炭酸（H_2CO_3）である．すなわち，還元体である有機物が酸化される過程が風化を促進していることになる．たとえば，カリ長石（$KAlSi_3O_8$）が加水分解される反応は，以下の式で表される．

$$2KAlSi_3O_8 + 4H^+ + 9H_2O \rightarrow Al_2Si_2O_5(OH)_4 + 2K^+ + 4H_4SiO_4$$
$$2CO_2 + 2H_2O \rightarrow 2H^+ + 2HCO_3^-$$

そして，上記の2つをまとめると，

$$2KAlSi_3O_8 + 2CO_2 + 11H_2O \rightarrow Al_2Si_2O_5(OH)_4 + 2K^+ + 2HCO_3^- + 4H_4SiO_4$$

水素（H）
炭水化物，脂質，タンパク質，糖，アミノ酸，酵素，核酸，水の構成元素．葉緑素内でH^+，OH^-生成．

炭素（C）
炭水化物，脂質，タンパク質，糖，アミノ酸，酵素，核酸の構成元素．光合成によりCO_2同化，呼吸によりCO_2生成．

酸素（O）
炭水化物，脂質，タンパク質，糖，アミノ酸，酵素，核酸，水の構成元素．呼吸によりCO_2生成，光合成によりO_2生成．

窒素（N）
タンパク質，アミノ酸，酵素，核酸，葉緑素の構成元素．光合成，各種体内代謝，遺伝に関与し，植物生育を促進する．

リン（P）
核酸，酵素の構成元素．光合成，呼吸，糖代謝において ATP，ADP としてエネルギー伝達．分けつ，根の伸長，開花，結実を促進．

鉄（Fe）　ホウ素（B）
マンガン（Mn）　亜鉛（Zn）　塩素（Cl）
銅（Cu）　モリブデン（Mo）
微量要素

カリウム（K）
光合成や炭水化物の蓄積と関係．NO_3^-の吸収，体内での還元，タンパク質合成に関係．細胞の膨圧維持．開花，結実の促進．

イオウ（S）
アミノ酸（メチオニン，システイン），タンパク質の構成元素．植物体中の酸化，還元，生長の調整．炭水化物代謝，葉緑素の生成に間接的に関与．

カルシウム（Ca）
ペクチン酸と結合し植物細胞膜の生成と強化に関係．有機酸の中和．根の伸長を促進．

マグネシウム（Mg）
酵素の構成元素．リン酸の吸収に関与．炭水化物代謝，リン酸代謝酵素の活性化．

● 図 2.1　**植物の必須元素の種類と役割**（久馬ほか（1993），植物栄養・肥料の事典編集委員会編（2002）などから作成）

● 図 2.2　**ケイ酸四面体の基本構造**
上部から　　下部から
O　Si

● 表 2.1　**化学的風化の種類**

加水分解（hydrolysis）
不一致溶解：カリ長石から粘土鉱物のカオリナイトが生じ，重炭酸イオンを伴い，カリウムイオンとケイ酸分子が溶出する反応など． $2KAlSi_3O_8+2CO_2+11H_2O \rightarrow Al_2Si_2O_5(OH)_4+2K^++2HCO_3^-+4H_4SiO_4$
一致溶解：マグネシウムカンラン石から重炭酸イオンを伴い，マグネシウムイオンとケイ酸分子が溶出する反応など．粘土鉱物は生じない． $MgSiO_4+2CO_2+2H_2O \rightarrow Mg^{2+}+2HCO_3^-+H_4SiO_4$
水和（hydration）
鉱物層間中への水の付加による鉱物の膨張． 赤色ヘマタイト $Fe_2O_3+H_2O \rightarrow$ 黄色ゲータイト $Fe_2O_3 \cdot H_2O$
酸化（oxidation）・還元（reduction）
沈殿した Fe^{3+}（酸化型）と溶存した Fe^{2+}（還元型） 沈殿した Mn^{4+} と溶存した Mn^{2+}（還元型）

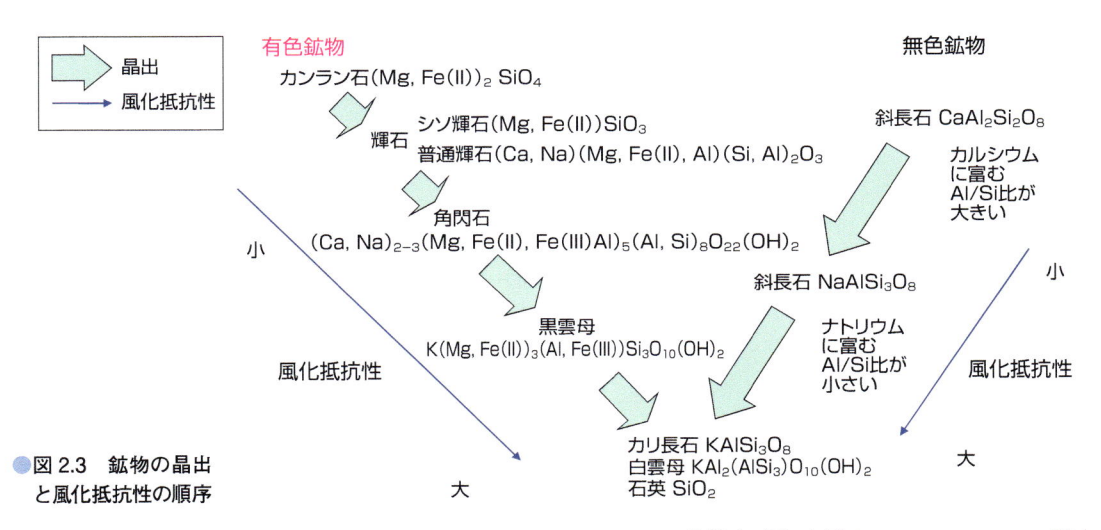

⇒ 晶出
→ 風化抵抗性

有色鉱物
カンラン石 $(Mg, Fe(II))_2 SiO_4$
輝石
　シソ輝石 $(Mg, Fe(II))SiO_3$
　普通輝石 $(Ca, Na)(Mg, Fe(II), Al)(Si, Al)_2O_3$
角閃石 $(Ca, Na)_{2-3}(Mg, Fe(II), Fe(III)Al)_5(Al, Si)_8O_{22}(OH)_2$
黒雲母 $K(Mg, Fe(II))_3(Al, Fe(III))Si_3O_{10}(OH)_2$

無色鉱物
斜長石 $CaAl_2Si_2O_8$
カルシウムに富む Al/Si比が大きい
斜長石 $NaAlSi_3O_8$
ナトリウムに富む Al/Si比が小さい
カリ長石 $KAlSi_3O_8$
白雲母 $KAl_2(AlSi_3)O_{10}(OH)_2$
石英 SiO_2

小 ← 風化抵抗性 → 大

● 図 2.3　**鉱物の晶出と風化抵抗性の順序**

2　生物を育む土壌

が得られる．$Al_2Si_2O_5(OH)_4$ は，粘土鉱物のカオリナイトである．カリ長石が風化すると，重炭酸イオン（HCO_3^-）と Ca^{2+}，H_4SiO_4 が水に溶存し，植物に吸収されたり，河川地下水に流出するとともに，カオリナイトが生成する．このように生成物ができる反応を不一致溶解（incongruent dissolution）という．また，マグネシウムカンラン石が加水分解される反応は，

$$MgSiO_4 + 2CO_2 + 2H_2O \rightarrow Mg^{2+} + 2HCO_3^- + H_4SiO_4$$

であり，また堆積岩である石灰岩が加水分解される場合では，

$$CaCO_3 + 2CO_2 + 2H_2O \rightarrow Ca^{2+} + 2HCO_3^-$$

となり，粘土鉱物は生成しない．このような反応を一致溶解（congruent dissolution）という．このような一次鉱物を多く含む岩石や石灰岩が風化されると陥没地形（カルスト）ができる．

　水の付加は，水和（hydration）とよばれる．水が鉱物の構造間に取り込まれ，鉱物が膨らみ，物理的に風化されやすくなる状態をつくり出す．また鉄鉱物は水和することにより，赤色から黄色に色が変化する．

　電子の離脱を酸化（oxidation），電子の添加を還元（reduction）という．Fe^{3+} と Fe^{2+}，Mn^{4+} と Mn^{2+} のように，酸化型では沈殿しているが，還元型では水に溶存しやすく，移動しやすい．

　土壌中で一次鉱物から二次的に生成された鉱物を二次鉱物といい，アルミノケイ酸塩を粘土鉱物とよぶ．カオリナイトはケイ酸四面体のシートとアルミニウム八面体のシートが1：1で酸素を共有して1枚のシートをつくり，そのシートが重なり合った構造をもつ微細な 0.002 mm 以下の板状粒子である．粘土鉱物には，カオリナイトのようにケイ酸四面体シートとアルミニウム八面体シートが1：1である1：1型鉱物，あるいはケイ酸四面体シートがアルミウム八面体をサンドイッチしている2：1型鉱物，2：1：1型鉱物などがある．図2.4に示すように，1：1型鉱物にはカオリナイトのほかハロイサイト（第Ⅰ部図2.6）などがある．2：1型鉱物には，イライト，バーミキュライト，スメクタイトなどがあり，スメクタイト，バーミキュライトは水を層間に挟み込み，膨張する．2：1：1型鉱物には，クロライトがある．また火山ガラス（第Ⅰ部図2.8）が風化すると，層状構造を示さないアロフェン，イモゴライト（第Ⅰ部図2.9, 2.10）や層状構造をもつハロイサイトのような粘土鉱物ができる．さらに，土壌からケイ酸が溶脱すると，鉄酸化物やアルミニウム酸化物が残存する．鉄酸化物には赤色のヘマタイト，水和した黄色のゲータイト，結晶程度の弱い水酸化鉄鉱物があり，アルミニウム酸化物にはギブサイトなどの鉱物がある．また水田などでは，還元状態で溶出した Fe^{2+} が下層で酸化沈殿した水酸化鉄もみられる．また，火山ガラスの風化では，ケイ酸が集積しオパーリンシリカが生じる．

　層状結晶粘土鉱物は結晶格子内の Si^{4+} が Al^{3+} にあるいは Al^{3+} が Mg^{2+} に置き換わり，陽電荷が不足するために生じる負荷電（negative charge）（同形置換，同像置換という）や鉱物末端の Al–OH や Si–OH から H^+ が放出されて生じた負荷電をもつ．

$$Al\text{–}OH = Al\text{–}O^- + H^+ \quad pKa = 5.0$$
$$Si\text{–}OH = Si\text{–}O^- + H^+ \quad pKa = 7.0$$

これら負荷電は風化で放出された塩基性陽イオンを吸着し，ほかの陽イオンが移動してくると，イオン交換（図5.7）することもできるので，土壌がもつ負荷電の総量を陽イオン交換容量（cation exchange capacity：CEC）とよぶ．負荷電に吸着されている Ca^{2+}, Mg^{2+}, K^+, Na^+ はほかの陽

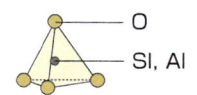

(a) 単独のケイ素四面体　　(b) 六角形網状構造に配列したケイ素四面体シート　　(c) ケイ素四面体シート

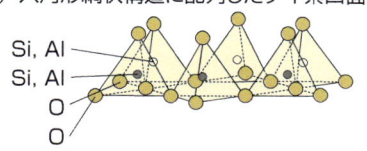

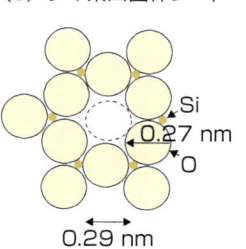

O
Si, Al

Si, Al
Si, Al
O
O

Si
0.27 nm
O
0.29 nm

(d) 単独のアルミニウム八面体　　(e) アルミニウム八面体シート

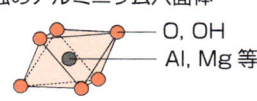

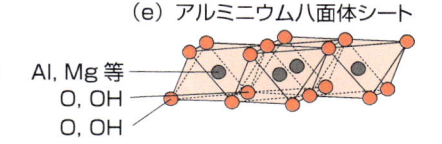

O, OH
Al, Mg 等

Al, Mg 等
O, OH
O, OH

1:1型粘土鉱物　　　　　　2:1型粘土鉱物　　　2:1:1型粘土鉱物

| カオリナイト ハロイサイト | 加水ハロイサイト | イライト | バーミキュライト スメクタイト | クロライト |

0.72 nm / 1.02 nm / 1.02 nm / 1.40 nm / 1.42 nm

●図2.4　結晶性粘土鉱物の構造
粘土鉱物は二次鉱物の1つである．

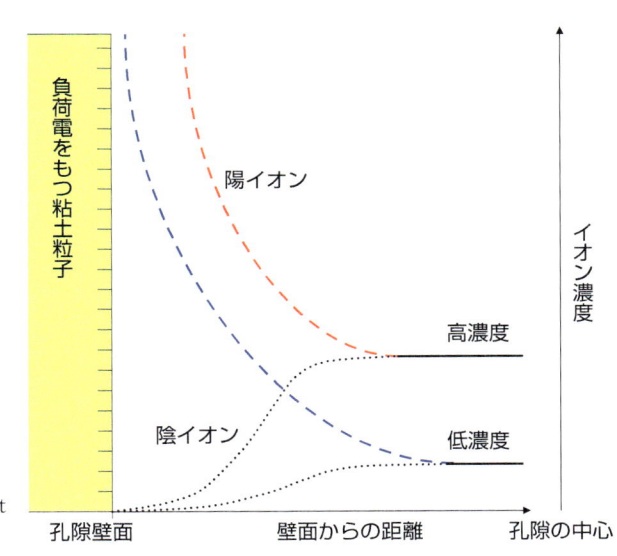

●図2.5　土壌孔隙中のイオン濃度分布（Bolt (1971) より作成）

負荷電をもつ粘土粒子
陽イオン
陰イオン
高濃度
低濃度
イオン濃度
孔隙壁面　　壁面からの距離　　孔隙の中心

2　生物を育む土壌

イオンと交換されやすく，交換性塩基とよばれる．これらは，H^+により簡単に交換されるので，植物への最も重要な陽イオンの供給源となる．図2.5のように陰イオンは粘土表面の負荷電から排除され，陽イオンは粘土表面で濃度が高い．植物が元素を吸収し，溶液中のイオン濃度が低下すると，負荷電から陽イオンが放出され，効果的に養分を供給することができる．また Al–OH は pH が低下すると，H^+を吸着し，陽荷電となり，静電気的に陰イオンを引きつけるようになる．

$$Al\text{–}OH + H^+ = Al\text{–}OH_2^+$$

地球の地殻には，7：3の割合で，火成岩と堆積岩が存在している．図2.6に示すように，地殻では，Ca^{2+}やNa^+に富む斜長石とカリウム長石が，45％を占める．風化しにくい石英が20％，雲母類が12％を占めており，風化しやすいカンラン石，輝石，カンラン石は，3％程度である．火成岩は，造岩鉱物の含有量により，ケイ酸含量が異なり，ケイ酸（SiO_2）含量が65％以上の岩石を酸性岩，55～65％の岩石を中性岩，45～55％の岩石を塩基性岩，45％以下の岩石を超塩基性岩とよぶ（第Ⅰ部図1.2）が，SiO_2含量が少ないほど風化しやすくなり，Mg^{2+}やFe^{2+}に富む土壌が生じる．ただし，超塩基性岩は地殻には少なく，それに由来する土壌も少ない．

b．植物が土壌をつくる　　岩石の化学的風化を促進し，岩石を構成する一次鉱物を粘土鉱物へ変換し，植物へ必須元素を供給する大きな駆動力となるのはH_2CO_3であり，これは有機物の分解（organic matter decomposition）に由来するCO_2が水に溶解して生じる．有機物（CH_2O）（第Ⅰ部図1.2および図5.8）は，次式のように大気のCO_2とH_2Oから植物が光合成（photosynthesis）により生産されたものであり，還元型（reductive）の炭素化合物（carbon compounds）である．

$$CO_2 + H_2O + (光エネルギー) = CH_2O + O_2$$

したがって，有機物が分解すると，酸化されて酸化型（oxidative）の炭素化合物であるCO_2とH_2Oが発生する．

$$CH_2O + O_2 = CO_2 + H_2O + (熱エネルギー)$$

ところで，植物の光合成による有機物の生産には，H_2Oの還元反応とCO_2の還元反応が必要である．そのために，必須元素のうち N，P，K，Mg，Cl が強くかかわっている．P，K，Mg，Cl は岩石に由来するが，N は大気に由来する．植物が吸収できる N の形態はN_2などのガス態窒素や，タンパク質のような高分子の有機態窒素（organic N）ではなく，一部，低分子有機態窒素であるアミノ酸も吸収されるが，NO_3^-やNH_4^+といった無機態窒素（inorganic N）である．N_2をNH_3に変換する土壌中の窒素固定菌による生物的窒素固定（biological nitrogen fixation）（表3.1）や，工業的窒素固定（chemical nitrogen fixation）を行う人間が事実上植物の生育を支配している．大気のN_2ガスの現存量は 7550 kg N m^{-2} と見積もられている．自然の植物は年間 0.000714 kg N m^{-2} ずつ N を蓄積している．すなわち，もし，有機物が分解せず，取り込まれた N が環境中に放出されなければ，おおむね1050万年で大気からN_2ガスがなくなってしまうことになる．有機物には炭水化物やタンパク質のように動物には直接利用されるような分解されやすい有機物から，リグニンやセルロースのように分解されにくい有機物のさまざまな形態のものがある．そのような分解されにくい有機物は，ポリフェノール，キノン類を生成し，それらが重縮合して腐植（humus）（図5.8）が形成される．腐植は，分解が進むにつれて，フェノール性水酸基（R–F–

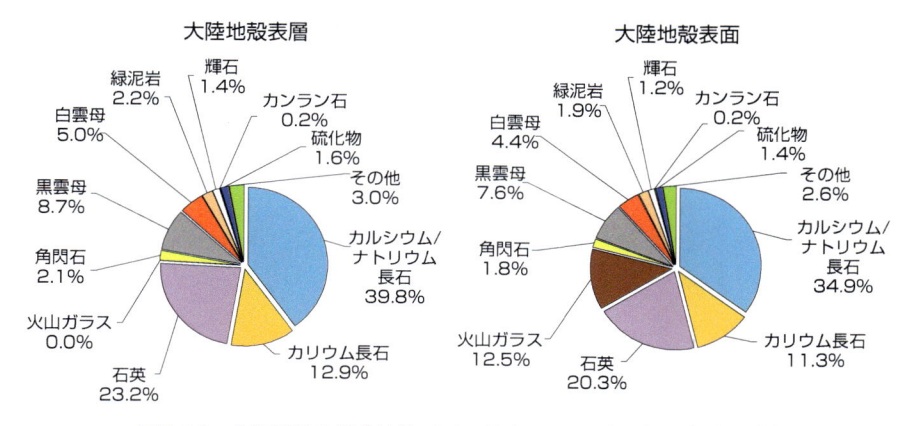

大陸地殻表層
- 緑泥岩 2.2%
- 輝石 1.4%
- 白雲母 5.0%
- カンラン石 0.2%
- 黒雲母 8.7%
- 硫化物 1.6%
- 角閃石 2.1%
- その他 3.0%
- 火山ガラス 0.0%
- カルシウム/ナトリウム長石 39.8%
- 石英 23.2%
- カリウム長石 12.9%

大陸地殻表面
- 緑泥岩 1.9%
- 輝石 1.2%
- 白雲母 4.4%
- カンラン石 0.2%
- 黒雲母 7.6%
- 硫化物 1.4%
- 角閃石 1.8%
- その他 2.6%
- 火山ガラス 12.5%
- カルシウム/ナトリウム長石 34.9%
- 石英 20.3%
- カリウム長石 11.3%

●図2.6　大陸地殻の構成鉱物（アンドリュースほか（2001）を図化）

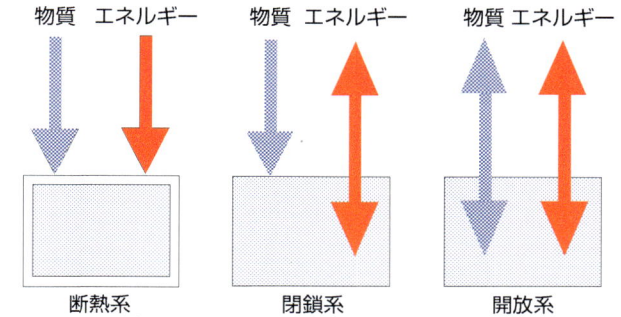

●図2.7　3つの熱力学的（アトキンス，1992）より作成）

断熱系　宇宙などそれを模擬した系
閉鎖系　地球など惑星
開放系　土壌-植物系など自然の系

光合成
光エネルギー → 植物による光合成 → 熱エネルギー

有機物分解
熱エネルギー → 土壌微生物による分解 → 熱エネルギー

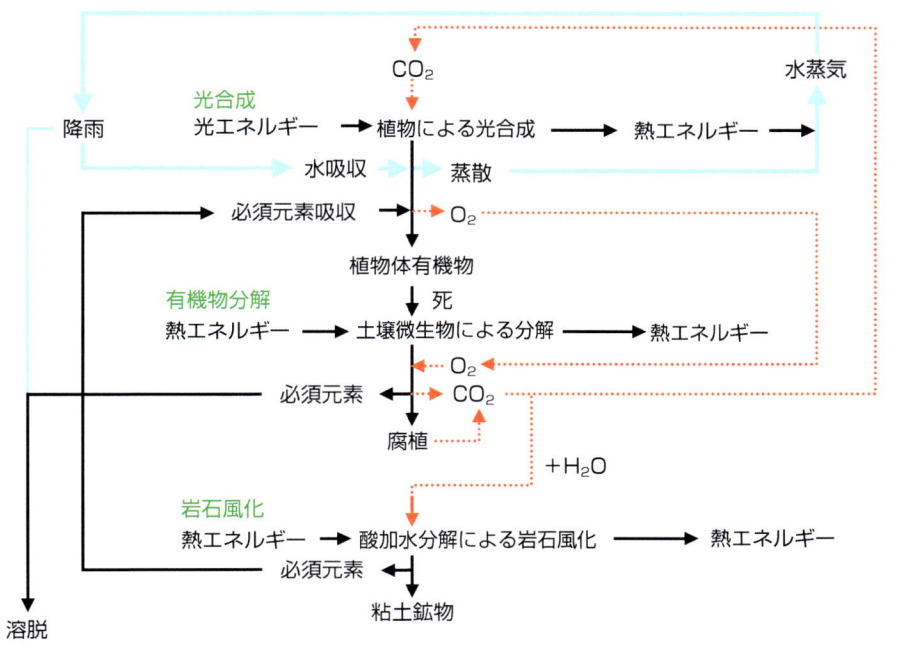

岩石風化
熱エネルギー → 酸加水分解による岩石風化 → 熱エネルギー

●図2.8　陸域における生物の作用による物質循環と腐植と粘土生成

2　生物を育む土壌

OH）やカルボキシル基（R–COOH）のような酸性官能基が増加する．

　有機物の生産と有機物の分解は，太陽エネルギーの地球への流入と地球からの流出の過程で生じる．地球はエネルギーの出入りだけが起こり，物質の出入りはない．このような系を熱力学では，閉鎖系（closed system）という．それに対して宇宙全体は，熱も物質も出入りがない断熱系（adiabatic system）である．一方，有機物の生産や分解が生じている土壌 – 植物系では，おもに大気とエネルギーと物質の交換があり，地下水，河川へエネルギーと物質の流出を起こす．このような系を開放系（open system）という．これら 3 つの熱力学的系の概要は図 2.7 のとおりである．開放系に流入したエネルギーと物質は，蓄積されたり，生産物へ変換されたり，物質の変換に使用されたりし，残りが流出するという，熱力学の第 2 法則（second law of thermodynamics）があてはまる．

　光合成，有機物分解，岩石風化により生じる物質の変換過程を熱力学の第 2 法則にあてはめてみると，図 2.8 のように示すことができる．光合成の過程における，流入エネルギーは光であり，流入物質は CO_2 と水，地下から供給されるそのほかの必須元素であり，生産物として植物体の有機物，エントロピーとして水蒸気が生じ，余剰エネルギーは水蒸気とともに放出される．有機物分解での流入エネルギーは地中に流入する熱であり，流入物質としては，死滅した生物の遺体であり，生産物として腐植，エントロピーとして CO_2 と必須元素が放出される．CO_2 は大気へ放出され，再び光合成過程に組み込まれるとともに，水に溶解する．必須元素は，水に溶解し，再び光合成過程に組み込まれるとともに，溶脱（leaching）する．岩石の風化における流入エネルギーは地中に流入する熱であり，流入物質は CO_2 が水に溶解して生じた H^+ である．流入した H^+ が岩石を加水分解し，生産物として粘土鉱物をつくり，エントロピーとして必須元素とケイ酸が放出される．

　このように，土壌 - 植物系では，生産物として植物体とともに，腐植と粘土鉱物を含む土壌が形成され，エントロピーが水循環，物質循環を形成している．

c. 植物が変わると土壌が変わる

表 2.2 は IPCC（2003）が示した気候区分である．温度，降水量，可能蒸発散量に基づいて，9 つの気候帯に区分している．その気候帯にあわせて，FAO（2000）は世界の植生を 20 に区分した（表 2.3）．土壌は，有機物の生産と分解，土壌中での水の移動に対応して生成される．したがって，植物の地理的分布（図 2.9）に密接に関連して分布する（US Soil Taxonomy 参照）．永久凍土地帯にはゲリソル Gelisol，降雨の多い針葉樹林帯にはスポドソル Spodosol，温帯森林地帯にはインセプティソル Inceptisol，温帯草原地帯にはモリソル Mollisol やアルフィソル Alfisol，乾燥地ではアリディソル Aridisol，亜熱帯林，熱帯林のアルティソル Ultisol やオキシソル Oxisol のような土壌が分布している．ただし，火山噴出物から生成するアンディソル Andisol や湿地・泥炭地に生成するヒストソル Histosol，あるいは，インドのデカン高原やケニアのキリマンジャロの麓のバーティソル Vertisol，河川や山岳にみられるエンティソル Entisol は，かならずしも気候，植生帯に応じた分布はしておらず，特殊な条件下で生成した土壌となっていることにも注意しなければならない．

　土壌中の有機物の蓄積は，植物による有機物の生産と，微生物による有機物の分解のバランスにより生じる．図 2.10 のように，植物の生育は比較的低温に適応し，微生物の活性は高温側に

● 表 2.2　気候区分（IPCC, 2003）

気候区分		年平均気温	年降水量/可能蒸発散量	年降水量
寒帯乾燥	Boreal dry	<0℃	<1	
寒帯湿潤	Boreal wet	<0℃	>1	
冷温帯乾燥	Cold temperate dry	0-10℃	<1	
冷温帯湿潤	Cold temperate wet	0-10℃	>1	
温帯乾燥	Warm temperate dry	10-20℃	<1	
温帯適潤	Warm temperate moist	10-20℃	>1	
熱帯乾燥	Tropical dry	>20℃		<1000 mm
熱帯適潤	Tropical moist	>20℃		1000-2000 mm
熱帯湿潤	Tropical wet	>20℃		>2000 mm

(Good Practice Guidance for Land Use, Land-Use Change and Forestry；http://www.ipcc-nggip.iges.or.jp/public/gpglulucf/gpglulucf_files/Chp3/Chp3_1_Introduction.pdf)

■ TAr	熱帯降雨林	■ SCf	亜熱帯湿潤林	■ TeDo	温帯海洋性林	■ Ba	寒帯針葉樹林
■ TAwa	熱帯湿潤広葉樹林	■ SCs	亜熱帯乾燥林	■ TeDc	温帯大陸性林	■ Bb	寒帯ツンドラ疎林
■ TAwb	熱帯乾燥林	■ SCSh	亜熱帯草原	■ TeBSk	温帯草原	■ BM	寒帯山岳生態系
■ TBSh	熱帯灌木林	■ SBWh	亜熱帯砂漠	■ TeBWk	温帯砂漠		
■ TBWh	熱帯砂漠	■ SM	亜熱帯山岳生態系	■ TeM	温帯山岳生態系	P	極地
■ TM	熱帯山岳生態系						

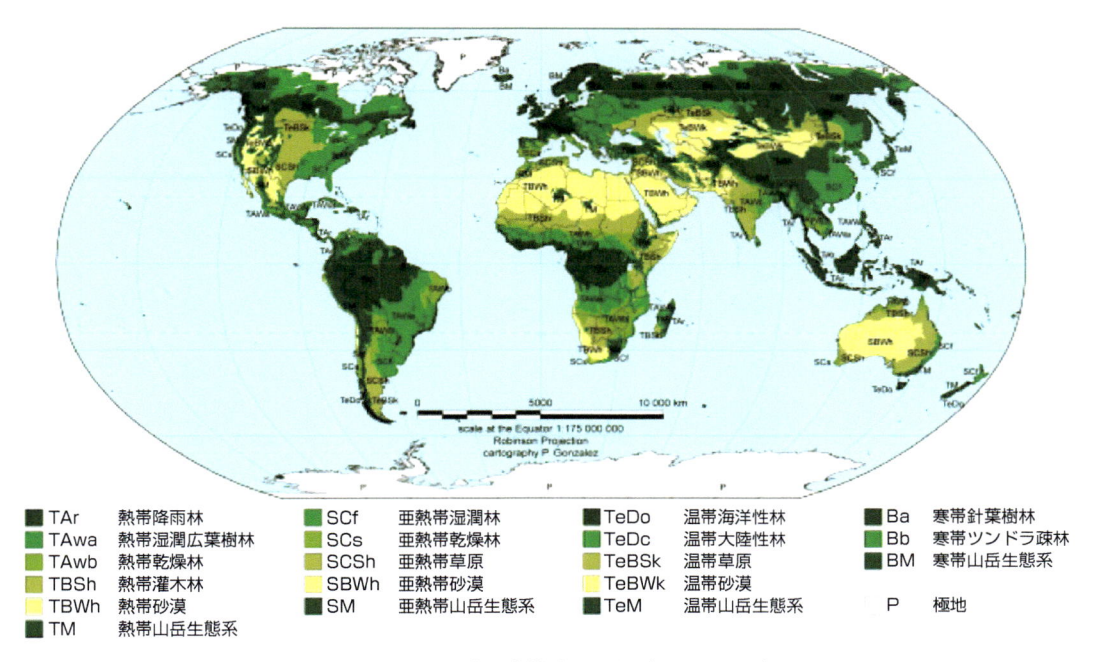

● 図 2.9　FAO 世界生態地理区分（FAO, 2000）

● 表 2.3　FAO の生態地理区分（FAO, 2000）

1	熱帯降雨林	Tropical rainforest	11	亜熱帯山岳生態系	Subtropical mountain systems
2	熱帯湿潤広葉樹林	Tropical moist deciduous forest	12	温帯海洋性林	Temperate oceanic forest
3	熱帯乾燥林	Tropical dry forest	13	温帯大陸性林	Temperate continental forest
4	熱帯灌木林	Tropical shrubland	14	温帯草原	Temperate steppe
5	熱帯砂漠	Tropical desert	15	温帯砂漠	Temperate desert
6	熱帯山岳生態系	Tropical mountain systems	16	温帯山岳生態系	Temperate mountain systems
7	亜熱帯湿潤林	Subtropical humid forest	17	寒帯針葉樹林	Boreal coniferous forest
8	亜熱帯乾燥林	Subtropical dry forest	18	寒帯ツンドラ疎林	Boreal tundra woodland
9	亜熱帯草原	Subtropical steppe	19	寒帯山岳生態系	Boreal mountain systems
10	亜熱帯砂漠	Subtropical desert	20	極地	Polar

(Global Forest Resources Assessment 2000；http://www.fao.org/documents/show_cdr.asp?url_file=/DOCREP/004/Y1997E/y1997e1g.htm)

適応している．

　実際の生態系における有機物の蓄積量は，植物による有機物生産量と，土壌微生物による有機物分解量の差として表される．植物による有機物生産は純一次生産量（net primary production：NPP）とよび，生態系が蓄積する有機物量は，純生態系生産量（net ecosystem production：NEP）とよぶ．土壌有機物分解量を Ro とすると，NEP は，

$$\text{NEP} = \text{NPP} - \text{Ro}$$

と表される．NEP がプラスの値の場合は有機物の蓄積を，NEP がマイナスの場合は有機物が消失していることを示す．一般に NPP，有機物分解量，NEP は炭素換算値で表される．図 2.11 はこれまでさまざまな生態系（森林，草地，畑，水田，湿地）で測定された NPP と NEP の関係を示している．森林の NPP は，湿原で低く，畑，水田で高く，草地で同程度である．一方，NEP はマイナスの値もみられ，森林と比べ，湿原で低く，水田で高く，畑で同程度であったが，草地で著しく低い．すなわち，水田は森林よりも土壌に有機物を蓄積する傾向にあることを示し，逆に草地は土壌の有機物分解がそのほかの土地利用に比べてとくに大きいことを示している．図 2.12 はそれらを気候帯別に分けて示したものである．森林の NPP は，寒地よりも暖地で大きく，湿潤地のほうが乾燥地よりも大きい．それに対して，湿地では小さく，そのほかの土地利用の NPP は森林よりも大きくなる場合，小さくなる場合もある．一方 NEP は，森林では NPP ほど明瞭な違いはみられないが，寒地より暖地で大きく，湿潤地で乾燥地より大きい傾向にある．そのほかの土地利用では，水田を除き，いずれの気候帯でも森林に比べ，畑，草地の NEP は低く，とくに冷温帯湿潤気候では負の値を示した．

■ 2.2　土壌に及ぼす動物のインパクト

　陸上生物は植物を基点とした食物連鎖に依存している．草食動物が植物を捕食し，それを肉食動物が捕食している．それら動物の糞や遺体は土壌にもどり，有機物として分解される．草食動物に食べ残された植物が枯死すると，土壌に直接還元される．それを最初に捕食するのは，土壌動物である．その意味では，土壌動物は，植物を直接捕食する草食動物から続く食物連鎖とは別の食物連鎖系を形成していることになる．ただし，地上の大型動物や鳥類も土壌動物を餌としている．

　大型土壌動物は数 cm 以上あり，粗腐植層（第 I 部図 1.12）中にいるムカデ，ヤスデ，穴を掘って生活するモグラやミミズが含まれる（図 2.13）．中型土壌動物は，数 mm 以上で，粗腐植層に生活するササラダニ，トビムシ，節足動物，土中に生活するアリや昆虫，その幼虫などである．小型土壌動物は 1 mm 以下で，落葉表面の水に生活するミジンコやアメーバも含まれる．

　土壌動物であるミミズ，ワラジムシ，ダンゴムシ，ササラダニなどは，食物連鎖の一次分解動物として位置づけられる．これらは，落葉を摂食して粉砕し，栄養素を消化吸収するが，セルロース，リグニンの一部を排泄する．さらに，トビムシ，ヤスデ，ミミズ，線虫などは，二次分解動物としてはたらく．これらは，粉砕落葉や糞，無機成分を摂食し，体内細菌により有機物分解することで，腐植粘土複合体を合成し，団粒の形成を促進する．

　夏期間に北海道の森林土壌の H 層では，ミミズが有機物分解の 23％ を占めている例がある．

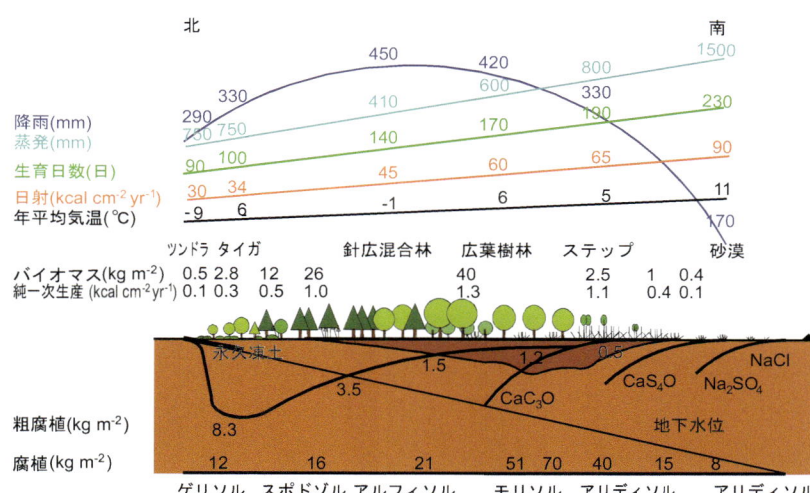

●図 2.10 ヨーロッパにおけるツンドラから砂漠までの気候-植物-土壌遷移（Hekstra（1992）を改変）

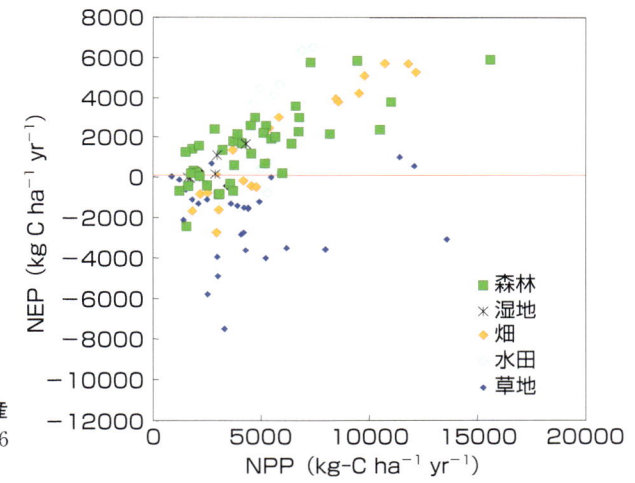

●図 2.11 植物の生産量 NPP と生態系の生産量 NEP（＝NPP − 有機物分解）の関係（2006 年までに発表されたデータから作成）

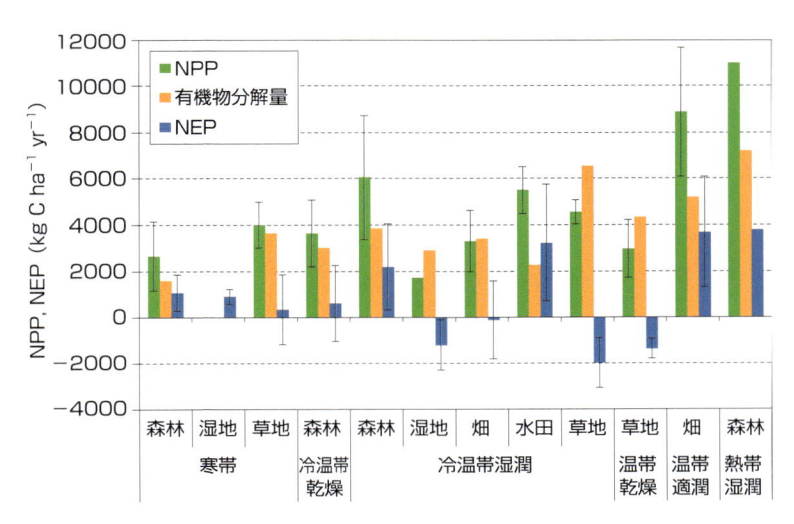

●図 2.12 気候帯別土地利用における純一次生産 NPP と，純生態系生産 NEP（＝NPP − 有機物分解）（2006 年までに発表されたデータから作成）

2 生物を育む土壌　45

また，ミミズにより分解された有機物は，無機化され硝酸化成を受けやすく，土壌肥沃度を高めている．5種類の森林土壌の硝酸態窒素生成量が60〜123％増加した例もある．世界のさまざまな草地で調査されたミミズによる耕うん量は，1年間に30〜280 t ha^{-1}であった．10 t ha^{-1}は約1 mmに相当するので，均一に混合するとすると3 mm〜3 cm程度である．

■ 2.3 微生物と土壌

わずか1 gの土壌に数億以上の細菌（バクテリア）が存在する．多様性に富み，1 gに数千〜数万種類が存在する（表2.4）．バクテリア以外にも，多種多様な糸状菌，原生動物が土壌中に普遍的に存在する．また，微生物には分類されないが，線虫やトビムシ，ダニのような土壌動物も土壌に生育する．これら生物群のおおよその存在数・量を表に示すが，1 haあたり数百〜数千kgの生体量（バイオマス）になる．

a. 微生物の種類と数　分子生物学的手法が土壌微生物分野へさかんに適用されるようになり，土壌中の微生物の実像についての認識が大きく異なりつつある．従来，希釈平板法を用いて土壌から分離される培養可能な微生物のみを研究対象としてきた．しかし，VBNC（viable but non-culturable）とよばれている，生きているが培養できない細菌（土壌中で活性を有しているが，実験室内で培地上にコロニーを形成させてようとしてもできない細菌）の存在が知られるようになり，しかも，それらVBNC状態の細菌が土壌中の大半を占めることがわかってきた．直接検鏡法で計数される全バクテリアのうち，コロニーを形成するものの割合は0.01〜数十％と大きな変動を示すが，大半が培養できないバクテリアであることに変わりはない．そこで，培養というバイアスのない方法として，生きた微生物だけが共通して有する生物的特徴（バイオマーカー）が注目されるようになり，細胞膜に存在するリン脂質脂肪酸，呼吸鎖に存在するキノン，遺伝情報を担うDNA・RNAを土壌中から選択的に抽出して，その特徴を調べることで，土壌に存在する微生物の全体像を把握しようとする試みがさかんになっている（図2.14）．その結果，従来は全分離菌株の数十％を占める土壌中の主要な細菌としてみられてきた*Arthrobacter*, *Bacillus*, *Streptomyces*, *Pseudomonas*といった細菌群は確かに土壌中に存在するものの，それらの比率は多くても全体の数％以下というマイナーな存在であった．

土壌から抽出した全DNAを鋳型に16S rDNAをPCR増幅し，クローン化した研究例を集めたトータル3398クローンの塩基配列情報では，土壌中の主要な細菌はProteobacteria（平均39％），Acidobacteria（20％），Actinobacteria（13％）であった．かつては，グラム染色によりグラム陽性菌と陰性菌とに大別されていたが，16S rDNAの塩基配列により土壌中のバクテリアは32の門（Phylum）に分けられるようになった（図2.15）．グラム陰性菌はおもにそのうちの1つの門であるProteobacteriaに，グラム陽性菌はFirmicutesとActinobacteriaのおもに2つの門に相当する（いくつかの土壌細菌を図2.16に示す）．従来典型的な土壌細菌と考えられてきたProteobacteriaやActinobacteriaはDNAからみた優占度においても39％，13％と比較的高い値を示すが，Firmicutesでは全クローンに占める割合は2％である．Proteobacteriaは培養法においても主要なバクテリアで528属が知られる．土壌から分離したクローンの塩基配列に基づく相同性の結果は，門としてはそれらに帰属するものの，既存の属に分類されるケースは50％

● 図 2.13　土壌動物の種類，体長と個体数（図は青木（1976）より）

大型土壌動物（体長：数 cm）
哺乳類（モグラ・ジネズミ・ネズミ類），爬虫類（ヘビ・トカゲ），両生類（サンショウウオ），カタツムリ類・ナメクジ類，フツウミミズ類，陸生ヒル類，節足動物（ムカデ類，ヤスデ類）
中型土壌動物（体長：数 cm〜1 mm 前後）
節足動物（トビムシ，カマアシムシ，アリ，ハエ幼虫，クモ，ササラダニ類，ムカデ，ヤスデ，コムカデ，エダヒゲムシ，トビムシ類），ワラジムシ・ダンゴムシ，ヒメミミズ，線虫類
小型土壌動物（体長：1 mm 以下）
輪形動物（ワムシ），節足動物（ケンミジンコ類），原生動物（アメーバ）

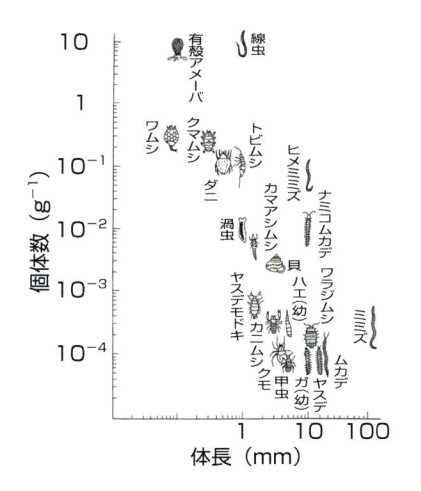

● 表 2.4　各種土壌生物群の個体数とバイオマス量 （Alexander（1977），Brady（1974），Lynch（1983）を基に作表）

	個体数		重量
	（m² あたり）	（g 土壌あたり）	（生重 kg ha⁻¹）
バクテリア	10^{13}–10^{14}	10^{8}–10^{9}	300–3000
放線菌	10^{12}–10^{13}	10^{7}–10^{8}	300–3000
糸状菌	10^{10}–10^{11}	10^{5}–10^{6}	500–5000
微小藻類	10^{9}–10^{10}	10^{3}–10^{6}	10–1500
原生動物	10^{9}–10^{10}	10^{3}–10^{5}	5–2000
線虫	10^{6}–10^{7}	10–10^{2}	1–100
ミミズ	30–300		10–1000
節足動物	10^{3}–10^{5}		1–200

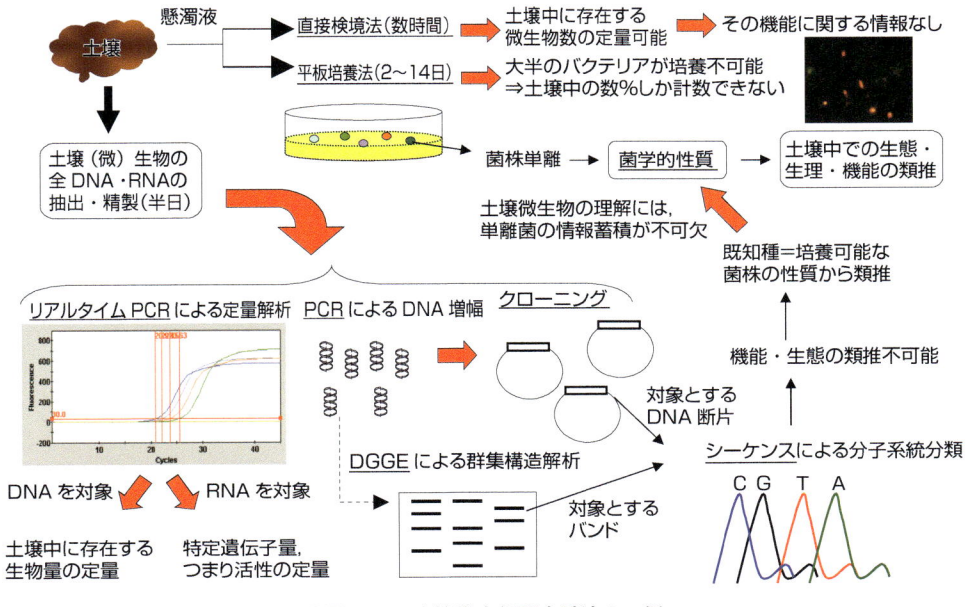

● 図 2.14　土壌微生物研究手法の一例

2　生物を育む土壌

以下であった．つまり，Proteobacteria というこれまでに多くの分離株が得られている門に分類されたとしても，土壌中に存在する細菌群は培養法では知られていないものが半数以上なのである．Acidobacteria や Verrucomicrobium（7％）では，近年ようやく分離株の取得に成功し，その生理的・生態的特徴について知見が集まりつつある．また，土壌中におけるバクテリアの大半は培養不可能な訳ではなく，分離するには特殊な培地や培養条件，長い培養時間といった多くの工夫が必要なだけであるとする考え方が一般的である．

微生物株を多数保存する ATCC（American Type Culture Collection）の菌株リストをみると，抗生物質生産株が多数みつかっている *Streptomyces* 属が最大の 25％を占め，このグループは土壌からの分離菌の比率でも 23〜30％と土壌中の最優占菌の1つである．しかし，土壌から分離されるクローンの比率はわずか 0.1％にも満たない．従来，土壌中の優占種とみなされてきた属に分類される分離株の比率は全体の約 50％であり，次から次へと新しい分離株が ATCC に登録されるようになっている．

土壌から抽出した DNA クローンおよび単離菌の 16S rDNA に基づく分子系統解析結果を図 2.17 に示す．各処理区とも 30〜40 クローンないし単離菌と，それほど数が多くないという問題点はあるものの，両者の間に大きな違いがあることが再認識される．クローン解析では，Proteobacteria が最も多く，ついで Actinobacteria，Acidobacteria，Bacteroidedtes が優占していたいが，培養法では圧倒的に Actinobacteria が優占していた．ちなみに，両土壌ならびにその他土壌および水田田面水における直接検鏡法で計数した全菌数と希釈平板法で計数した培養可能な細菌数の値を図 2.18 に示す．化学肥料連用土壌と有機物連用土壌間で全菌数では大差ないものの，その中身が異なり，また，培養可能な細菌数では有機物連用により数とともに多様性も増す．

土壌中に生育する微生物の種類が培養法と DNA 法といった手法により異なることは，バクテリアだけでなくカビにおいても知られている．これまで分離されていない，つまり機能等が未知のバクテリアやカビの存在が多数知られるようになる一方，既存の微生物についても，研究の蓄積により分類名が変化している（表 2.5）．とくに *Pseudomonas* あるいは *Bacillus* とよばれていたバクテリアは現在では，多くの属に分かれている．また，かつて *Pseudomonas cepacia* とよばれた種は，現在 *Burkholderia cepacia* と命名され，研究の進展に伴い種の中に4つの genomobar（表現型は類似しているが遺伝的に異なる）が知られるようになり，植物に無害な根圏あるいは根内定着菌，植物病原菌，臨床菌が混在する．また，典型的な蛍光性 *Pseudomonas* である *P. fluorescens* では同一種の中に biovar I〜V の異なる分類群（ecotype）が知られる．

b．微生物のはたらき　　多くの微生物に共通してみられるはたらきは，有機物の分解である．好気性微生物は呼吸により有機物を分解して二酸化炭素を排出する．図 2.19 は土壌を巡る炭素循環である．地球上では，植物の光合成による CO_2 固定，葉と根の呼吸による CO_2 放出，落葉・落枝，有機物分解による CO_2 放出が繰り返されている．一方，湿地や水田などの嫌気的環境で有機物分解が生じると，メタン生成菌により CH_4 が放出される．一方，好気的な森林土壌では大気中 CH_4 をメタン酸化菌が CO_2 に分解する．

IPCC による生態系における炭素収支の世界的な見積りでは，年間の陸域の植物は 600 億 t 炭素を固定し（純一次生産量），それが枯死した後，600 億 t 炭素の有機物が土壌で分解されてい

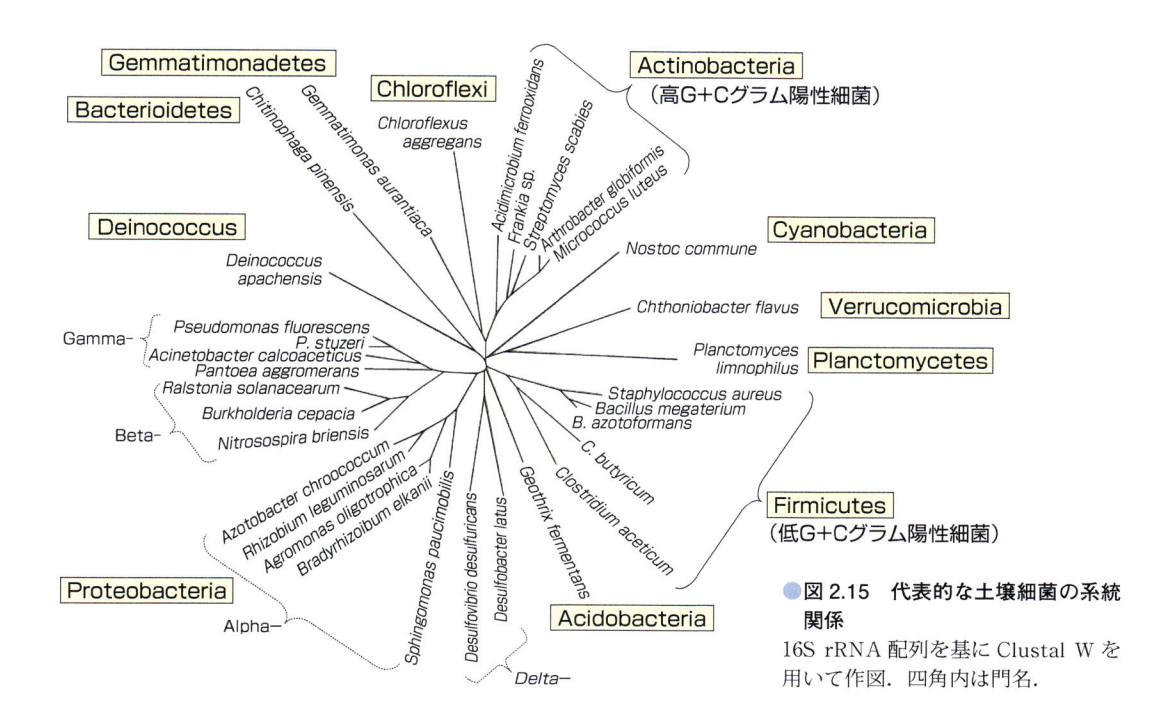

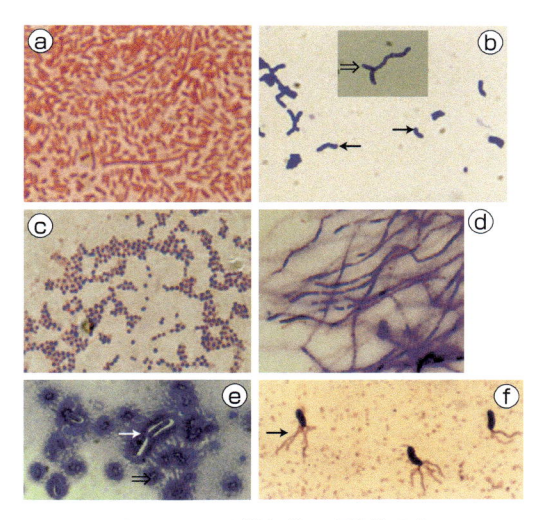

●図 2.15　代表的な土壌細菌の系統関係
16S rRNA 配列を基に Clustal W を用いて作図．四角内は門名．

●図 2.16　土壌細菌の顕微鏡写真
×1000 倍で検鏡，各細菌の大きさ（幅あるいは直径）は約 1μm．(a) グラム陰性桿菌，(b) グラム陽性の Actinobacteria（スナッピング分裂によりハの字になった細胞→，多型を示す細胞⇒），(c) グラム陽性球菌，(d) 糸状性の Actinobacteria，(e) 納豆の糸を拡大するとみられる *Bacillus subtilis*（青く染まる細胞は栄養細胞→，白くみえるのは胞子⇒，各細胞の周りの青色はダイズの分解物），(f) 極鞭毛→を有する *Pseudomonas fluorescens*．

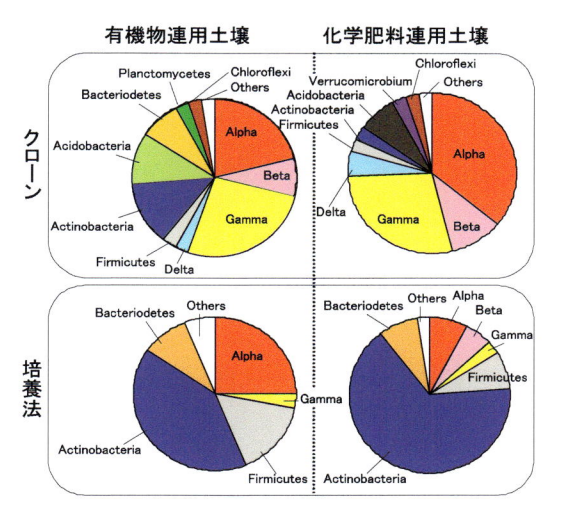

●図 2.17　名古屋大学農学部附属農場化学肥料連用土壌および既肥（40 t ha^{-1}）＋化学肥料連用土壌から抽出した DNA クローンおよび単離菌の 16 S rDNA に基づく分子系統解析（Toyota & Kuninaga, 2006；片山・山川・豊田，未発表）
各処理区とも 30〜40 クローンないし単離菌の内訳．

2　生物を育む土壌

るとされている．しかし，多くの生態系で，植物の純一次生産量から土壌の有機物分解量を差し引いた純生態系生産量は，負の値となっていた．

メタン発生による炭素の放出は，全体の5.7％であるが，メタンはCO_2の26倍の強い温室効果をもつので，単純に少ないということはできない．一方，消費をみると，大気中のCO_2の増加へ35.6％が，海洋への吸収に18.9％が消費される．CH_4のほとんどは，土壌へ吸収されたり，大気中で光分解されるが，大気中に残存し，濃度を増加させる．しかし，39.7％の行方がわかっていない．これをミッシングシンクとよんでいる．この値は土地利用変化よりも大きいものである．

微生物は分類名でよばれるほかに，その機能，はたらきに基づいて命名されている．たとえば，窒素固定菌，硝酸化成菌（硝化菌），硝酸還元菌（脱窒菌），硫黄酸化菌，硫黄還元菌はそれらの機能を担う微生物を総称してよばれる．これら窒素および硫黄循環には微生物の関与が欠かせない．窒素肥料の代替効果が期待される窒素固定細菌に関しては，マメ科の根粒菌に関する研究が古くからなされてきたが，*Frankia* とよばれる放線菌（次章図3.9：現在放線菌という名称は使われず，放線菌→高GCグラム陽性細菌→Actinobacteria と名称が変遷している）がマメ科以外の植物にも根粒を形成して窒素固定することが知られるようになった．また，共生窒素固定菌が知られていない多くの植物に単生あるいは内生（エンドファイト）の窒素固定菌が定着していることが知られるようになった．

土壌を巡る窒素循環（図2.20）は，土壌微生物の活動に基づいている．そこでは，共生窒素固定菌，非共生窒素固定菌による窒素固定（N_2からNH_3），植物吸収（NH_4^+からNH_2-R），一般微生物による有機物分解（NH_2-RからNH_3），アンモニア酸化菌（ニトロゾモナス），亜硝酸酸化菌（ニトロバクター）による硝酸化成（NH_4^+からN_2O, NO, NO_2^- NO_3^-），植物吸収（NO_3^-からNH_2-R）が繰り返される．多くの窒素固定菌は有機従属栄養細菌で有機物を必要とする．一方，硝酸化成菌は無機独立栄養細菌であり有機物を必要としない．有機物分解により生じたNH_3は大気へ揮散し，雨や塵とともにさまざまな場所に再沈着する．硝酸化成の副産物であるN_2O, NOも大気へ放出される．それとともに，NO_3^-は浸透水とともに溶脱し，地下水，河川へ失われる．また，NO_3^-は嫌気的で溶存有機物が豊富な団粒内部や湿地では，従属栄養細菌である脱窒菌によりN_2O, N_2となる．これらの作用で固定された窒素は，生態系から徐々に失われていく．世界的には，陸域生態系へ流入している総無機態窒素量は，現在年間2億8900万tと見積もられており，そのうち，窒素肥料の投入が29.4％を占め，マメ科作物の栽培による共生的窒素固定は11.4％を占める．

また，N_2Oは対流圏大気で安定な温室効果ガスであり，成層圏でオゾン層を破壊する．NOは対流圏で不安定でオゾンを生成し，光化学スモッグの原因となる．NO_3^-が10 mg N L^{-1}以上含まれる水は飲用には適さず，沿岸に多くなると，藍藻や鞭毛藻が異常発生し富栄養化を起こす．またNH_4^+の硝酸化成は，

$$NH_4^+ + 2O_2 = 2H^+ + NO_3^- + H_2O$$

のように1 molのアンモニウムイオンから2 molの$2H^+$が生成する．したがって，外部からNH_4^+が多量に沈着する場合，土壌は酸性化する．

c. 微生物群集構造　　土壌から培養法というプロセスを通して，分離菌を集め，それぞれの

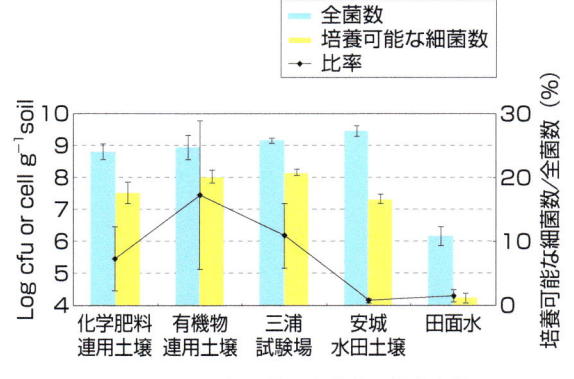

●図 2.18　各種土壌に生育する微生物数

直接検鏡法（全菌数）と希釈平板法（培養可能な細菌数）の比較．4～7 回の測定値の平均値±標準偏差．cfu：コロニー形成単位（colony forming unit）．

●表 2.5　16 S r DNA 塩基情報配列および平板法に基づく主要な土壌細菌（Janssen, 2006）

属名	クリーンライブラリーに占める比率（％）	平板法に基づく比率（％）	ATCC保有土壌由来の分離菌に占める比率（％）
Actinomadura	0	—	1.5
Actinoplanes	0.06	—	1.5
Agrobacterium	0	0-13	—
Alcaligenes	0.09	1-8	—
Arthrobacter	0.53	3-40	1.3
Bacillus	0.62	5-45	7.6
Clostridium	0.09	—	1.6
Flavobacterium	0.38	1-7	—
Flexibacter	0	—	1.2
Hyphomicrobium	0.03	—	1.2
Micromonospora	0	0-5	2.1
Mycobacterium	0.50	—	2.6
Nocardia	0	3-10	—
Paenibacillus	0.18	—	1.4
Pseudomonas	1.60	2-10	6.0
Ralstonia	0	—	1.0
Rhodococcus	0	—	1.4
Streptomyces	0.06	23-30	25.2

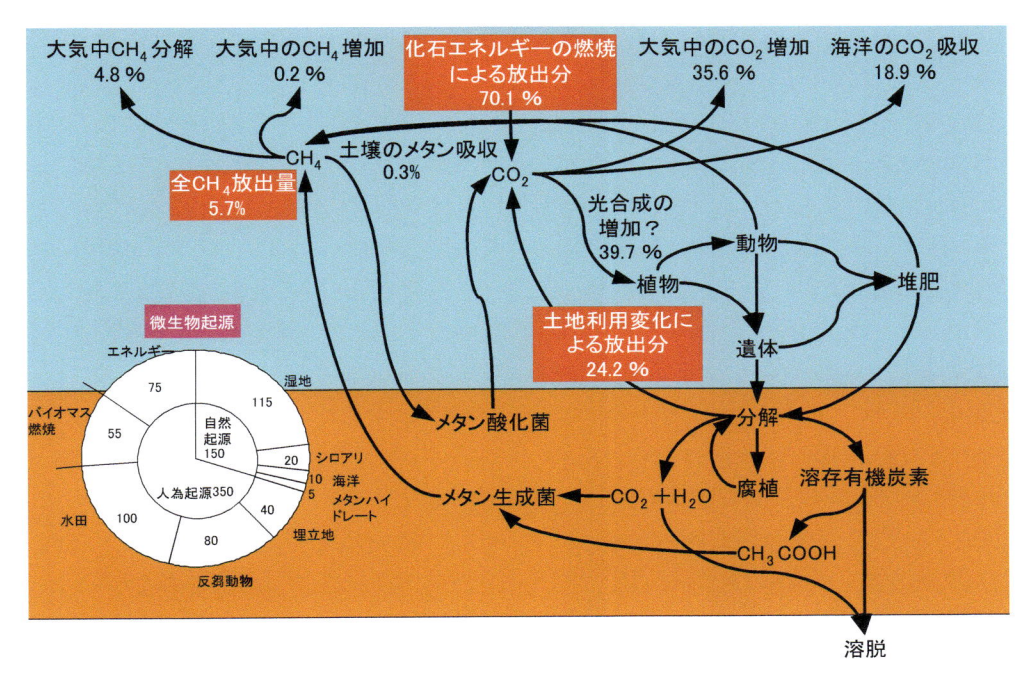

●図 2.19　土壌を巡る炭素の循環（IPCC（2001）より作成）

％値は，地球上の炭素収支（89.8 億 t）に対する放出（赤色の四角形）と消費の内訳．

2　生物を育む土壌

分離菌を同定することにより，その土壌に存在する微生物の種類や数が推定できる．しかし，これには分離，同定といった多大な労力とコストが必要である．一方，土壌からバイオマーカーとして脂肪酸やDNAを抽出し，それらの構成を調べることで微生物の種類が類推できるようになった．たとえば，各微生物はその種に特有なリン脂質脂肪酸（fatty acid methyl ester：FAME）組成をもつ．大雑把にみると，グラム陰性菌は直鎖型脂肪酸，グラム陽性菌は分枝型脂肪酸，糸状菌は二重結合を2カ所に有する不飽和脂肪酸，藻類や原生動物などの真核生物は二重結合を3カ所以上有する不飽和脂肪酸を特徴的な脂肪酸として有する．したがって，土壌からリン脂質中の脂肪酸を抽出・精製し，その脂肪酸をキャピラリーガスクロマトグラフィーにより同定することで，その土壌中に生育する微生物群集構造が推定できる（図2.21）．得られた結果をもとに多変量解析を行うことで，土壌間の違い，微生物群集構造の年間変動などを統計的に解析できる．

　土壌中の微生物群集構造の解析では，DNAを用いた変性剤濃度勾配電気泳動（denaturing gradient gel electrophoresis：DGGE）法，すなわち土壌から遺伝情報を担うDNA画分を抽出・精製後，それを鋳型に微生物のsmall subunit rRNA（ssrRNA：バクテリアでは16S rRNA，糸状菌や線虫では18S rRNA）をPCR増幅し，その増幅断片をDGGEにより分離・解析することにより群集構造を評価する方法に注目が集まっている．また，分解されやすいRNAも土壌から抽出・精製され，DGGE法の鋳型として用いられる（図2.22）．RNAはDNAに比べ土壌中における半減期が短いため，土壌中で活性のある，つまりRNAを発現している微生物だけを解析すると考えられる．DGGEは元来染色体DNAの1塩基以上の遺伝子の欠失や挿入，塩基置換などの突然変異の検出を目的に開発された手法であるが，1993年にMuyzerらがDGGEの微生物生態分野への適応を発表して以来，微生物の栄養要求や増殖に左右されず，より多くの微生物種を対象にした解析が可能であるため広く普及した．DGGEの原理は，DNA変性剤（尿素とホルムアミド）の濃度勾配をつけたポリアクリルアミドゲル中でDNAを電気泳動すると，DNA変性剤の濃度上昇とともに2本鎖DNA間の水素結合が切断され，DNAは二重らせん構造から1本鎖DNAに変性する．DNAは完全な二重らせん構造の場合に比べ，部分的に1本鎖に解離するとポリアクリルアミドゲル中での移動速度が非常に遅くなる（図2.23）．DNAが解離する変性剤濃度はその塩基配列に依存するため，長さが同じでも塩基配列の異なるDNA断片ではゲル中での移動速度が異なる．そのため特定の泳動距離上にそれぞれのバンドを形成することになり，分離することが可能になる．DNAの移動度はおもにGC含量に依存している．DGGEでは，PCR反応の際PCRプライマーセットの片方の5′末端に40塩基対程度のGCクランプ（GCからなる40塩基程度の配列）を付けたものを用いる．このGCクランプは水素結合が強いため，1本鎖に解離せず2本鎖を維持し続けるため，このようなプライマーを用いたPCR産物は2本鎖のGCクランプ部分と残りの1本鎖になった2本のDNA鎖という3方にのびた形となる．したがって，PCR産物の部分解離の条件は，2つのプライマー間の塩基配列に依存することから，より高感度の分離が可能になる．

d. 土壌は微生物の住み家　土壌全体に対してどれだけの容積を微生物が占有するのか計算してみる．土壌中に生息するバクテリア数を$1〜9×10^9$個，計算を簡単にするため1個のバクテリアの平均直径を$0.5\mu m$と仮定すると，土壌の容積の0.05〜0.5％をバクテリアが占めることに

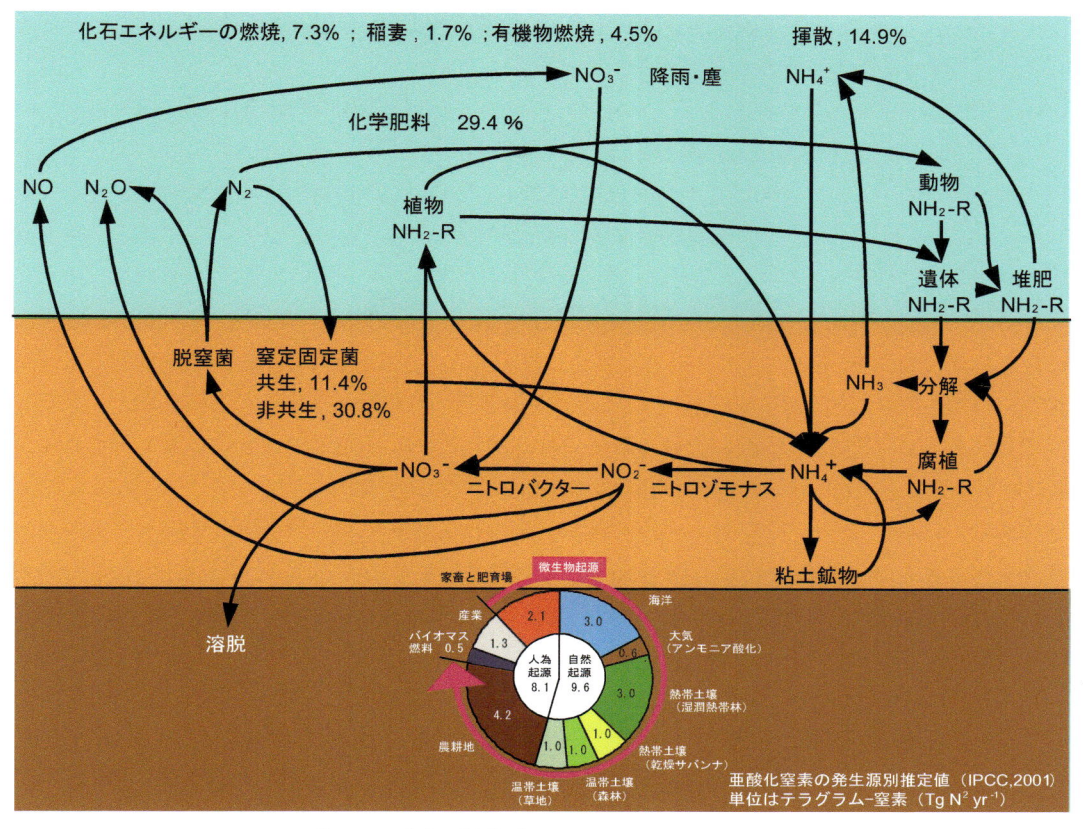

●図 2.20 土壌を巡る窒素の循環（Galloway & Cowling（2002）より作成）
％値は，世界の陸域への窒素流入量（2億8900万 t）に対する内訳．

●図 2.21 リン脂質脂肪酸（FAME）分析例
単離菌（左）と土壌（右）のキャピラリーガスクロマトグラム．

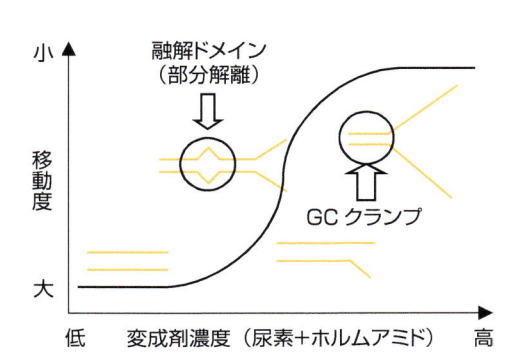

●図 2.22 変性剤濃度勾配電気泳動（DGGE）法の原理
ポリアクリルアミドゲル中でDNAを泳動させ，移動度に基づいて分離させる．

2 生物を育む土壌

なる(図2.24).すなわち,99%以上はバクテリアが存在しない空間なのである.バクテリアとカビがバイオマスの点で土壌中の主要な生物群であるため,原生動物,線虫が生育していたとしても,数%以下という占有率のオーダーは変わらない.土壌を樹脂で固め薄い切片を作成し,実際にバクテリアの存在を観察した例でも,バクテリアの存在を実スケールよりもはるかに大きなドットで示しているが,それでも大部分は生物が存在していない空間である(図2.25).

　土壌微生物の大部分は従属栄養生物のため,増殖のみならず,生存のためにも外部からの有機物の供給を必要とする.微生物は土壌中の有機物が豊富な場所,絶えず供給される場所に豊富に存在する.植物根のまわりの根圏(rhizosphere),枯死した植物根や落葉落枝の周辺(litter),ミミズなどの大型土壌動物の体表面や巣道(drilosphere)などである.とくに,根圏では植物体の光合成産物の数割が根から分泌されており,根面上の有機物のまわりには微生物が定着していることが多い(図2.26).根の影響のない非根圏に比べると,根圏ではさまざまな微生物の菌数が高いことが知られ,これは根圏効果とよばれる.根の微生物数を測定するとき,根を次亜塩素酸あるいは70%エタノール等で表面殺菌すると,検出される微生物数が1/10〜1/100程度に減少することから,根に定着する微生物は主に根の表面に生育すると考えられる.根の厚さを10μmと仮定すると,根面上のバクテリアの占有率は数%程度となり,土壌と比べると1桁高い微生物密度となる.一方,非根圏土壌では,主に有機物片のまわりなどに微生物がコロニーを形成していると想定される(図2.27).また,土壌生物にはそれぞれに固有の大きさがあるので,バクテリアは小さな孔隙に,カビは土壌粒子を絡めるように,線虫や原生動物は大きな孔隙に生育するなどして,住み分けしているであろう.土壌を風乾あるいは凍結しても大部分のバクテリアが生残することは,土壌中の多くのバクテリアが孔隙内の比較的環境の安定した場所に生育していることを支持している.

◆文　献

Alexander, M. (1977):Introduction of Soil Microbiology, 472 pp., John Wiley and Sons.
青木淳一(1976):土壌動物.植物栄養・土壌・肥料大事典, p. 425, 養賢堂.
アトキンス, P. W. 著, 米沢富美子, 森 弘之訳(1992):エントロピーと秩序, 306 pp., 日経サイエンス社.
Bolt. B. H. and Bruggenwert, M. G. M. 編著, 岩田進午ほか訳(1980):土壌の化学, 309 pp., 学会出版センター.
Brady, N. C. (1974):The Nature and Properties of Soils, 8 th Edition. 639 pp., MacMillan.
Galloway, J. N. and Cowling, E. B. (2002):Reactive nitrogen and the world:200 Years of change. *Ambio*, **31**, 64-71.
Hekstra, G.P. (1992):Can climate change trigger non-linear and time-delayed responses to pollutants stored in soils, sediments and ground water?. World Inventory of Soil Emission Potentials (WISE Report 2), eds. by Batjes, N. H. and Bridges, E.M., p. 14, ISRIC, Wageningen.
IPCC (2001):Climate Change 2001 — The Scientific Basis, Cambridge University Press.
Janssen, P. H. (2006):Identifying the dominant soil bacterial taxa in libraries of 16S rRNA and 16S rRNA genes. *Appl. Environ. Microbiol.*, **72**, 1719-1728.
久馬一剛ほか編(1993):土壌の事典, 566 pp., 朝倉書店.
Lynch, J. M. (1983):Soil Biotechnology, 191 pp., Blackwell.
Ritz, K., *et al.* (2001):Quantification of the *in situ* distribution of soil bacteria by large-scale imaging of thin sections of undisturbed soil. *FEMS Microbiology Ecology*, **36**:67-77.
植物栄養・肥料の事典編集委員会編(2002):植物栄養・肥料の事典, 697 pp., 朝倉書店.
Toyota, K. and Kuninaga, S. (2006):Comparison of soil microbial community between soils amended with or without farmyard manure. *Applied Soil Ecology*, **33**, 39-48.

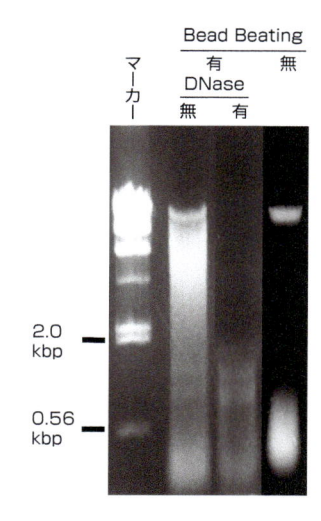

●図 2.23　土壌からビードビーティング法を用いて抽出したRNA（DNase処理有）とDNA
この方法ではDNAの多くが物理的破壊で断片化するが，より多くのDNAを土壌から抽出できる．

	土壌	根面
1g 当たりの個数	$1-9\times10^9$	$1-9\times10^9$
1mm² 当たりの個数	$1-9\times10^3$	$1-9\times10^4$
占有率/被覆率	0.05–0.5%	0.8–8%

*バクテリアのサイズを $0.5\,\mu m$ の球と仮定
根面を厚さを $10\,\mu m$，*土壌 1g を $100\,m^2$ と仮定

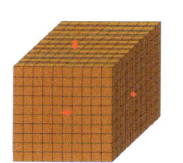

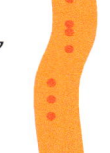

●図 2.24　土壌中のバクテリアの存在イメージ

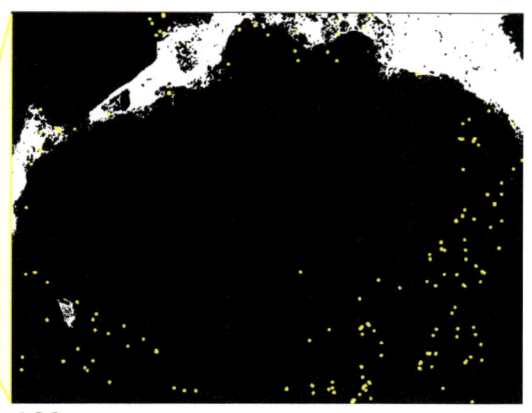

●図 2.25　土壌薄片中におけるバクテリアの空間分布（Karl Ritz 氏提供；Ritz ほか，2001）
光学像（左上），孔隙空間を明瞭化した像（左上），バクテリアの存在場所を黄色い点でマーク（右）．

○ バクテリア
● ）糸状菌（胞子，菌糸）
〜 線虫
⊕ 土壌粒子
　 有機物片

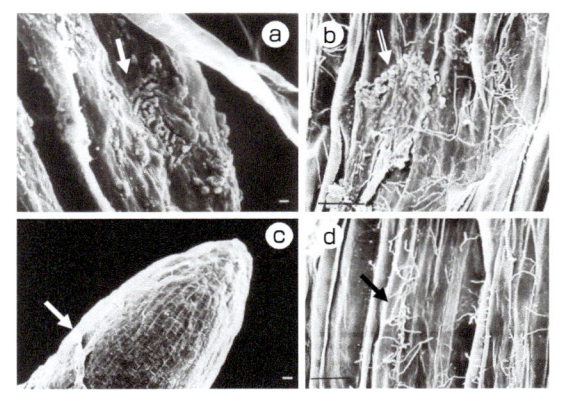

●図 2.26　トマト根面上にコロニーを形成したrod状のバクテリア（a），根面上の不溶性根分泌物ムシゲルと糸状性バクテリア（b），根端に定着する糸状菌菌糸（c），根面上の糸状性バクテリア（d）

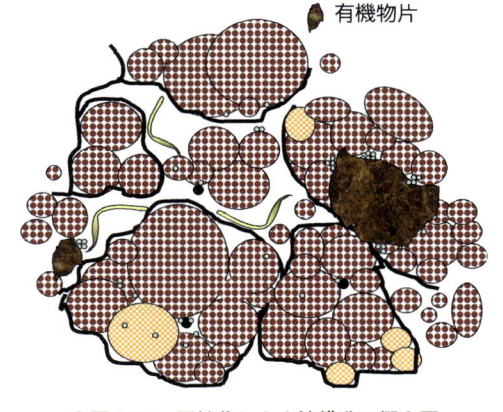

●図 2.27　団粒化した土壌構造の概念図
団粒化した土壌粒子内および粒子間にバクテリアが生育，カビの菌糸は土壌粒子を絡めるように生育，線虫や原生動物は粗孔隙に生育．

2　生物を育む土壌

3 土壌と大気の間に

■ 3.1 土壌が呼吸する

呼吸（respiration）は「生物が生活に必要なエネルギーを獲得するために行う好気的な有機物分解過程」と定義される．この過程で酸素が消費され，二酸化炭素（炭酸ガス）が発生する．土壌そのものを生物とみなすにはやや難があるが，土壌に生息する無数の生物が呼吸するので，土壌中では酸素が消費され，土壌から炭酸ガスが発生する．その点で，土壌が呼吸するといえる．

a. 土壌呼吸　土壌呼吸（soil respiration）は土壌中の生物が有機物を分解する過程と生成された二酸化炭素が土壌から大気へと放出される過程の和なので，最初のプロセスでは土壌中の生物量や有機物含量によって大きく変動する．また，地温や土壌水分，土壌 pH は両プロセスに影響する．土壌呼吸を担う生物は主に微生物と植物根であるが，原生動物や線虫といった土壌に常在する生物やミミズ，モグラといった大型土壌動物がいる場合には，それらも土壌呼吸に貢献する．土壌呼吸により発生する二酸化炭素量は莫大で，図 3.1 に示す地球上における炭素循環において，地球全一次生産による年間炭素放出量 60 Gt（ギガトン＝10^9 トン）の多くを示す．これは化石燃料の消費に伴う二酸化炭素放出量をはるかに凌駕する．

呼吸の中には，嫌気呼吸（無酸素呼吸）とよばれる酸素ではなく硝酸塩や硫酸塩，酢酸，二酸化炭素を用いるタイプがある（図 3.2）．硝酸塩を用いた嫌気呼吸は脱窒（denitrification）であり，地球温暖化ガスでありオゾン層破壊物質でもある亜酸化窒素発生の主要因の 1 つである．脱窒は，窒素循環という点では，窒素を大気プールに戻すはたらきを担う．また，硫酸塩を用いた嫌気呼吸では硫化水素が発生し，酢酸や二酸化炭素を最終電子受容体として利用した嫌気呼吸では，温室効果ガスであるメタンが発生する．酸素がある条件ではこうした嫌気呼吸は起きないので，湿地のように常時湛水状態にあり酸素が不足した環境下，あるいは，常時湛水状態でなくても降雨直後のような過湿な状態，また，植物残渣などが土壌中に鋤き込まれ，それら有機物が微生物などによって急激に分解され，酸素が消費しつくされた時などに，嫌気呼吸が起きる．

いずれの呼吸も呼吸鎖電子伝達系を用いた有機物分解過程であるため，有機物含量が高い土壌ほど，生物による有機物分解がさかんであり，代謝産物である二酸化炭素あるいはメタンが多く発生する．また，二酸化炭素あるいはメタンの発生が高い土壌は，生物活性が高く，それは基質となる有機物含量が高いことが原因といえる．

この土壌呼吸，なかでも土壌有機物の分解が地球温暖化に応答してどのような変化を示すのかが近年，大きな関心となっている．今後，地球温暖化が進行し土壌温度が高まると，大気中の二酸化炭素濃度がどう変化するのかには 2 つのシナリオが想定される．1 つは，温度上昇に伴い生物活性が高まる結果，土壌呼吸により大気へ放出される二酸化炭素量が増加し，大気中の二酸化炭素濃度が高くなるという正のフィードバックである．もう一方は，温度上昇で植物の一次生産

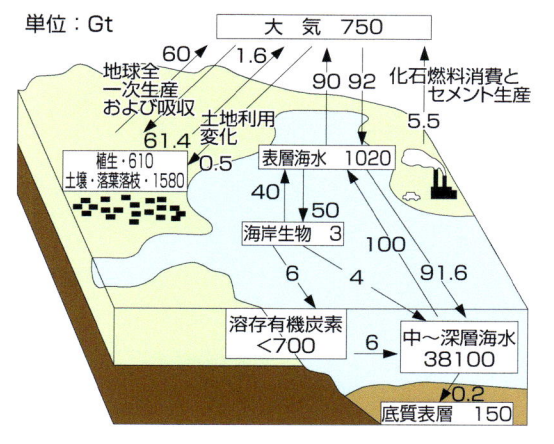

●図 3.1 地球上における炭素の現存量と年間循環量（犬伏，1998）

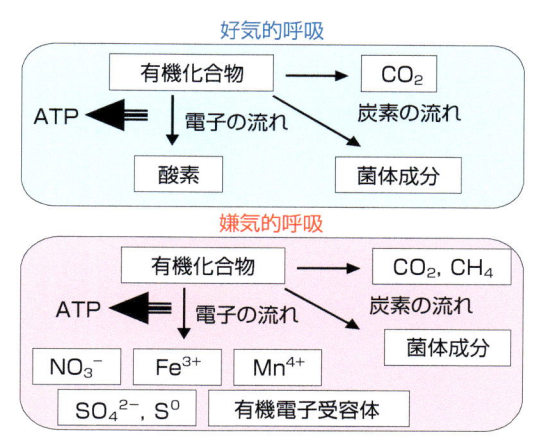

●図 3.2 微生物によるさまざまな呼吸形式と炭素の流れ

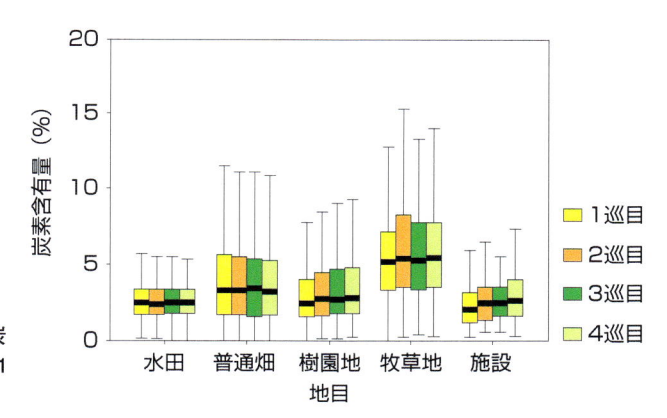

●図 3.3 日本各地の農用地における土壌炭素含量（土壌環境基礎調査（定点調査）2001年 12 月）（農林水産省生産局，2008）

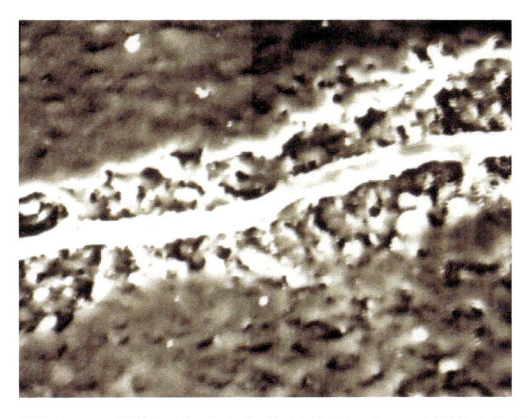

●図 3.4 基質である有機物が菌糸によって分泌される酵素によって分解される様子（左）と分解が進んだ落葉（右）

3　土壌と大気の間に

力（光合成能）が高まるため，植物バイオマスが増加し，土壌中に還元される有機物量が増える．この還元有機物量が土壌呼吸で放出される炭素量よりも多ければ，温暖化により大気中の二酸化炭素濃度は逆に減少の方向に向かう負のフィードバックである．果たしてどちらの方向に生態系が向かうのか，研究の進展が待たれる．英国内約6000地点における1978〜2003年にかけての土壌炭素量を比較した例によると，年平均0.64%の割合で土壌炭素量が減少しており，この減少速度は炭素含量の多い土壌ほど顕著であるという．この結果は，土壌に蓄積された炭素が大気中へ放出される正のフィードバックが生じていることを示唆する．また，わが国の土壌環境基礎調査（定点調査）においても，炭素含量の高い普通畑では炭素含量の減少傾向がみられる（図3.3）．

b．微生物の物質代謝について　土壌生物の主要なはたらきである有機物分解が，土壌呼吸となる．"土に還る"といわれるように，土壌に還元される有機物は土壌微生物によって着実に分解される．有機物の最大の供給源はさまざまな植物遺体である．一般に植物は，15〜60%のセルロース，10〜30%のヘミセルロース，5〜30%のリグニン，2〜15%のタンパク質からなるが，そのほかに糖類，アミノ糖，有機酸，アミノ酸，核酸などを10%程度含む．つまり，こうした幅広い物質がさまざまな生物の基質となり分解される（図3.4）．分解産物のうち，二酸化炭素やメタンだけでなく，ギ酸・酢酸といった短鎖の脂肪酸等は揮発しやすいので，大気へと放出される．

c．土壌中および大気へのガス拡散　上述の微生物による有機物分解過程により生じた各種の気体は土壌中を拡散していく．土壌のガス拡散係数は自由空間のガス拡散係数より小さく，ガスの種類，気相孔隙の量とその連続性，形にも依存する．とくに，酸素のガス拡散係数は空気中では$0.178\,cm^2\,s^{-1}$であるのに対し，水中では$2\times10^{-5}\,cm^2\,s^{-1}$と極端に拡散速度が低いことから，土壌が水分で飽和した条件では，ガス拡散は顕著に抑制される．ガスが上部へと拡散した場合，やがては大気へと放出される．また，下方へと拡散した場合には希釈されることがないため，土壌中が発生源である二酸化炭素の場合，深さが増すほどその濃度が高くなる（図3.5）．

土壌と大気間のガス交換や土壌中のガス移動は土壌通気とよばれ，土壌から大気へのガス移動，フラックスは以下のように表される．

$$q\,(cm^3\,cm^{-2}\,s^{-1}) = -D \cdot dC/dx, \qquad D：ガス拡散係数\,(cm^2\,s^{-1})$$
$$C：濃度\,(cm^3\,cm^{-3}), \qquad x：流れの方向の距離\,(cm)$$

現在，地球規模での温暖化が叫ばれるなか，図3.6に示すようなチャンバー法を用いて，世界各地で二酸化炭素，メタン，亜酸化窒素の土壌表面からの放出量測定がさかんに行われている．

カリマンタン島の泥炭土壌からの二酸化炭素発生量を調べた例では，森林下にある泥炭からの発生量が最も高く，火災跡地や農耕地の泥炭からの発生量が最も低い値となった（図3.7）．これは，リターや枯死根のような有機物の供給が絶えず行われる森林土壌で最も有機物含量が高く，4年前あるいは30年前までは森林であった火災跡地や農耕地では，そうした分解されやすい有機物がすでに分解されたため，あるいは火災で焼失したために，低い値を示したと考えられる．

3.2　土壌と大気の間を窒素が移動する

a．窒素循環　炭素と同様に，窒素も大気と土壌の間で大きな循環を描く（第II部図2.20参照）．大気中の約8割を占める分子状窒素は，すべての真核生物および多くの原核生物にとって

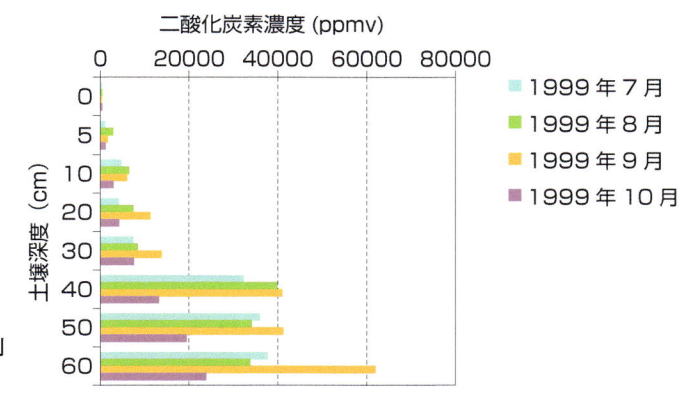

● 図 3.5　三笠のタマネギ畑の土壌深度別の二酸化炭素濃度

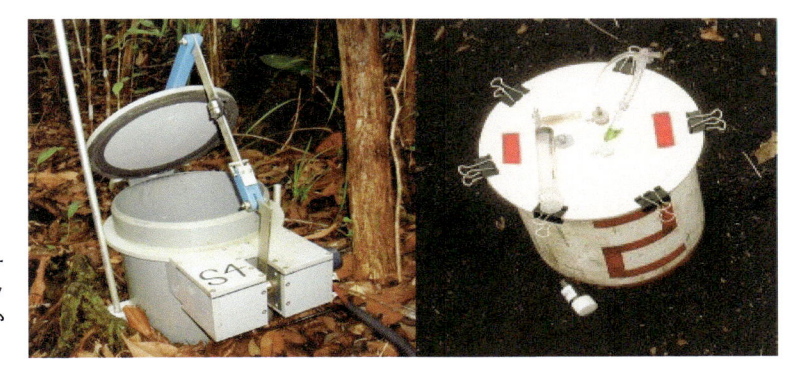

● 図 3.6　自動開閉チャンバー（左）あるいはステンレスチャンバー（右）を用いた土壌からのガスフラックスの測定

● 図 3.7　インドネシア，カリマンタン島泥炭土壌（表層 0〜20 cm）からの二酸化炭素発生量（＝有機物分解能）に及ぼす土地利用形態の影響

数値は天然林からの発生量（40 mg CO_2-C kg^{-1} peat day^{-1}）を 100 とした相対値．再生林は 4 年前の火災から一部が生き残った林，火災跡地は完全に森林が消失し，草本類が回復した林，農耕地は約 30 年前に森林伐採により農耕地に変化．

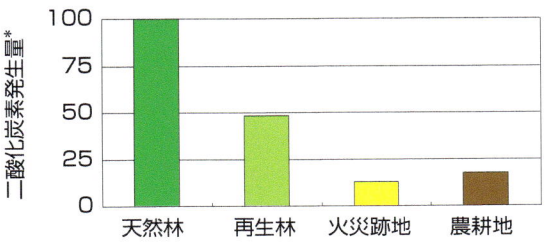

3　土壌と大気の間に

利用できない単なる空気であるが，一部の細菌は空気中の窒素を固定してアンモニアを生成する．窒素固定菌により固定された窒素は有機態窒素へと変換され，炭素と同様，微生物分解を受け，アンモニア態窒素となる．アンモニア態窒素は独立栄養細菌である硝酸化成菌のはたらきを受けて亜硝酸，硝酸へと酸化される（図3.8）．*Arthorbacter* や *Bacillus*，*Pseudomonas putida* のような従属栄養細菌や糸状菌のなかにも硝酸化成（硝化）を行うものが知られるが，多くの場合，硝化を担うのは独立栄養細菌である．硝化はアンモニアおよび亜硝酸を酸素により酸化するエネルギー生成過程のため，酸素がない条件下では生じない．こうした酸化条件で生成した硝酸は還元条件になると，亜硝酸，一酸化窒素，一酸化二窒素（亜酸化窒素），窒素へと順次還元される．亜酸化窒素発生の量・メカニズム・制御に関してさかんに研究が行われている．脱窒は亜酸化窒素を生成してしまうという点では環境に負荷を与えるが，脱窒により硝酸が大気中へ分子状窒素の形で放出されなければ，いつまでも土壌中に滞留することになり窒素循環が成り立たない．

b. 窒素固定 微生物による生物的窒素固定量は地球上で年間1～2億tNと見積られ，世界全体の化学肥料生産量8000万tを凌駕する莫大な量である．単位面積あたりの窒素固定量はマメ科作物および水田で高い（表3.1）．水田では，シアノバクテリアや光合成細菌といった光合成生物が主要な窒素固定菌である．稲わら添加は水田からのメタン放出量を増加させるが，窒素固定活性を高めることが知られる．根粒菌の中には糸状性のバクテリア（図3.9）や，大気中の窒素だけでなく亜酸化窒素も利用するものがいることが知られるようになってきた．

c. アンモニア揮散 環境中におけるアンモニアの動態に関する研究にも関心が高まっている．弱酸性から中性付近の土壌で，アンモニアは $NH_3+H_2O \rightleftarrows NH_4^+ +OH^-$（$pKa=9.25$）の式に従って，アンモニア態窒素の大半はアンモニウムイオンとなっており，揮散しないと考えられている．しかし，この平衡式にみられるように，一部がアンモニアとして存在し，そのアンモニアが土壌から大気へと失われる場合には平衡が左に向かい，アンモニウムイオンからアンモニアが生成され，大気へと放出される可能性がある．アンモニア揮散の測定にはチャンバー法ではなく，ダイナミックチャンバー法が用いられる（図3.10）．追肥直後からのアンモニア揮散量の測定例（図3.11）によると，追肥直後から尿素，メタン消化液いずれの場合でもアンモニア揮散量は急増し，4日後にはほぼ追肥前のレベルに戻った．メタン消化液と尿素を同一窒素量で施用した場合を比べると，メタン消化液の方がはるかにアンモニア揮散量は多かった．これは，メタン消化液ではアンモニア態窒素が無機態窒素のほぼすべてを占めること，ならびにメタン消化液自体，pH8前後と高いため，土壌に施用後周囲のpHが増加し，アンモニアが揮散しやすい条件となるためと考えられる．追肥窒素に占める揮散した窒素量は約10～40％に相当し，無視できない量が施肥直後に失われることがわかる．

d. 脱窒，亜酸化窒素生成 脱窒は，水処理で欠かせない生物反応である．すなわち，植物の必須元素であるが同時に汚染物質にもなる硝酸態窒素の有効な浄化方法が脱窒である．脱窒により生成されるガス状窒素に関しては，畑条件では窒素：亜酸化窒素の比率が低く，亜酸化窒素が多く発生しやすいのに対して，水田ではきわめて高くなることが知られる．つまり，水田で起こる脱窒は亜酸化窒素生成が非常に少ない，窒素浄化の点では理想的なプロセスといえる．

世界中の亜酸化窒素生成の約7割は微生物による土壌窒素の変換によるが（第II部図2.20），

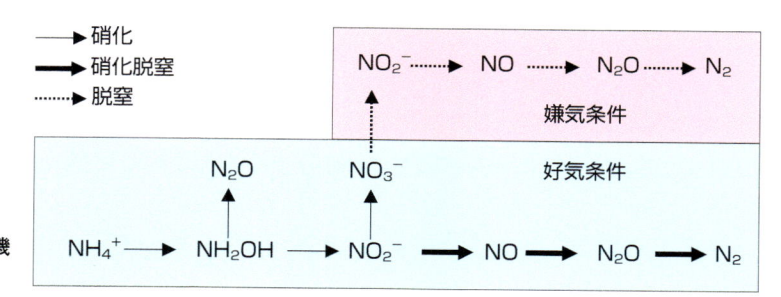

● 図3.8 土壌中における無機態窒素の変化

→ 硝化
→ 硝化脱窒
⋯⋯ 脱窒

嫌気条件: $NO_2^- \cdots\cdots NO \longrightarrow N_2O \cdots\cdots N_2$

好気条件: $NH_4^+ \longrightarrow NH_2OH \longrightarrow NO_2^- \longrightarrow NO \longrightarrow N_2O \longrightarrow N_2$（$N_2O$、$NO_3^-$経由）

● 表3.1 土地利用形態別の窒素固定能（Brady & Weil（2002）および西尾（2005）より作成）

水稲	20　kg N ha^{-1} yr^{-1}
マメ科作物	140
非マメ科作物	8
牧草地	15
森林	10
他植生	2

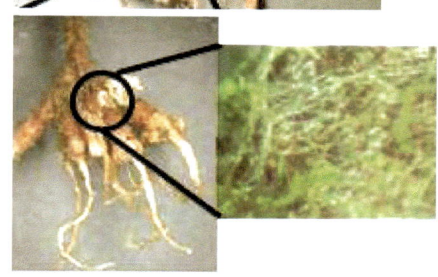

● 図3.9　ヤマモモにみられるフランキア性根粒

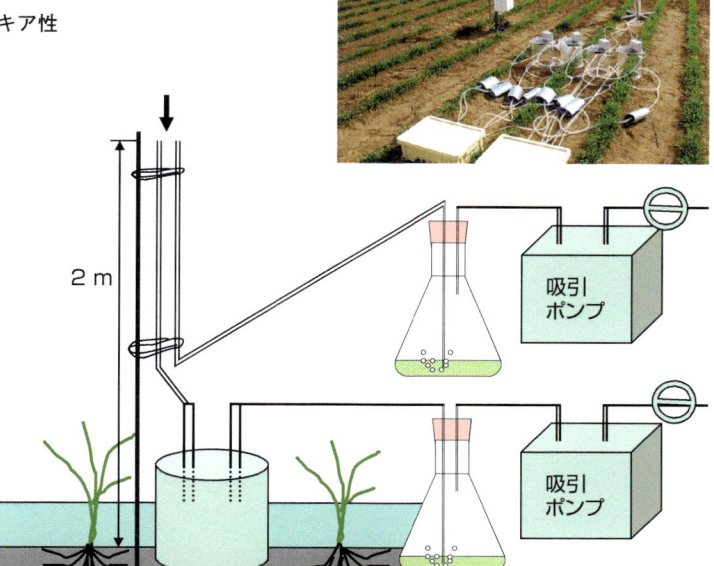

● 図3.10　アンモニア揮散量測定に用いるダイナミックチャンバー法

アンモニア濃度が一定とみなすことができる上空（ここでは約2mの所）から空気を取り入れ，一方は土壌表面に差し込んだチャンバーを通した後，もう一方は対照として直接アンモニアトラップ用の硫酸溶液に直接通す．硫酸中のアンモニア濃度を測定し，両者の差をアンモニア揮散量とみなす．

3　土壌と大気の間に

それには2つのプロセスが存在する（図3.8）．1つは上述の脱窒過程における中間生成物である．これは嫌気条件下で起こる．一方，酸化条件下で起こる硝化過程においても，数％程度が副産物として生成することが知られる．また，硝化菌は酸素制限下で硝化脱窒（nitrifier denitrification）とよばれるプロセスにより亜酸化窒素を生成することが知られるようになった．亜酸化窒素発生が硝化あるいは脱窒過程のいずれによるのかは，図3.12に示したさまざまな方法から推定できる．アセチレンはその濃度により阻害する反応が異なる．大気分圧0.01％程度の場合，硝化は顕著に抑制されるが，脱窒は抑制されない．一方，アセチレン分圧を10％に増加させると，脱窒も抑制される．また，水分条件を高めて，飽和条件下で活性が高まれば脱窒が主要な反応であり，飽和条件より水分が少ない条件下で高ければ硝化が主要な反応であると推定できる．

施肥を想定すると，通常，尿素，硫安（硫酸アンモニウム）のようなアンモニア態で施用されるので，まず，アンモニア揮散で施用窒素の10％程度が失われる．残りのアンモニア態窒素が硝化される過程で施肥窒素の1％程度が亜酸化窒素として放出する．ついで，硝化された硝酸は，土壌に保持されにくいので，水分状態によっては溶脱する．土壌に残存する硝酸は土壌条件により脱窒されるかどうかが決まる．さらに，脱窒が起きる場合，その最終産物が亜酸化窒素あるいは窒素のどちらになるかについても土壌条件に影響される．つまり，亜酸化窒素発生量の予測には複数の要因が複雑に関係する．IPCCのガイドラインでは施肥窒素の1.25％が亜酸化窒素として放出するとされるが，最新の研究によると，世界の水田における亜酸化窒素発生量は施肥窒素の0.31％であるという．また，わが国の研究例では施肥された窒素の0.01～2％の範囲で亜酸化窒素が放出され，茶園では5％と高い値を示すことが知られる．ちなみに，これらの亜酸化窒素は主に硝化過程に由来すると考えられる．

年間の亜酸化窒素総発生量の約70％が冬期の3カ月間にみられたとする報告があるように，亜酸化窒素放出が冬期に起こる土壌の凍結融解により著しく促進されることが知られる．これは地球温暖化の進行により，地表面を覆う雪が溶けると，将来的には，凍結融解を受ける地表の面積が増えると予測される（図3.13）ことから，地球規模での大きな関心事である．

3.3 硫黄，塩素が土壌と大気を行き来する

a. 硫黄の循環　硫黄は含硫アミノ酸の構成元素であるため，植物，動物，微生物，すべての生物にとって多量必須元素である（図3.14）．硫黄の特徴の1つに，$-II$（チオール基や硫化物：R-SH, H_2S），0（硫黄単体，S^0），$+VI$（SO_4^{2-}）と幅広い酸化数をもつことがある．独立栄養細菌である硫黄酸化細菌が硫化物や硫黄の酸化に関与する．また，硫酸イオン，硫黄の還元には従属栄養細菌である硫酸還元菌や硫黄還元菌が関与し，このとき，硫黄は嫌気呼吸の電子受容体としてはたらく．水中に溶存していた硫酸イオンは還元されて揮発性の硫化水素となり，大気に放出される．こうした硫酸イオンの還元は，水田や湖沼，海底の堆積物中での有機物分解時に生じる．硫化物はチトクロームの鉄や細胞内のほかの鉄含有化合物と結合するため有毒であるが，土壌環境中に多く存在する鉄イオンと硫化物が反応し，硫化鉄を経て，最終的に不溶性の黄鉄鉱（pyrite）の沈殿を形成することで無毒化する．そのために多くの堆積物は黒色を呈する．

有機態硫黄も土壌と大気の間を行き来する．アブラナ科作物残渣を土壌に鋤込んだ場合，残渣

●図 3.11 追肥後のアンモニア発生量の経時的変化
$1m^2$ のライシメータに $10 gN$ となるように尿素あるいは牛糞尿由来のメタン消化液を表面施用.

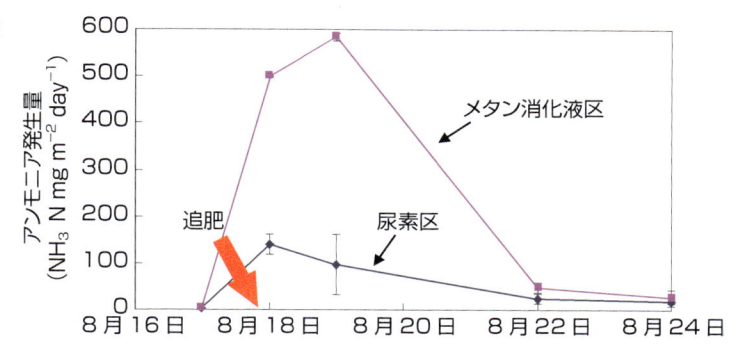

1. 硝化由来の N_2O 生成＝A−C
   (D−E)＝硝化脱窒以外の N_2O 生成，(A−C)−(D−E)＝硝化脱窒由来の N_2O 生成
2. 脱窒由来の N_2O 生成＝A−D
   (A−D)−((A−C)−(D−E))＝硝化脱窒以外の N_2O 生成，(A−C)−(D−E)＝硝化脱窒由来の N_2O 生成
3. 硝化，脱窒以外の生物的 N_2O 生成＝E
4. 非生物的 N_2O 生成＝F

●図 3.12 亜酸化窒素生成に関与する各種プロセスとその推定法（Webster & Hopkins（1996）より作図）

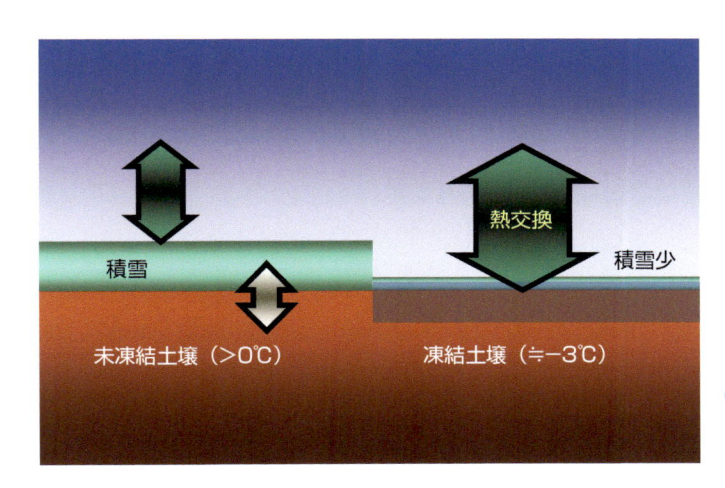

●図 3.13 地球温暖化に伴う土壌の凍結融解パターンの変化（Groffman ほか，2001）

3 土壌と大気の間に

に含まれるグリコシノレート類が分解され，ダイコンの辛味成分（4-メチルチオ-3-ブテニルイソチオシアネート）やワサビの辛味成分アリルイソチオシアネートといったさまざまなイソチオシアネート類が生成される（図3.15）．これらは揮発性で生物抑制作用があるため，ある種の土壌病害が抑制される例が知られる．また，メチルイソチオシアネートは土壌くん蒸剤・殺線虫剤としても使われている．世界全体の土壌燻蒸剤・殺線虫剤の約1割が含硫黄化合物と仮定すると，世界の農耕地全体に 0.3×10^{11} g の有機態硫黄が施用されることになり，陸上からの自然由来の硫黄発生量の約1％に相当する．

近年，人為的な硫黄の発生源が増加している．陸域からの硫黄発生量では，大半が産業由来である．これは，石炭や石油には0.3〜0.5％の硫黄が含まれているので，重油や石炭などの燃焼に伴って二酸化硫黄（SO_2）や三酸化硫黄（SO_3）が発生することに由来する．これらは大気汚染物質の代表的な物質で，大気汚染の指標とされる．大気中の SO_2 と SO_3 は水に溶けて，それぞれ亜硫酸（H_2SO_3）と硫酸（H_2SO_4）になり，酸性雨の原因物質となる．これら大気中の汚染物質は風塵とともに，あるいは降雨とともに土壌に降り注がれる（第II部図11.11）．

b. 塩素の循環

塩素は主に海を介して土壌と大気を行き来する（図3.16）．塩素を含む海塩粒子が海から陸地に降り注がれる一方，河川を通して塩素は主に溶存態として海へと戻る．また，陸地の浸食によりごくわずかであるが供給量が増える一方，毎年2億tを超える莫大な量の塩が海水あるいは岩塩から生産される．一方，これら生産された食塩の約半分が工業用として，20％程度が食用として利用される．食用の塩は利用後その多くが埋め立て処分場など，陸域のどこかに蓄積するようである．重要な工業原料の1つである苛性ソーダ生成に用いられる場合，副産物として塩素が生成されるがその多くがポリ塩化ビニルの製造に用いられる．世界の塩ビ生産に必要な塩素量は 0.11×10^{12} g 程度と見積もられ，全食塩生産量の0.01％がプラスチック生産に利用される計算になる．これらは，一部は埋め立てられ，一部は焼却過程で塩素化合物として大気に放出される．塩素はフロン代替物質としても大気に放出される．成層圏オゾン層の破壊物質の原因とされたフロン（第II部表11.1）はモントリオール議定書により先進国では1995年に生産が中止されたが，フッ素系の代替物質であるヒドロクロロフルオロカーボン（HCFC）やヒドロフルオロカーボン（HFC）は塩素を含む．HCFC 22（$CHClF_2$）は年間約25万tが生産されており，そこには 0.1×10^{12} g の塩素が含まれる．

◆ 文　献

Brady, N. C. and Weil, R. R. (2002)：The Nature and Properties of Soils, Thirteenth edition, Prentice-Hall.
Groffman, P. M., Driscoll, C. T., Fahey, T. J., et al. (2001)：Colder soils in a warmer world：A snow manipulation study in a northern hardwood forest ecosystem. *Biogeochemistry*, 56：135-150.
一國雅己（2002）：地球環境ハンドブック第2版，不破敬一郎・森田昌敏編，朝倉書店．
犬伏和之（1998）：農業が環境に及ぼす影響．土と食糧，日本土壌肥料学会編，pp. 96-99，朝倉書店．
Madigan, M. T., Martinko, J. M. and Parker, J. (2003)：Brock Biology of Microorganisms, 10th edition, 1019pp., Prentice-Hall.
西尾道徳（2005）：農業と環境汚染，農村漁村文化協会．
農林水産省生産局（2008）：土壌保全調査事業成績書，土壌環境基礎調査編および土壌機能モニタリング調査編，485 pp.
Webster, E. A. and Hopkins, D. W. (1996)：Contributions of different microbial processes to N_2O emission from soil under different moisture regimes. *Biol. Fertil. Soils*, 22, 331-335.

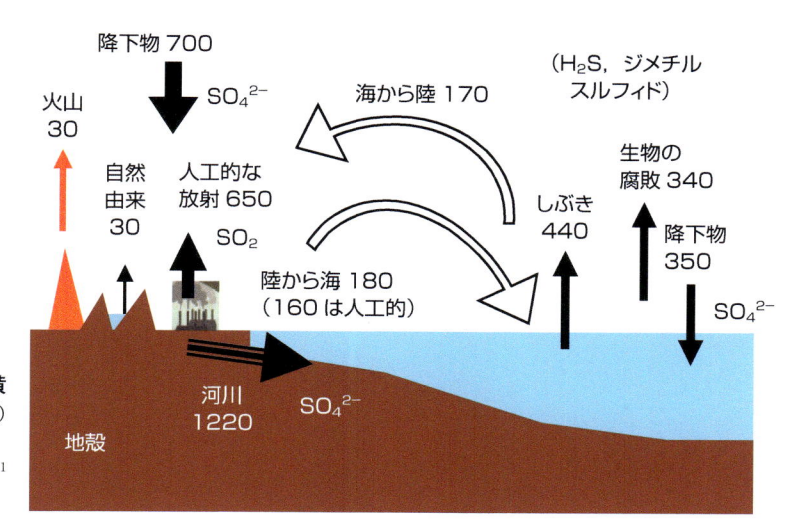

●図 3.14 地球規模での硫黄循環（Madigan ほか（2003）より作図）
数値は年間の移動量（$\times 10^{11}$ g）.

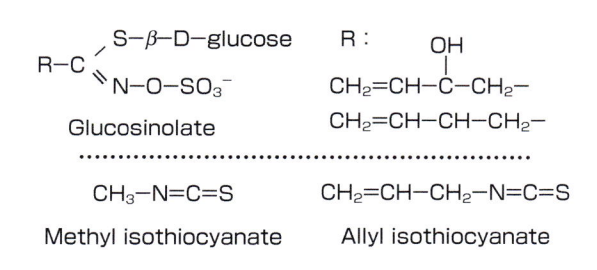

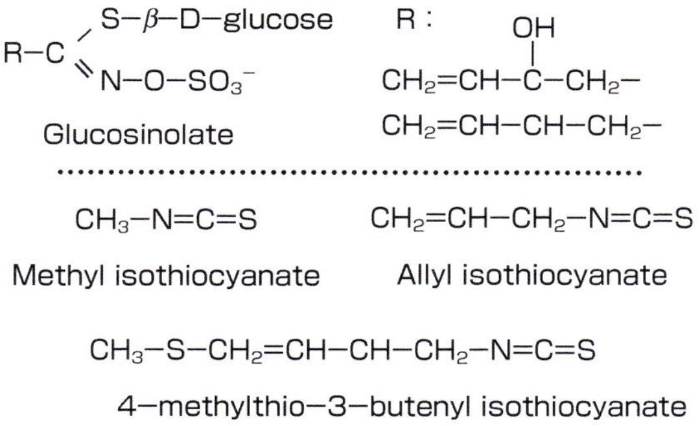

火山 30
降下物 700　SO_4^{2-}
（H_2S，ジメチルスルフィド）
海から陸 170
自然由来 30
人工的な放射 650　SO_2
生物の腐敗 340
陸から海 180（160 は人工的）
しぶき 440
降下物 350　SO_4^{2-}
河川 1220　SO_4^{2-}
地殻

$$R-C\begin{smallmatrix}S-\beta-D-glucose\\ \\N-O-SO_3^-\end{smallmatrix}$$

Glucosinolate

R：
$CH_2=CH-\underset{\underset{OH}{|}}{C}H-CH_2-$
$CH_2=CH-CH-CH_2-$

$CH_3-N=C=S$
Methyl isothiocyanate

$CH_2=CH-CH_2-N=C=S$
Allyl isothiocyanate

$CH_3-S-CH_2=CH-CH-CH_2-N=C=S$
4-methylthio-3-butenyl isothiocyanate

●図 3.15　アブラナ科作物中の含硫黄化合物（上段）と各種イソチオシアネート（下段）

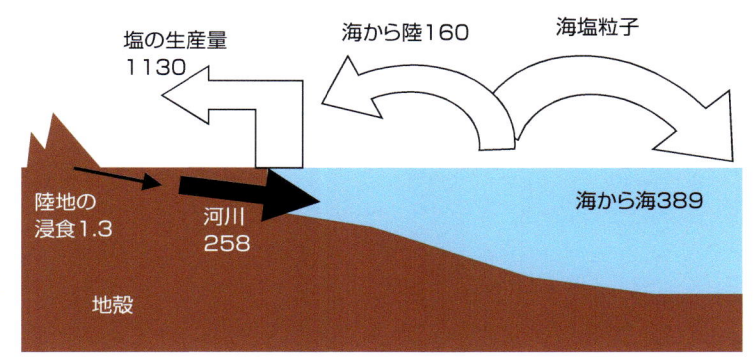

塩の生産量 1130
海から陸 160
海塩粒子
陸地の浸食 1.3
河川 258
海から海 389
地殻

●図 3.16　地球規模での塩素循環（一國，2002）
数値は年間の移動量（$\times 10^{12}$ g）.

3　土壌と大気の間に

4 土壌から水へ

■ 4.1 土壌中の物質が水に溶ける

　土壌の構成成分である岩石（図4.1）・鉱物が水と反応することの意味を考えてみる．土壌の構成成分は水と反応すると，新しい物質をつくり，成分の一部は液体の水に移動する（一國，1989）．水と土壌構成成分との化学反応は，鉱物や岩石を水が溶かす溶解（dissolution）ばかりでなく，鉱物と酸素との反応である酸化（oxidation）を促し，鉱物と水との結合である水和（hydration）や鉱物との複雑な反応を呈する加水分解（hydrolysis）などを引き起こす（Pipkin & Trent, 2001）．これらの反応は，鉱物や岩石の風化（weathering）の一部である．風化は，地表の岩石や鉱物が機械的（物理的）風化（mechanical weathering）と化学的風化（chemical weathering）を受けて細分化され，安定な物質に変化する過程で，これらは別々に作用するのではなく，同時に進行する．

　温度変化による膨張や収縮あるいは生物活動により，岩石は節理面に沿って，開口部から分割され，破砕される．温度変化は鉱物や岩石の膨張や収縮を引き起こし，鉱物粒子間の結合を緩くし，岩石の風化を促進していると推定されているが，温度変化による岩石の破壊はそれほど大きなものではないと考えられる．

　とくに水に注目すれば，岩石中の節理中の水が凍結すると体積が9％ほど膨張し，その物理的な作用によって鉱物や岩石を崩壊，粉砕する（凍結破砕作用，frost wedging）．また，氷河は岩盤を削剥するような機械的風化を引き起こす．一方，水は岩石や鉱物と反応して，鉱物や岩石に化学的な修飾をもたらし，安定な物質へ変化させるとともに，成分の一部を水に移行させる．岩石や鉱物の風化の過程において，種々の成分は，固体から液体へ移動することになる．

　鉱物や岩石の機械的な変化は，土壌の生成や土壌中における化学反応に重要な役割を果たす．鉱物や岩石の粒子が細かくなることは単に粒子が小さくなるのにとどまらず，表面積を拡大し，物質との反応を飛躍的に促進することになる．

　鉱物表面のpHは，アブレイジョン（abrasion）pHとよばれ，鉱物の種類によって著しく異なる．たとえば，カンラン石のアブレイジョンpHは10程度，玄武岩の新しい鉱物表面は，pH 8程度の弱塩基性を示すが，風化が進行すると玄武岩のアブレイジョンpHは低下し，4程度まで減少する（Moon & Jayawardane, 2004）．これは鉱物からアルカリ土類金属が溶出し，水素イオンを消費できる物質が減少したためであると説明されている．

　化学的風化速度は，温度と水の供給条件に規制される．水の供給が同程度であれば，温度が高いほど化学的風化は速い．水のpHは接触する鉱物や岩石の化学的風化を支配する．鉱物の風化抵抗性はマグマから鉱物が晶出する順序（第II部図2.3参照）と一致している（Goldich, 1938）．玄武岩質マグマが地表近くのマグマ溜まりでゆっくり冷却すると，有色鉱物ではカンラン石が最

●図 4.1 岩石の種類

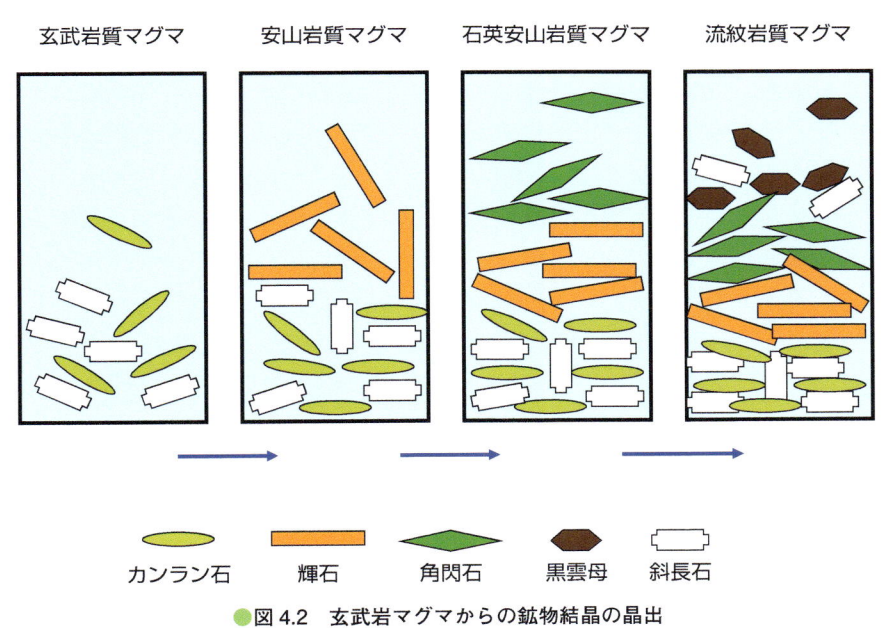

花崗岩
安山岩
玄武岩
顕微鏡写真

玄武岩質マグマ　安山岩質マグマ　石英安山岩質マグマ　流紋岩質マグマ

カンラン石　輝石　角閃石　黒雲母　斜長石

●図 4.2 玄武岩マグマからの鉱物結晶の晶出

4 土壌から水へ

初に晶出する．カンラン石はマグマより密度が大きく，マグマ溜まりの下方に沈積する．マグマ溜まりの上部におけるマグマの組成は，カンラン石に相当する成分が減少し，次第に安山岩質マグマに変化する．安山岩質マグマ中では，沈積できなかったカンラン石がマグマと反応して再び溶解し，代わりに輝石が晶出し始める．生成した輝石はマグマよりも密度が大きく，マグマ溜まりの下方に沈積して，輝石沈積層を形成する．こうして次第に石英安山岩質マグマ，さらに流紋岩質マグマへと変化し，角閃石，黒雲母を沈積させる（図4.2）．一方，玄武岩質マグマから晶出する無色鉱物は，カルシウムに富む斜長石で，次第にナトリウムに富む斜長石に変化する．カリ長石や石英は流紋岩質マグマから晶出する．

風化はケイ酸塩中のSiO_4四面体を単分子状の$Si(OH)_4$として溶出させる．したがって，重合化度の高い構造をもつケイ酸塩ほど風化によって切断されるべきSi–O結合数が多く，その結果，そのような鉱物の風化抵抗性は大きい．カンラン石$(Mg, Fe)_2SiO_4$は独立したSi四面体から構成されており，Si–O結合は存在せず，Si–O結合の切断なしに分解が進行するために，カンラン石は容易に風化される．長石は四面体中のSiの一部がAlによって置換されたアルミノケイ酸塩で，3次元構造を示す．長石中のSi–O結合距離は160.5 pm（＝10^{-12} m，ピコメートル）であるが，Al–O結合はやや長い176 pmの結合距離をもつ．したがって，Al–O結合は切断されやすいことになる．一方，石英は，SiO_4四面体の頂点の酸素を隣り合った四面体と共有した3次元構造をもつために，風化に対する抵抗性が大きく，安定している．岩石が風化されると，石英粒子は残留する．

a. 水　和　　鉱物表面は水と接すると，水分子を引きつけ，水との集団を形成する．また，鉱物から水溶液中に溶解した溶質分子あるいはイオンは，これと隣接する水分子と相互に作用して，1つの分子集団をつくる．このような現象を水和（hydration）という．鉱物表面における水和反応は風化の第1歩であり，ヒドロキソニウムイオンH_3O^+（あるいは，さらに水和した化学種H_{aq}^+）あるいは水酸化物イオンと鉱物との反応を開始させる．ヒドロキソニウムイオンは水溶液中で最も大きな移動度を示し，水酸化物イオンが第2番目に大きな移動度をもつ．プロトン（水素イオン）の水和数の研究から，水和数は4であると考えられ，プロトンの移動はプロトンジャンプ機構（図4.3）で移動する．しかし，X線回折の結果（Leeほか，1983）から，水和ヒドロキソニウムイオンがほぼ平面三角構造をとり，H_3O^+面上にある1個の水分子は，中心の酸素原子から290 pmも離れていて，この水分子は事実上H_3O^+とは結合していない（図4.4）．H_3O^+は，H_3O^+中のプロトン間の反発によってH_3O^+はほぼ平面三角構造となり，H_3O^+は孤立電子対をもちながら面上の水分子中の水素原子との間の反発が大きいために，平面三角構造とは結合していないと結論できるのである．

水溶液中にイオンが加わると，イオンと水分子の相互作用（水和）により，いくつかの水分子はイオンの周囲に強固に規則正しく配列する．イオン周辺の水和層中の構造的配列は，バルクの水の構造に比べてはるかに整然としている．このような水和層に存在する水分子はバルクの水分子よりも移動に時間がかかると考えられ，この領域にある水分子を構造形成（structure-making）領域（領域A）内にある水分子とよぶ（図4.4）．一方，領域Aの外側には，イオンと水分子の相互作用があまり強くない水分子が存在し，水分子はかなり無秩序に配列しており，領域B

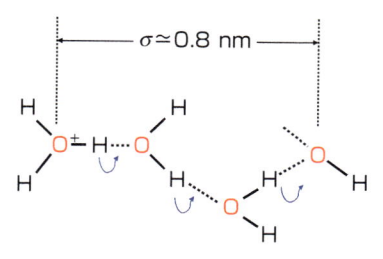

●図4.3 プロトンジャンプ機構（船橋，1998）
ヒドロキソニウムイオンは最も大きな移動度を示す．

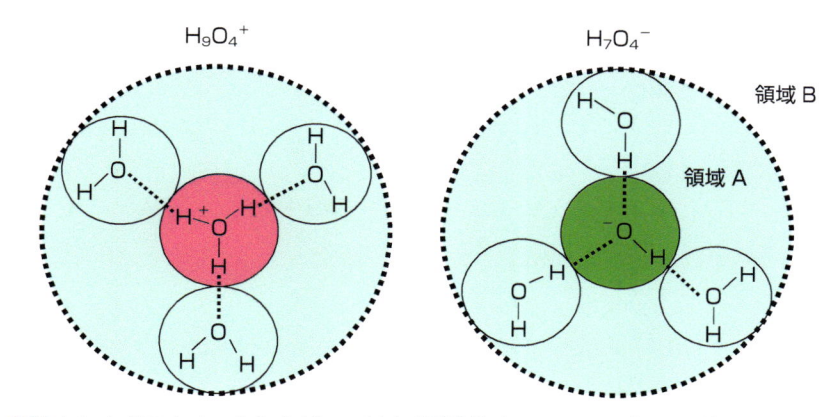

●図4.4 ヒドロキソニウムイオン H_3O^+ と水酸化物イオン OH^- の水和種（船橋，1998）

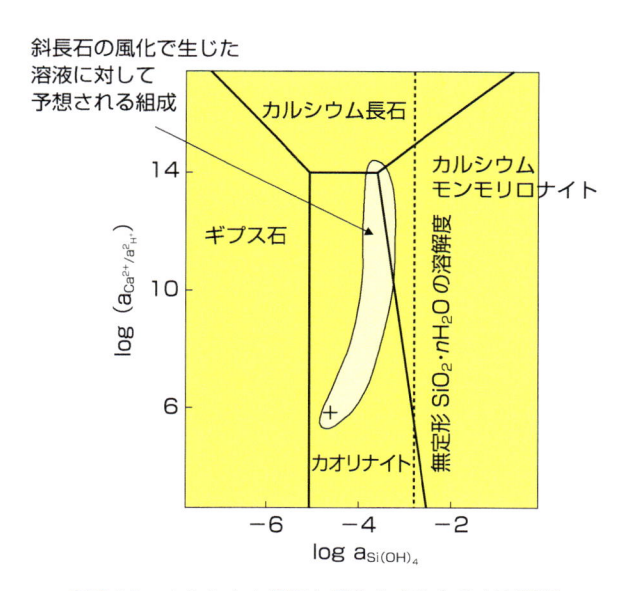

●図4.5 カルシウム長石と風化生成物との安定関係
＋は雨の平均的組成を示す．

に存在するとよぶ．水和イオンが引き連れている水分子の数（溶媒和数）が多くなれば，イオンの行動は遅くなり，反応が遅くなる．このように水和を考えると，鉱物表面の水和やイオンの水和が種々の反応の第1歩であることが理解できる．

b. 加水分解　風化作用の中で最も重要で，複雑な反応が加水分解である．カルシウム長石の標準生成エネルギーから反応の平衡定数（一國，1989）を求めることができ，カルシウム長石とカオリナイトが共存できる条件を2つのパラメータである a_{Na^+}/a_{H^+} と $a_{Si(OH)_4}$ によって表すことができる（図4.5）．水の供給が多く，風化によって溶出した成分が速やかに除去される条件下では，$a_{Si(OH)_4}$ が小さくなり，ギブス石が生成しやすくなる．風化が速ければ，溶液中のプロトンが消費されやすく，カルシウムイオン濃度が増加し，モンモリロナイトが生成されやすい．

温度は溶出成分の生成反応の速度に，降水量は溶出成分の除去に関係することになる．

c. 酸化　大気あるいは溶液中の酸素と鉱物中の成分とが反応すると，鉱物は酸化される．鉄を多く含む鉱物である輝石，角閃石，磁鉄鉱，黄鉄鉱カンラン石などの酸化を考えると，

$$4Fe^{2+} + 3O_2 \rightarrow 2Fe_2O_3$$

$$4FeS_2 + 14H_2O + 15O_2 \rightarrow 4Fe(OH)_3 + 8H_2SO_4$$

$$2Fe^{2+} + 4HCO_3^- + \frac{1}{2}O_2 + 2H_2O \rightarrow Fe_2O_3 + 4H_2CO_3$$

であり，2価鉄の3価鉄への酸化は鉱物の色を大きく変化させる．明るい赤や黄色の鉱物の表面をもたらす．

d. 溶解　鉱物の結晶格子から成分が溶解すると，鉱物は崩壊しやすくなる．鉱物中の成分の溶解量を反応時間の関数として計測し，鉱物の風化速度を推定することもできる（一國，1989）．鉱物中の成分の溶解量 Q の時間変化は

$$Q = Q_0 + k_p\sqrt{t} \quad \text{または} \quad Q = Q_0 + k_l t$$

と表すことができる．これらは，それぞれ，parabolic kinetics および linear kinetics とよばれる（図4.6）．ただし，Q_0：初期における表面イオン交換によって瞬間的に溶解する量，t：時間，k_p, k_l：速度定数である．鉱物中のアルミニウムやケイ素の溶解は，二次生成物の表面層の溶解に支配されるために linear kinetics に従う．これに対して，ナトリウムやカリウムの溶解はナトリウムイオンやカリウムイオンが二次生成物層を通じて行われる拡散に支配されるために parabolic kinetics に従うと考えられている．

鉱物の溶解は鉱物の結晶構造と溶液の水素イオン濃度に依存している．最も一般的なプロトンの供給源は二酸化炭素であることから，二酸化炭素共存下で，カリ長石と斜長石を溶解させると，まず，鉱物表面の陽イオンが溶液中の水素イオンと交換される．それに続いて，陽イオンとケイ素の溶解がみられ，ついで，拡散によって律速される parabolic な過程，最後に，linear な過程によって表現される定常的な溶解が認められた（Busenberg & Clemency, 1976）．このとき生成された二次生成物は，溶解した構成成分の量から推定して，Si：Al（mol 比）で，斜長石では1：1，カリ長石では2：1となった．

我々が鍾乳洞（漆原，1996）などにおいて身近にみることのできる溶解反応の1つは，炭酸カルシウムの溶解で，

$$CaCO_3 + H_2O + CO_2 \rightarrow Ca^{2+} + 2(HCO_3^-) \rightarrow Ca(HCO_3)_2$$

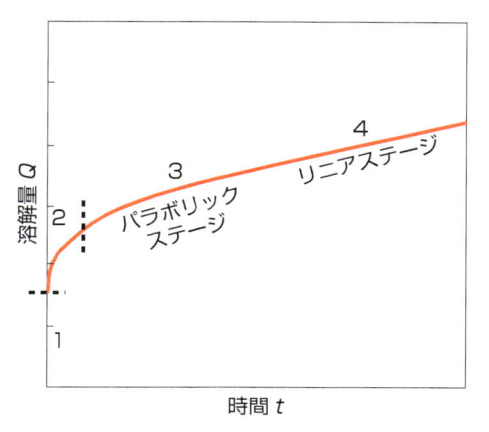

●図 4.6 長石からの成分の溶解量と反応時間の関係(一國,1989)

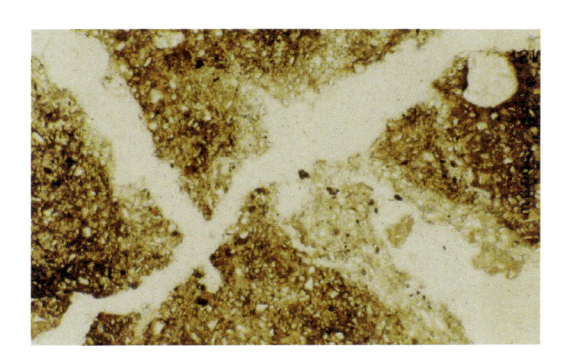

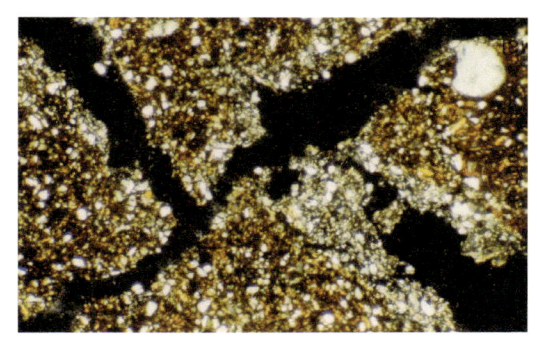

●図 4.7 土壌間隙と土壌構造
左:平行ニコル,右:クロスニコル.

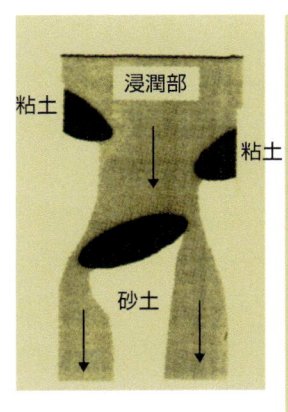

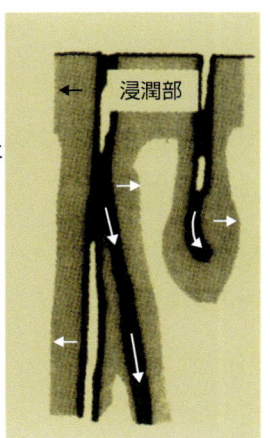

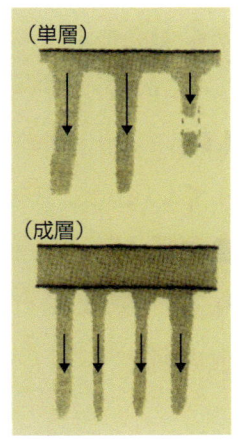

●図 4.8 土壌中の水の流れ(中野,1998)

4 土壌から水へ

であり，化学的風化は我々の周辺でもよく観察することができる反応である．

こうして土壌となるべき母材と溶解した物質が形成され，気候，地形，生物および時間の因子がはたらいて土壌が生成される．もちろん，土壌が生成された後においても風化作用は継続してはたらいている．

■ 4.2 水に溶解した物質の土壌中での移動

さて，水に溶解した物質は，土壌中の水とともに土壌の間隙を移動する．土壌間隙を移動する水に含まれているイオンや微粒子は土壌構造表面（図4.7）と相互に反応する．土壌中の間隙は一様ではなく，間隙を流れる土壌水の流れは複雑で，ひとつひとつの流れを考えることは不可能である．そこで，土壌中の水の流れ全体を表すフラックス（流束：単位時間に土壌の単位面積を通過する水の量）として取り扱う．

$$Q \propto At \times \frac{\Delta H}{L}$$

Q：土壌中を流れる水の流量，A：断面積，t：時間，$\Delta H/L$：動水勾配

を書き換えると，フラックス q は

$$q = \frac{Q}{At} = \frac{\Delta H}{L}$$

となる．水で間隙が飽和されている状態では，フラックスは土壌水がもつ圧力と重力の勾配に比例することになり，一般にダルシー則とよばれる経験則

$$q = K_s \times \frac{\Delta H}{L} \qquad K_s：飽和透水係数$$

で表現される．比例係数である飽和透水係数 K_s は，砂質土では $10^{-3}\,\mathrm{cm\,s^{-1}}$ であり，粘土質土では $10^{-6}\,\mathrm{cm\,s^{-1}}$ 以下である．

土壌間隙中に空気が存在しているような不飽和状態では，フラックスは土壌水がもつ化学ポテンシャルと重力ポテンシャルの和の勾配に比例する．不飽和土壌中の水移動は，

$$q = -K\nabla H,$$

鉛直1次元では，バッキンガム–ダルシー式で表すことができ，

$$q = -K \times \frac{dH}{dz}$$

$$H = Hg - h$$

で表される（宮崎，1997）．ただし，K：不飽和透水係数，H：位置水頭 Hg とサクション h によって与えられる全水頭である．位置水頭 Hg は地表面，不透水層，地下水面などのいずれかの位置を基準面とし，そこから上向きの座標軸 z を定義すると $Hg=z$ とみなすことができるので，

$$H = z - h$$

となる．サクションは土壌水のマトリックポテンシャル（$\mathrm{J\,kg^{-1}}$）を水頭表示（m または cm）したものの絶対値である．

この比例係数 K は，不飽和透水係数であり，土壌が含む水の量が多くなると大きくなる．不

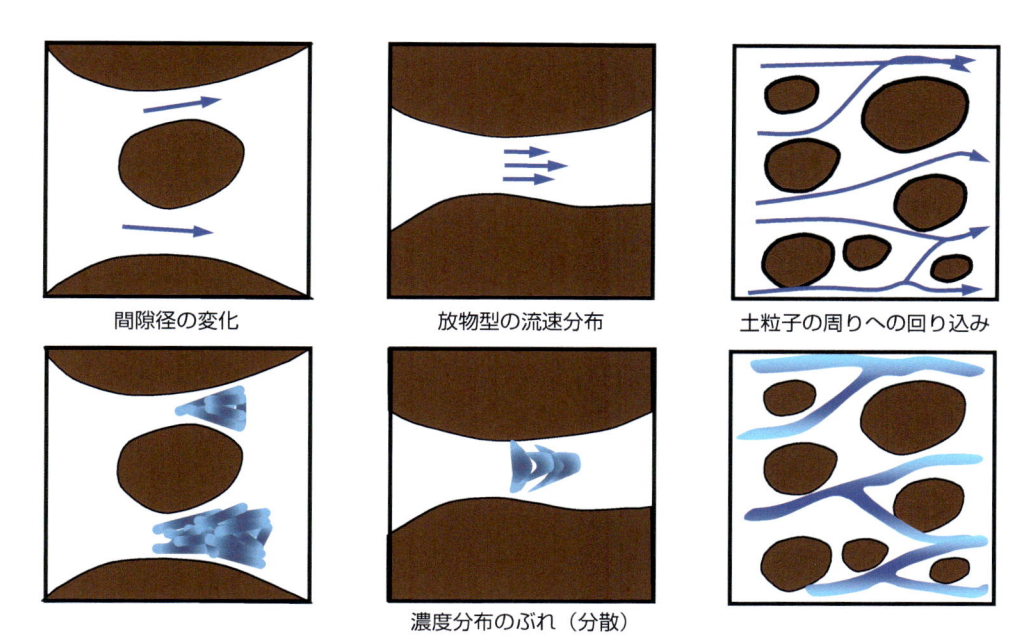

●図 4.9　流速の分散
地下水は土壌構造によって流速が著しく変化する．

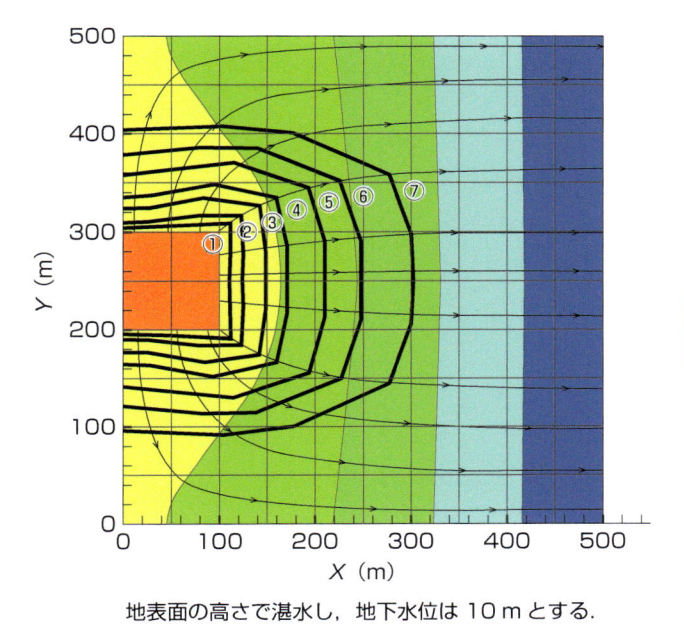

間隙径の変化　　放物型の流速分布　　土粒子の周りへの回り込み

濃度分布のぶれ（分散）

地表面の高さで湛水し，地下水位は 10 m とする．

●図 4.10　移流による汚染物到達コンター

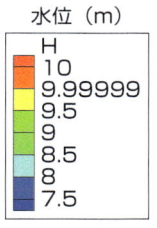

水位（m）
H
10
9.99999
9.5
9
8.5
8
7.5

移流による汚染物の到達実湛水時間（年）

コンター番号	K/n_e (m s^{-1})			
	10^{-2}	10^{-3}	10^{-4}	10^{-5}
①	0.005	0.05	0.5	5
②	0.01	0.1	1	10
③	0.02	0.2	2	20
④	0.03	0.3	3	30
⑤	0.05	0.5	5	50
⑥	0.07	0.7	7	70
⑦	0.1	1	10	100

K：透水係数
n_e：有効間隙率（=0.1 とする）
$K=10^{-3}$ m s^{-1} で $n_e=0.1$ とすると実湛水時間は 20〜30 m yr^{-1} となる．

4　土壌から水へ

飽和透水係数は，$10^{-3}\,\mathrm{cm\,s^{-1}}$ から $10^{-13}\,\mathrm{cm\,s^{-1}}$ の値をとることが多い．不飽和透水係数は，間隙中を移動する水に対する抵抗の大きさによって決まる（図4.8）．したがって，不飽和透水係数は間隙の大きさ・形状，間隙の屈曲度，間隙の分岐・合流形態，土壌粒子の表面活性，体積含水率あるいはサクション，水の粘性係数，体積含水率などに依存することになる．

■ 4.3 水に分散・溶解した物質の再沈着・再沈殿

水に分散（dispersion）あるいは溶解（dissolution）した物質は，水とともに移動し，土壌粒子あるいは土壌構造表面と相互に反応し，再沈着，再沈殿する．

土壌水中に分散した粘土粒子は，粒子の電気2重層の厚さが厚く，粒子が接近して静電気的反発力が高く，粒子間に作用するポテンシャルエネルギーが大きいと溶液中に均一に，安定して存在する（Verwey & Overbeek, 1948）．電解質濃度が高い場合には，粘土粒子は電気2重層が薄くなり，凝集（flocculation）するが，電解質濃度を減少させると，再び分散する．土壌水に分散した粘土粒子が土壌の上部層から下部層へ移動，集積することをレシバージ（lessivage，粘土移動）とよぶ．粘土移動とは，粘土が化学的に分解せず，機械的に移動あるいは集積することを意味する．

水に溶解した物質（溶質）は，水の移動とともに移動する移流と濃度勾配による分子拡散によって移動する．土壌中の溶質は，平均流速による移動に対して前後に広がりを示す（図4.9）．移流分散の考え方からすると，間隙流速分布による溶質の広がりを水理学的分散 D_h とよび，前に述べた分散とは異なる．1次元の溶質移動フラックス J_s は

$$J_\mathrm{s} = -\frac{\theta D \partial c}{\partial x} + v\theta c$$

θ：体積水分率，D：分散係数，c：溶質濃度，v：平均間隙流速

である．水理学的分散係数 D_h は

$$D_\mathrm{h} = \lambda_\mathrm{v}$$

と定義される．また，分散係数 D は

$$D = D_\mathrm{p} + D_\mathrm{h} \qquad D_\mathrm{p}：分子拡散係数，D_\mathrm{h}：水理学的分散係数$$

である．したがって，流速が速い場合には，分子拡散を無視することができる．このようにして土壌中の溶質の移動を解析し，予測することができる．水田におけるカドミウムの水平移動を考えてみる．カドミウム濃度の高い地域から低い地域へカドミウムが水平方向へ移動するが，その移動は，水田の湛水期間を3カ月とし，透水係数 $K=10^{-3}\,\mathrm{m\,s^{-1}}$，ne$=0.1$ とすると，カドミウムは土壌水の流れの方向に圃場内を実湛水年間20〜30 m（年間5〜7.5 m）移動すると予想され，カドミウムはかなりの速度で，圃場内を移動する（図4.10）（岡崎ほか，2006）．

◆ 文　献

Busenberg, E. and Clemency, C. V. (1976)：*Geochim. Cosmochim. Acta*, **40**：41.
船橋重信（1998）：無機溶液反応の化学，p. 271，裳華房．
Goldich, S. S. (1938)：*J. Geology*, **46**：17.
一國雅巳（1989）：ケイ酸塩の風化とその生成物．土の化学，日本化学会編，pp. 6-18，学会出版センター．

Lee, H. G., Matsumoto, Y., Yamaguchi, T. and Ohtaki, H. (1983): *Bull. Chem. Soc. Jpn.*, **56**: 443.
宮崎　毅 (1997): 土壌水の運動. 土の環境圏, 岩田進午・喜多大三監修, pp. 84–91, フジ・テクノシステム.
Moon, V. and Jayawardane, J. (2004): Geomechanical and geochemical changes during early stages of weathering of Karamu basalt, New Zealand. *Engineering Geology*, **74**: 57–72.
中野政詩 (1998): フィルタとしての土―地下水を汚染から守る関所. 土の自然史, 佐久間敏雄, 梅田安治編著, pp. 193–202, 北海道大学図書刊行会.
岡崎正規・木村園子ドロテア・加藤　誠・西村　拓 (2006): 平成17年度農用地土壌汚染対策地域指定要件検討調査業務に関する報告書, p. 290, 東京農工大学.
Pipkin, B. W. and Trent, D. D. (2001): Geology and the Environment, The 3rd edition, Brooks/Cole a division of Thomson Learning.
漆原和子 (1996): カルスト地形の形成. カルスト, 漆原和子編, pp. 87–102, 大明堂.
Verwey, E. J. W. and Overbeek, J. Th. G. (1948): Theory of The Stability of Lyophobic Colloids, pp. 164–169, Elsevier.

5 土壌から植物へ

　植物は植物生育因子である光，空気，水，温度，栄養分を整えると，有害物質を含まなければ，正常に生育する．したがって，植物は土壌そのものを必要としない．水耕栽培によって植物が正常に生育し，実をつけることはよく知られている．しかし，永い永い歴史のなかで，陸に上がった植物は土壌とある折り合いを付けて生きる術を獲得した．土壌から生きていくための糧を取り込み，子孫をつくり，やがて自らの体を土壌に還元する．このはたらきが，土壌をつくる．土壌からすれば，植物を物理的に支えるばかりでなく，植物が必要な栄養分，水を必要な時期に必要量を供給する機能をもっていることになる．本章では，土壌と生物の間のダイナミックスを明らかにする．

■ 5.1　土壌が有する植物に必要なもの

a. 物理的な支え　　多くの植物は地下に根を張って地表に自立する．しかし，植物の根にとって硬い岩石（固結岩）を穿つことは難しいことである．砂（sand）・シルト（silt）・粘土（clay）などの細かい粒子からできあがっている土壌ならば，植物の根はその隙間を広げつつ伸張することができる．それでも，根が土壌粒子を押しのけて伸張する場合には土壌から機械的な抵抗を受ける．土壌の機械的抵抗は土壌の種類によって異なるばかりでなく，同じ土壌であっても湿潤・乾燥の繰り返しや人為的な締め固めの影響などによって変化する（根の事典編集委員会編，1998）．たとえば，水を張った水田の土壌は足が潜るほど柔らかいけれども，乾ききった水田の土壌はスコップが刺さらないほどに固い．

　植物が土壌を物理的な支えとする一方で，地中に張り巡らされた根は土壌粒子を抱え込むはたらきをもつ．その結果，大雨や強風による土壌粒子の流亡や飛散のような浸食（erosion）を抑えて土壌が保持される．土壌が保持されれば，長い年月をかけて土壌の厚みは増してゆき，植物にとってさらに根を張りやすい条件になっていく．その反対に，植物を刈り払うと土壌は浸食を受けやすくなる．土壌の生成に長い時間がかかることと比べると，浸食によって土壌が失われるのは一瞬のことである．

b. 水の供給源　　土壌は，無機物と有機物からなる固体（固相），土壌中の水（液相），および土壌中の空気（気相）から構成されている（図5.1）．目にみえる土壌は固相からできているが，手に取るとわかるように，土壌には多くの隙間（孔隙）があり，そこに水や空気が入り込んでいる（久馬ほか，1984）．多くの植物はこの土壌中の水に頼って生育する．すなわち，土壌は植物にとって水の供給源となる．

　土壌中の水は，土壌にどのように保持されているか，すなわち土壌のどの部分に存在して，土壌に引き付けられているかによって，重力水，毛管水，吸湿水などに分けられる（図5.2）．土壌

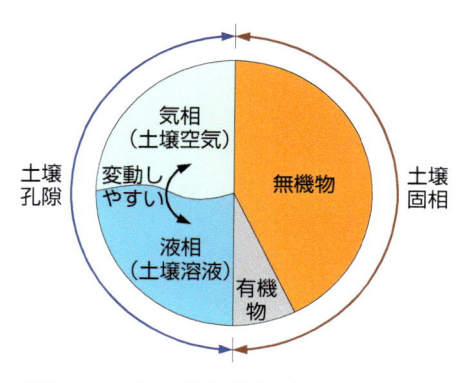

●図 5.1　土壌の構成成分（久馬ほか（1984）を改変）

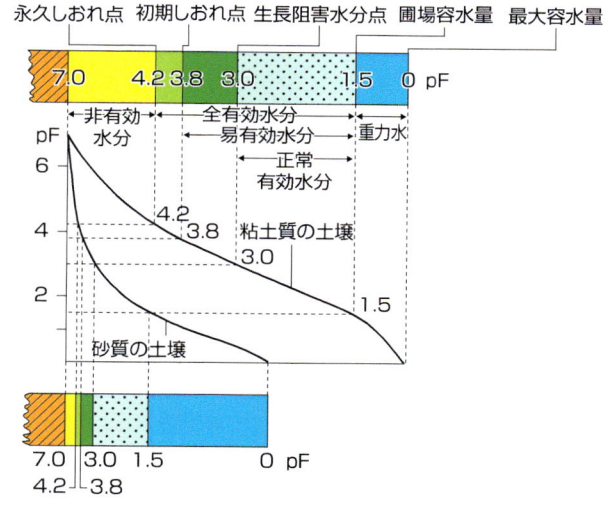

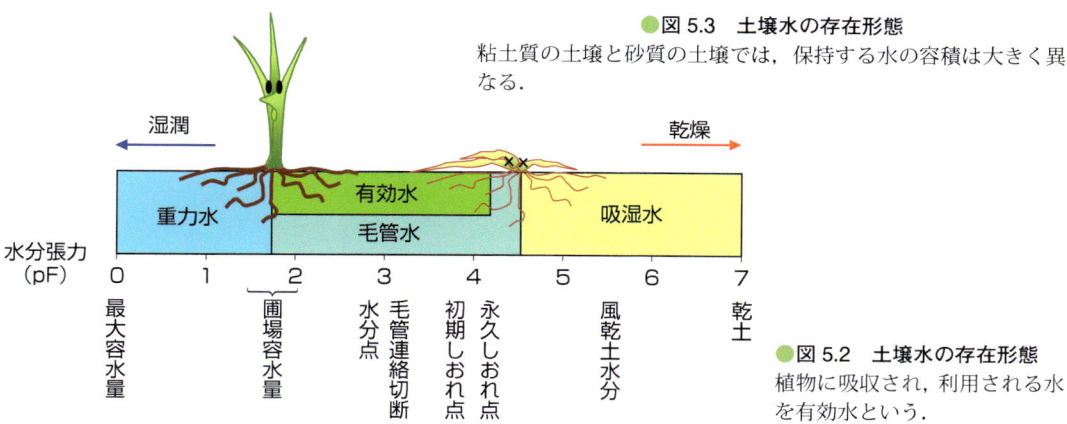

●図 5.3　土壌水の存在形態
粘土質の土壌と砂質の土壌では，保持する水の容積は大きく異なる．

●図 5.2　土壌水の存在形態
植物に吸収され，利用される水を有効水という．

●表 5.1　高等植物と高等動物の必須元素（山崎ほか（1993）より作成）

元素名		高等植物	高等動物	元素名		高等植物	高等動物
C	炭素	1	1	Fe	鉄	1	1
H	水素	1	1	Mn	マンガン	1	1
O	酸素	1	1	Cu	銅	1	1
N	窒素	1	1	Zn	亜鉛	1	1
P	リン	1	1	Mo	モリブデン	2	2
S	硫黄	1	1	B	ホウ素	3	
K	カリウム	2	2	I	ヨウ素		3
Ca	カルシウム	2	2	Co	コバルト		3
Mg	マグネシウム	2	2	Se	セレン		3
Na	ナトリウム		3	Cr	クロム		3
Cl	塩素	3	3	その他			3

■ 多量必須元素
■ 微量必須元素

1：植物と動物で種類も生理的な役割も共通な元素
2：植物と動物で種類は同じだが役割が異なる元素
3：植物と動物で種類も役割も異なる元素

粒子の表面に近いほど，また粘土含量の多い土壌ほど，水は強い力で土壌粒子に引き付けられているために，土壌中を移動しにくい（図5.3）．重力水は土壌の孔隙のうち粗い部分を占める水であり，雨などによって上方から水が供給される場合のみ存在し，雨が止めば速やかに下方に流れ去るために植物にとって利用しにくい．毛管水は土壌の孔隙のうち細かい部分を占め，上方からの水の供給がなくなっても土壌に保持される水であり，植物にとって最も利用しやすい水である．結合水は土壌鉱物などと化学的に結びついた水であり，植物が利用するのはきわめて難しい．植物にとって重要な毛管水をどれだけ保持できるのかは，土壌の種類によって大きく異なる．砂のように粗い粒子から構成されている土壌では一般に水分が保持されにくく，乾燥しやすい．土壌が水をどのように保持しているかは，圧力（pF，bar，Pa）によって示される．わが国では，水の柱の高さの圧力（cm）の対数値であるpFを採用することが多い．植物に有効であるとされている水は，有効水とよばれている．pF 1.5（圃場容水量）〜3.0（生長阻害水分点）までの水を（正常）有効水とするが，pF 1.8〜2.7を採用する場合もある．

c．栄養素の供給源　栄養（nutrition）とは，生物が自らの体をつくり上げて生活していくために必要な物質を外界から取り入れる現象である．栄養に必要な物質が栄養素（栄養分）とよばれるものの，一般には栄養と栄養素は混用されることが多い．生物の生存に欠くことのできない元素，すなわち必須元素（第II部第2章）は植物と動物とで若干異なる（表5.1）．植物の必須元素は16種類が知られており，多量必須元素として炭素（C），水素（H），酸素（O），窒素（N），リン（P），カリウム（K），カルシウム（Ca），マグネシウム（Mg），および硫黄（S）が挙げられ，微量必須元素として鉄（Fe），マンガン（Mn），銅（Cu），亜鉛（Zn），モリブデン（Mo），ホウ素（B），および塩素（Cl）が挙げられる（山崎ほか，1993）．また，特定の植物や特殊な環境下に生育する植物に有利にはたらく元素，すなわち有用元素として，ケイ素（Si），ナトリウム（Na），コバルト（Co），ニッケル（Ni），アルミニウム（Al），およびセレン（Se）が挙げられる（山崎ほか，1993）．Alは植物に有害な元素の代表格でさえあるものの，チャノキのようにAlを溜め込んでも平気な植物も存在する．

植物はC，HおよびOの多くを水（H_2O）や二酸化炭素（CO_2）から得るものの，他の元素の大部分を土壌に存在するものに頼っている．これらは土壌中にきわめて多様な形態で存在している．植物が栄養素をどのように取り入れるのか，それは5.2節で述べることとする．

d．空気の供給源　酸素は反応性の高い物質であるため，供給がなければ大気中の酸素はさまざまな物質と反応（酸化）して失われてしまう．大気中に21％もの酸素が存在するのは，植物の光合成によって常に酸素が供給されているからである．さまざまな物質を酸化する酸素は生物にとって潜在的に危険な存在である．しかし，炭水化物などの有機物の酸化（酸素呼吸）によって効率よく大量のエネルギーが得られることから，多くの生物が酸素の有害影響を防除しつつ酸素呼吸を行って生存に必要なエネルギーを得ている．

根の活動には酸素が必要であり，土壌空気は植物根にとって酸素の供給源となる．土壌空気は通常，土壌を構成する粒子間の隙間（土壌孔隙）を通じて大気とつながっている．したがって，土壌空気の組成は大気組成と基本的に類似している（図5.4）．ただし，土壌中の空気の移動は土壌内の各ガス種の濃度勾配に依存した拡散に支配されるため（中野，1991），その移動速度は比

清浄な大気の組成

Ar 0.93%
O_2 20.94%
N_2 78.01%

CO_2 : 345		CO : 0.1	
Ne : 18		Xe : 0.08	
He : 5.2		O_3 : 0.02	
CH_4 : 1.7		NH_3 : 0.01	
Kr : 1.0		NO_2 : 0.001	
H_2 : 0.5		SO_2 : 0.0002	
N_2O : 0.3		（単位：ppm）	

土壌空気の組成

CH_4 tr〜5%
Ar 0.93〜1.1%
CO_2 0.1〜10%
O_2 2〜21%
N_2 75〜90%

N_2O : tr〜0.1%	COS
各種炭化水素	CH_3SH
NH_3	$(CH_3)_2S$
NO	$(CH_3)_2S_2$
H_2	揮発性アミン
H_2S	揮発性有機酸
CS_2	その他多数

●図5.4 **清浄な大気と土壌空気の組成**（陽（1994）より作成）
trは痕跡程度を意味する．

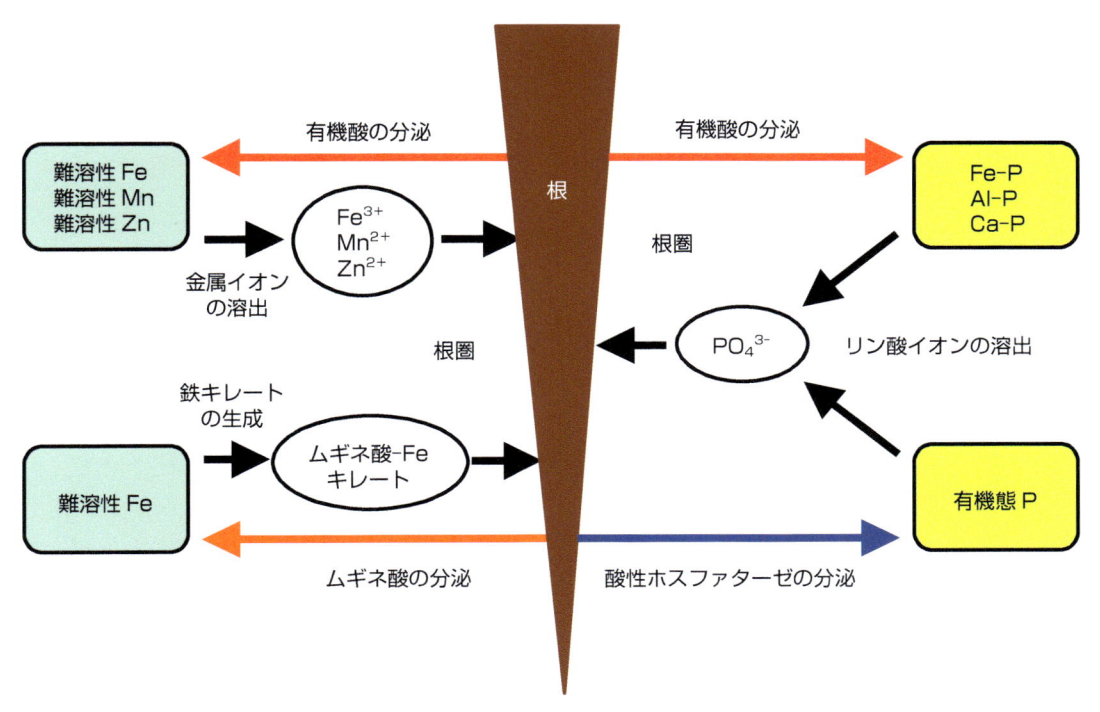

●図5.5 **植物根による難溶性成分の吸収**（根の事典編集委員会編（1998）より作成）
植物は根の近傍の土壌（根圏）に種々の物質を放出し，難溶性成分を溶解し，吸収する．

5 土壌から植物へ

較的小さい．したがって，根や土壌生物の呼吸によって土壌内での消費が多い酸素のようなガスの土壌空気濃度は低くなりやすい．土壌の孔隙は水と空気に占められており，降雨などにより土壌水分が増えれば空気の割合が減少する．土壌が水浸しになると，土壌の孔隙の大部分が水に占められて空気の割合が減り，さらに，大気とのつながりが遮断されるために，土壌中の空気は酸素が不足した状態（嫌気状態）になる．

■ 5.2 土壌は栄養分をどのように保持しているのか

a. 土壌溶液に溶けている栄養分 植物は高分子物質や固体を直接に吸収できず，液相（土壌溶液）を介して溶解している栄養分を吸収する．吸収しにくい成分に対して，植物はさまざまな物質を根から分泌し，根のごく周辺の土壌（根圏）（図5.5）にはたらきかけている．したがって，植物の根のごく周辺（根圏）では，植物根が分泌するさまざまな物質によって，根圏土壌と平衡関係にある土壌溶液の性状が大きく異なることになる．土壌は土壌中の水を保持すると，土壌溶液に溶解した成分も保持している．土壌溶液に含まれる成分を図5.5に示す．土壌溶液の研究は，どのように土壌溶液を採取するかの研究でもあった．1つは，実験室内で土壌から土壌溶液を搾り取るものであるが，新鮮な土壌に水を加えず，遠心分離機などを用いて，土壌溶液を採取する方法や一定量の水を加えた後，同じように遠心分離機などを用いて土壌溶液を採取する方法がある．いずれにしても土壌に一定の圧力を加え，その圧力と平衡状態にある土壌溶液を採取する．他の1つは，野外で土壌に素焼きのカップ（ポーラスカップ）を埋設し，減圧して土壌溶液を採取する方法（図5.6）である．土壌溶液の採取方法が異なると土壌溶液成分の濃度が変化するのは，土壌が平衡関係を保っている水に溶解している成分濃度が異なるためであるが，土壌からすれば，土壌が水と水に溶解している成分を同時に保持し，植物が必要な時期に，必要な量を植物に供給することになる．

b. 土壌鉱物として存在するもの 土壌中の重要な固体成分は，土壌鉱物（一次鉱物 primary mineral および二次鉱物 secondary mineral）および土壌有機物である．土壌鉱物のうち，鉱物，岩石が細粒化してはいても化学的にはあまり変化していない鉱物を一次鉱物，土壌中で二次的に生成された鉱物を二次鉱物とよぶ（第II部図2.3および2.4）．二次鉱物の中でも，アルミノケイ酸塩は，一般に粘土鉱物とよばれ，土壌中の各種の反応の場となる．粘土鉱物は，一定の大きさの結晶構造を一定方向に連続させており，X線を回折させ，明確な回折像を示す．しかし，土壌中の粘土鉱物には，必ずしもX線を回折させず，結晶構造をもたない鉱物（非晶質鉱物）も存在する．火山噴出物に由来する土壌中にみられるアロフェン（第I部図2.9参照），イモゴライト（第I部図2.10）は，準晶質鉱物ともよばれ，一定の構造をもつが，構造単位が短い，構造単位が一定でない，あるいは構造単位が一定の方向を示さないなどのためにX線の明確な回折像を示さない．鉄，アルミニウム，マンガンなどの成分は酸化物・水和酸化物を形成し，活発な反応の場として重要な役割を果たす．また，酸化ケイ素（オパーリンシリカ）もケイ酸塩鉱物の1つで，ケイ素が単独で酸化物をつくる．

粘土鉱物の重要な役割の1つは，陽イオン，陰イオンともにイオン交換能（図5.7）をもつことにある．生物が必要な時期に，必要な量の陽イオンや陰イオンを土壌が供給できるのは，この

イオン交換によるといっても過言ではない．粘土鉱物の表面荷電は，粘土鉱物の構造内の同形置換に基づく一定荷電（永久荷電）および構造表面の水酸基に基づく変異荷電（付加的荷電）による．変異荷電は土壌溶液の水素イオン濃度によって，負から正まで荷電を変化させる．

　土壌の無機物質の粒子（砂，シルト（微砂），粘土）の組成（混合割合）を土性（texture）あるいは粒径組成（粒度分布）とよぶ．土壌粒子の混合割合は，栄養分の供給ばかりでなく，水，土壌空気の配分割合を直接支配し，土壌の特性を発揮させる要因となる．

　c. 有機物として存在するもの　　土壌有機物（soil organic matter）とは，土壌に存在する有機物の総称で，腐植（humus）とよぶこともある．土壌有機物の構成物は多様であり，生物遺体，生物遺体の分解物，微生物などによる再合成産物などに分けられる．土壌有機物の区分についてはさまざまな考え方があるものの，通常，大型の土壌生物は土壌有機物に含めない．一般に，土壌有機物のうち不定形（形態が明確でない）で暗色を呈する高分子有機物を腐植物質（humic substances）とよぶ．腐植物質には腐植酸（humic acid，土壌学とは異なる分野ではフミン酸とよぶことがある），フルボ酸（fulvic acid），およびヒューミン（humin）などがある（熊田，1981）．したがって，構成成分が明らかである土壌有機物は，非腐植物質（non-humic substances）ということになる．アルカリ溶液を用いて土壌から土壌有機物を抽出すると，有機物を最も抽出することができるが，アルカリ溶液で土壌から抽出できない有機物をヒューミンとよぶ．アルカリ溶液に抽出された有機物を酸に対する溶解度によって，すなわち，酸に溶解しないで沈殿となる有機物を腐植酸，酸に溶解する有機物をフルボ酸とよぶ．両者は酸と称しているが，実際の土壌では陽イオンと塩を形成しているとみられる．腐植酸の分子量（粒子量）は数万といわれ，フルボ酸よりも芳香環を多く含み，陽イオンを保持できるカルボキシル基，フェノール性水酸基などを有する．フルボ酸の分子量は数千で，カルボキシル基，フェノール性水酸基などを有することは腐植酸と同様である．腐植酸の元素組成，官能基組成および構造などに基づいて，腐植酸の平均的な構造推定式を図5.8に示す．このような構造式から，腐植酸は土壌中で負荷電を提供するばかりでなく，土壌溶液の水素イオン濃度によっては，正荷電を提供できる．

　土壌有機物を機能の面から，易分解性有機物と難分解性有機物に区分することがある．分解されやすい有機物は，有機物中の有機窒素，有機リンおよび有機硫黄化合物などから窒素，リン，硫黄などを放出し，生物の栄養源となる．

　d. 土壌粒子の表面に吸着している栄養分　　固相表面は土壌空気であっても，土壌水であっても，それぞれと界面をつくる．土壌溶液と接する固相表面のイオンの吸着量と溶液中のイオンの濃度との間には平衡関係があり，土壌固相表面のイオン吸着の場は，粘土鉱物や腐植の表面荷電を反映して負から正まで荷電を変化させる変異荷電（図5.9）を示す．荷電表面は，それとは反対の荷電をもつイオン（水和イオン）を静電的に引き付けて存在しているが，土壌溶液中のほかのイオンが近づくと，引き付けていたイオンと近づいてきたイオンとを交換させ，吸着していたイオンを土壌溶液中に解放し，近づいてきたイオンを吸着させる（イオン交換反応）（図5.7）．

　2：1型粘土鉱物の層間に入り，負荷電に引き付けられたアンモニウムイオンやカリウムイオンは，ケイ素四面体6つで形成された構造の穴（第II部図2.4）の直径とほぼ同じ直径（水和していないアンモニウムイオン，カリウムイオンの直径）であるために，ひとたび吸着され，構造

の穴の部分に引き付けられると，イオンの一部は2：1型粘土鉱物の構造の穴の部分内に引きずり込まれようになって，容易にイオン交換されなくなる．これをイオンの固定（fixation）という．

土壌成分のなかには，自らの周囲に酸素を配位してオキソ酸を形成して存在するものがある．オキソ酸は負荷電をもち，溶液中の水分子を引き付けて，水和している．植物の栄養素として重要なリンは，土壌中では，酸素を周囲に引き付けたリン酸となって行動する．クロム，マンガン，モリブデン，スズ，セレン，ヒ素などは，リンと同じようにオキソ酸を形成する．オキソ酸を形成した成分は，陰イオンとして移動する．したがって，オキソ酸イオンは土壌の正荷電に引き付けられる．土壌の表面は，図5.9のように，土壌溶液中の水素イオン濃度によって正から負に帯電する．水素イオン濃度が高くなると（pHが低くなると），土壌粒子の表面は正に帯電し，水和しているリン酸イオンは正荷電に引き付けられて，土壌粒子により吸着しやすくなる．水和リン酸イオンは土壌表面にすでに引き付けられている陰イオンと交換するとともに，水和イオンを形成している水分子の一部を排除して，土壌粒子表面のより近傍に近づき，内圏錯体（inner sphere complex）を形成して，吸着する（図5.10）．こうして土壌粒子表面に強く吸着されたリン酸イオンは，一般的なイオン交換では，交換浸出されにくく，これまではリン酸イオンの特異吸着（specific adsorption）とよばれていた．しかし，特異吸着の定義が不明確であるために，現在では，現象の説明として使用されている．

内圏錯体を形成して土壌表面に吸着されたリン酸イオンは，容易には交換脱着されず，固定（fixation）されたといわれる．すでに述べたように，アンモニウムイオンおよびカリウムイオンが容易に交換浸出されにくい現象もリン酸イオンも容易に交換浸出されにくい現象も，固定（fixation）と呼ばれるが，そのメカニズムは明らかに異なる．

■ 5.3 植物はどのようにして土壌から栄養分を得るのか

a. 植物の栄養分摂取の方法　動物は口を使って外界から食物を取り入れ，消化器官などで必要な栄養素を吸収して残りを排泄する．植物は張り巡らせた根を使って土壌から栄養素を取り込む．ただし，根は固形物を直接に"食べる"ことができないため，根の周りの水に溶け込んでいる物質を吸収する．

土壌溶液中の物質には，硝酸イオンのように水と一緒に動く移動速度が大きなものと，リン酸イオンのように土壌粒子に吸着しやすくて移動速度が小さく，局在しやすいものがある．

根は，酸などを分泌して，土壌粒子に吸着した塩基のようにそのままでは吸収できないものを水に溶かし出す能力をもっている．根はほかにもムシゲルとよばれる多糖類などさまざまな物質を分泌しており，根のごく周辺の土壌の条件はそれを取り巻く土壌と比べて大きく異なっている．根を含むごく周辺の範囲は根圏（rhizosphere）とよばれ，根のごく周辺の土壌は根圏土壌とよばれる．植物の養分吸収は，植物細胞の膜を通過させることによって実現できる．植物の細胞膜は，リン脂質の二重層からなる（図5.11）．細胞膜を構成するリン脂質の親水性部分を外側に，疎水性部分を内側に向けて重なり，二重層を形成する．リン脂質二重層にはタンパク質がモザイク状に埋め込まれ，この膜タンパク質がイオンの通過経路となる．膜タンパク質は固定されたものではなく，比較的自由に移動できるという．膜タンパク質はイオンの吸収に最も重要なはたら

●図 5.6　土壌溶液の採取

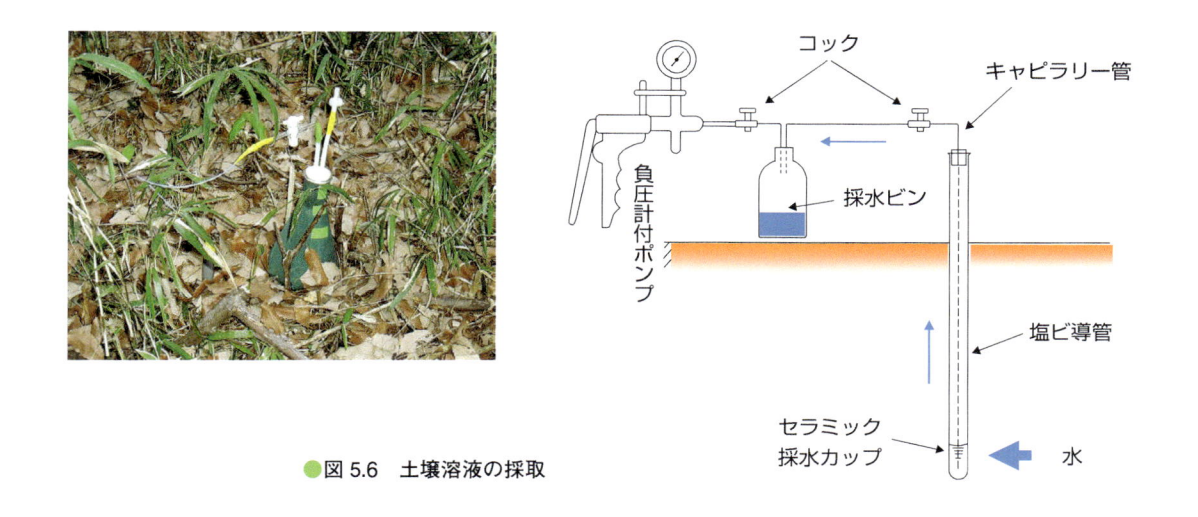

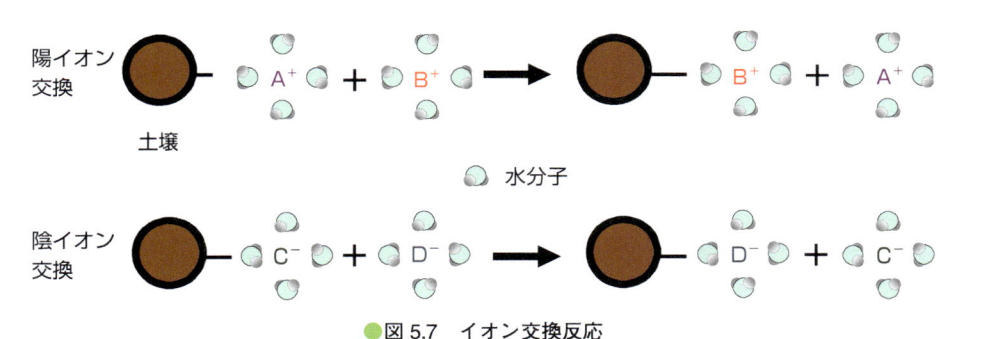

●図 5.7　イオン交換反応
水溶液中のイオンは水和している．粘土鉱物などの土壌粒子はイオン交換能をもち，生物に陽イオン，陰イオンを供給する．

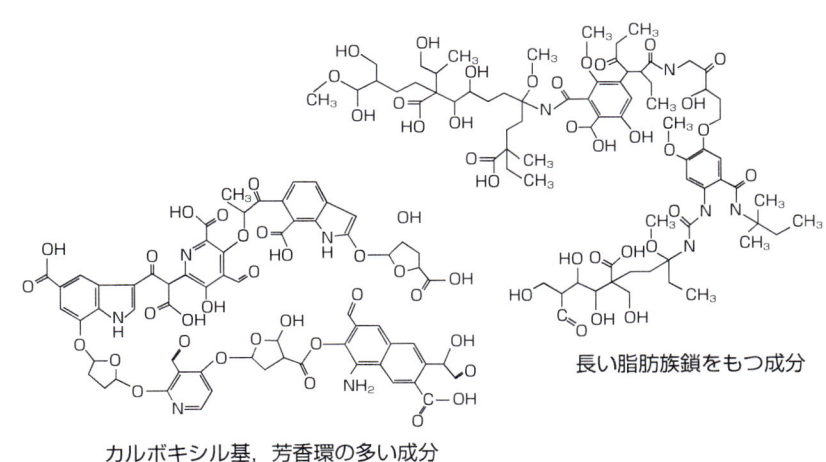

●図 5.8　腐植酸の平均的な構造式
腐植酸の平均分子量は数万程度である．

カルボキシル基，芳香環の多い成分

長い脂肪族鎖をもつ成分

5　土壌から植物へ　　83

きをもつ．植物細胞が受動的にイオンを吸収する場合には，チャネル（channel）とよばれる通路となり，能動的にイオンを吸収する場合には，ポンプ（pump）とよばれる通路となる．いずれのチャネルやポンプが特定のイオン吸収に関与しているかは明確になっていない．

b. 窒素の吸収方法 土壌から根へのイオンの移動は，マスフロー（mass flow）と拡散（dispersion）とによっている．マスフローは，土壌溶液中のイオン濃度と植物による蒸散量の積から推し量ることができる．たとえば，アンモニウムイオンは陽イオンとして土壌溶液中に溶解しており，水吸収に由来するマスフローによって根の表面に至る．根によってアンモニウムイオンが吸収されると根表面および根近傍の土壌溶液ではアンモニウムイオン濃度が低下することから，拡散による移動が大きくなる．

根表面への全イオンフラックスを以下のように示すことができる．全イオンフラックスは，マスフローと拡散に支配されている．

$$F = MC_0 = (C-C_0)\frac{Df}{r} + \frac{CV}{t}$$

ただし，F：全イオンフラックス（根の単位表面積あたりのイオンフラックス）

M：根の吸収係数（速度のディメンジョンを有する植物の栄養分要求量の実測値）

C_0：根表面におけるイオン濃度

C：土壌溶液中のイオンの初期濃度

D：土壌溶液中のイオンの拡散係数

V：土壌溶液の移動速度（蒸散量から推計）

r：根の半径

t：時間

f：Dt/r^2 の関数

植物は土壌溶液以外からも栄養分を吸収しうる巧みな仕組みをもっている．アーバスキュラー菌根菌は炭素の供給を共生者の植物に頼る．菌根菌は栄養の供給源となる土壌有機物を分解する能力がない．しかし，アーバスキュラー菌根菌と共生する植物は，土壌有機物の分解およびその結果として生成する窒素の吸収が高まる．有機物が存在すると共生相手の植物とは独立に，菌糸の成長が促進されるためであると考えられる．

陸域最大の生物帯（バイオーム）である寒帯林における植物生長は一般に利用可能な窒素の量によって制限されている．この制限は，土壌の有機態窒素の無機化が遅いことにある．しかし，いくつかの植物種（*Pinus sylvestris*, *Picea abies*, *Vaccinium myrtillus*, *Deschampsia flexuosa*）は有機態窒素を直接に吸収するらしい．つまり，これらの植物は窒素の無機化を抜きにして窒素を手に入れていることになる．

c. リンの吸収方法 根がリン酸イオンを吸収すると，根のごく周辺のリン酸イオン濃度が低下し，根の表面と根圏の土壌溶液中との間で濃度勾配が生じ，根圏土壌から根の表面へと養分が拡散により移動して低下分を補う．リン酸イオン（ただし $H_2PO_4^-$ もしくは HPO_4^{2-} が主体）の拡散速度はほかのイオンと比べて小さいため，根の表面付近にしばしばリンの欠乏域（depletion zone）が生じる（加藤，1994）．植物は有機酸などを分泌してリン酸を可溶化させ，リン酸イオンの濃度を増加させる（図5.5）．さらに，リン酸エステル結合を破壊するホスファターゼを

●図 5.9　土壌の表面荷電

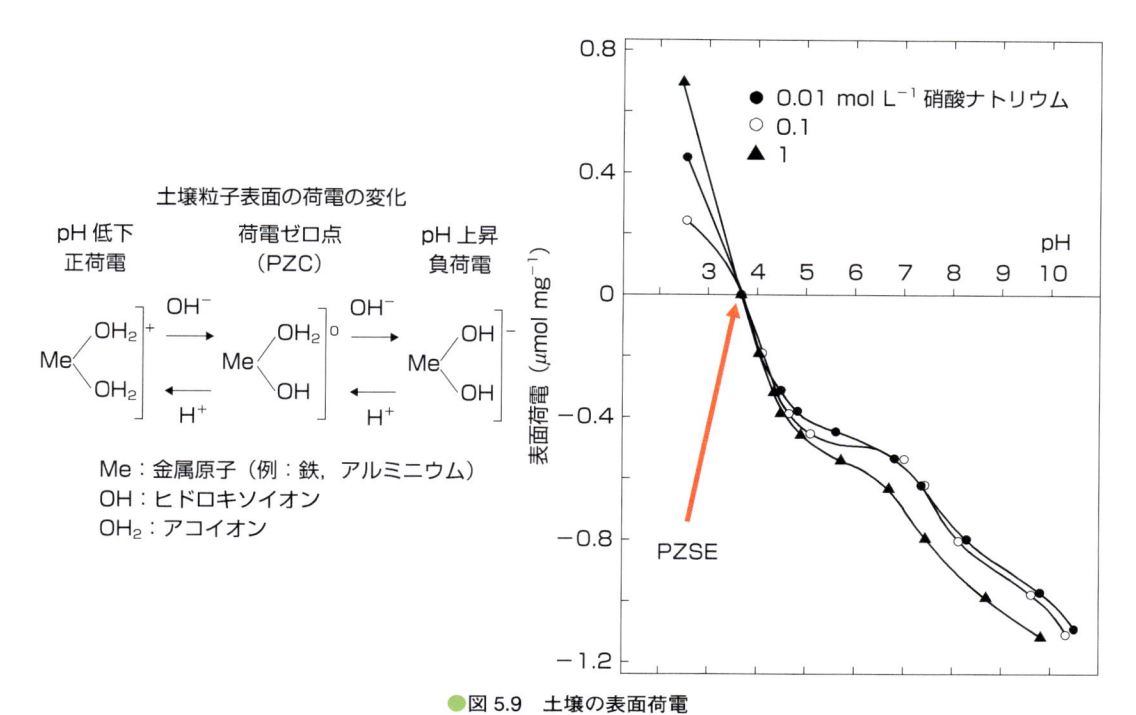

粘土鉱物，腐植などは変異荷電特性をもち，低 pH 領域では正電荷を，高 pH 領域では負電荷を示す．PZSE（Point of Zero Salt Effect）は各塩濃度について電位差滴定法により求めた曲線が交わる点である．この点を変異荷電がゼロとなる点，すなわち PZC とみなす．土壌により変異荷電を発現する鉱物の量が異なるため，PZSE は土壌により異なる．PZSE がはっきりしない土壌もある．

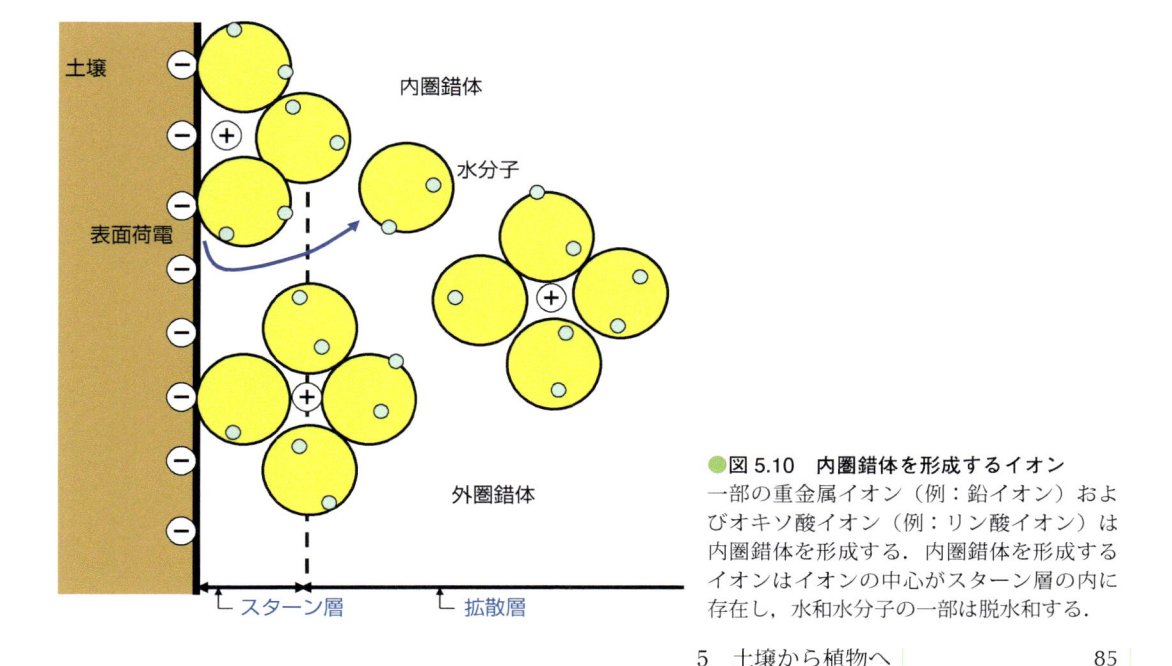

●図 5.10　内圏錯体を形成するイオン

一部の重金属イオン（例：鉛イオン）およびオキソ酸イオン（例：リン酸イオン）は内圏錯体を形成する．内圏錯体を形成するイオンはイオンの中心がスターン層の内に存在し，水和水分子の一部は脱水和する．

5　土壌から植物へ　　85

放出できる植物は，より容易にリン酸を入手できる．植物が土壌分析で得られる可給態リンよりも多くのリンを吸収することができるのは，これらのはたらきによる．植物種間差は大きい．また，菌根菌が共生すると，菌根菌を通じてリン酸イオンを入手する方法も知られている．

d. 金属イオンの吸収方法

植物は有機酸を分泌して金属を可溶化させ，金属と複合体を形成させ，金属を吸収する．植物の鉄欠乏の研究が進み，多くの知見が得られた．鉄欠乏の指令が発せられると植物は，鉄と複合体を形成する物質を急ぎ合成する態勢をとる．イネ科以外の植物はキレート能の高い有機酸を，またイネ科植物はムギネ酸およびその類似物質を分泌してFe(III)化合物を攻撃し，Fe(III)を引き剥がし，Fe(III)と複合体を形成して，根表面に近づけ，Fe(III)を膜内部に吸収した後，Fe(III)を還元し，Fe(II)として必要な部位に移動させる．

e. 火山噴出物に由来する土壌と植物

日本には多くの活火山，休火山，死火山が存在しており，降り積もった火山噴出物から生成した土壌あるいは河川によって削られて再堆積した火山灰から生成した土壌が広く分布している．日本の土壌（とくに火山噴出物に由来する土壌）は植物にとって厄介な特性を有することがある．

火山噴出物に由来する土壌は，水素イオンを吸着する能力が高いが，酸性化が進み，吸着能力を超えると急激にアルミニウムを溶解する．アルミニウムは一部の植物を除いて根の伸張阻害などの害作用を発揮することが知られている（三枝，1994）．降水量の多いわが国では，一般に土壌に吸着されている塩基の溶脱が進んでいる．土壌粒子の陽イオン交換基に吸着していた塩基類が水素イオンやアルミニウムイオンと交換して放出され，土壌の酸性度が高まる（土壌pHが低下する）．火山噴出物に由来する土壌は，アルミニウムを急激に溶解するアロフェンやイモゴライトのような粘土鉱物や非晶質アルミノケイ酸塩をもっているために，pHが4.2〜4.5以下に低下するとアルミニウムイオンを増加させる．pHが低い場合には，アルミニウムイオンもまた塩基と交換して土壌からの塩基の溶脱そして土壌の酸性化を促進するとともに，アルミニウム自身が，植物毒性が強い無機態アルミニウムとして土壌溶液に存在する（図5.12）．核磁気共鳴分析の発達によって，土壌溶液中に存在する無機態アルミニウムの解析が進み，共鳴構造をもつ13量体アルミニウムイオンが植物にとくに有害であることが示された．しかし，13量体アルミニウムイオンは，一般の土壌中では存在しないことから，13量体アルミニウムが実際の土壌中で有害成分として作用しているかは不明である．また，そのほかのアルミニウム化合物が植物に対してどのようなはたらきをしているのかを明らかにする新たな解析方法を見出す必要がある．

火山噴出物に由来し，アロフェンやイモゴライトを主体とする土壌はオキソ酸イオンであるリン酸イオン，硫酸イオンをきわめて強く吸着（内圏錯体を形成）（図5.13）しやすいために，植物がリンを吸収しにくい．リン酸吸着能が高いことが火山噴出物に由来する土壌を見分ける条件の1つになっている．わが国では土壌改良のために現在も大量のリン（過リン酸石灰，熔リンなど）を施用している．リン酸資源の枯渇を招かないためにも，リン酸資源を有効に用いる栽培体系の確立が求められている．

◆ 文　献

加藤秀正（1994）：酸性土壌におけるリン酸の動態．低pH土壌と植物，日本土壌肥料学会編，pp. 123-154，博友社．

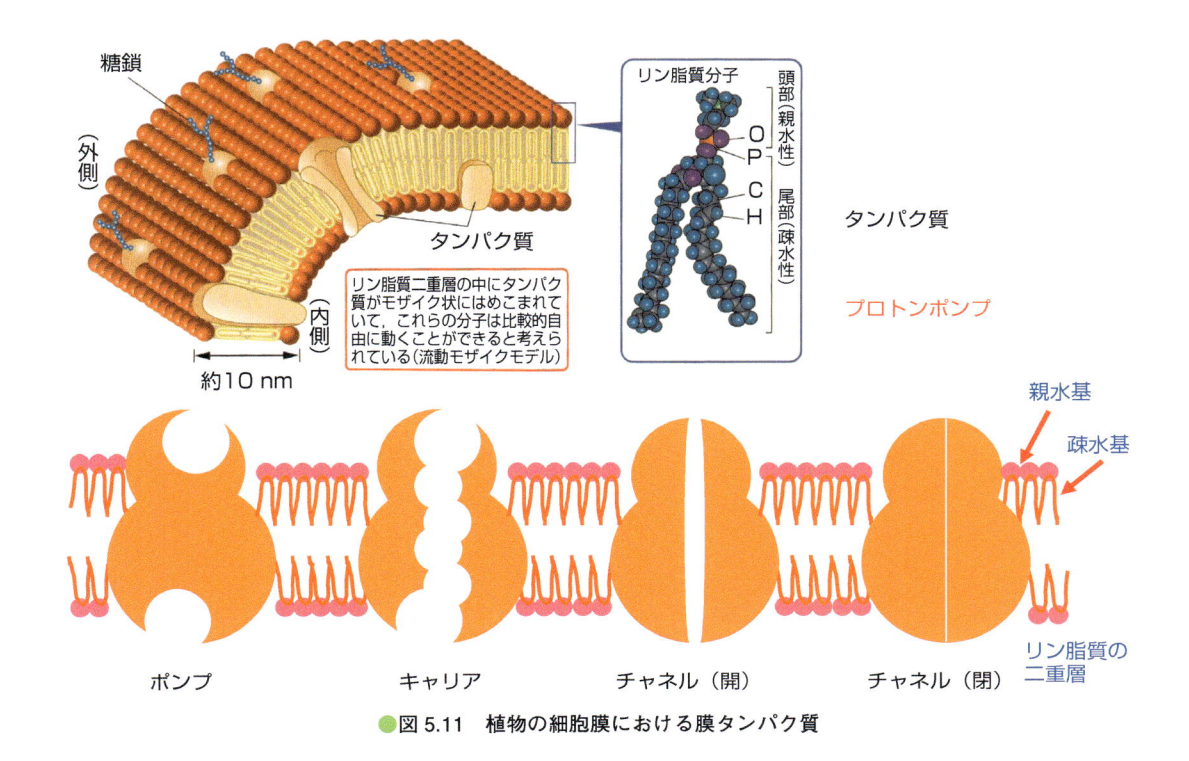

●図 5.11　植物の細胞膜における膜タンパク質

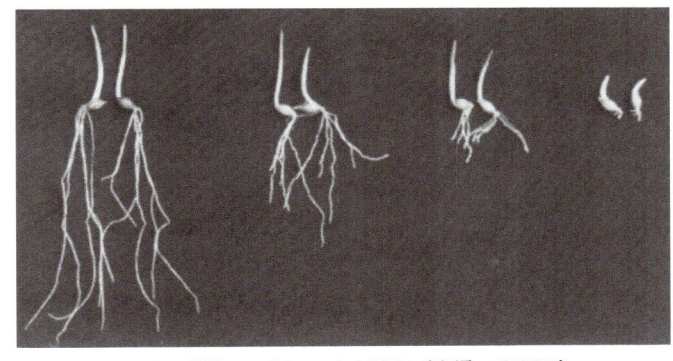

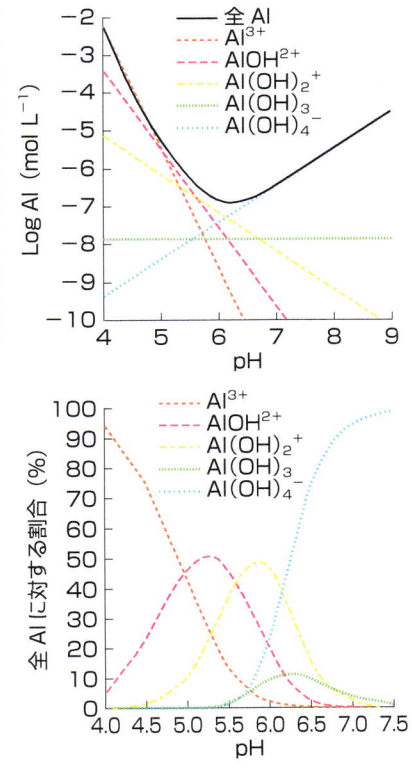

●図 5.12　pH の変化と単量体アルミニウムの形態との関係（加藤，1994）

オオムギ根のアルミニウム障害（高橋，2005）

5　土壌から植物へ

河田　弘（1989）：森林土壌学概論，399 pp.，博友社.
熊田恭一（1981）：土壌有機物の化学第2版，304 pp.，学会出版センター.
久馬一剛・庄子貞雄・鍬塚昭三・服部　勉・和田光史・加藤芳朗・和田秀徳・大羽　裕・岡島秀夫・高井康雄（1984）：新土壌学，271 pp.，朝倉書店.
陽　捷行編（1994）：土壌圏と大気圏―土壌生態系のガス代謝と地球環境，140 pp.，朝倉書店.
中野政詩（1991）：土の物質移動学，189 pp.，東京大学出版会.
根の事典編集委員会編（1998）：根の事典，438 pp.，朝倉書店.
三枝正彦（1994）：酸性土壌におけるアルミニウムの化学．低pH土壌と植物，日本土壌肥料学会編，pp. 7-42，博友社.
髙橋　正（2005）：酸性土壌のアルミニウム過剰障害．土壌サイエンス入門，三枝正彦・木村眞人編，文永堂出版.
山崎耕宇・杉山達夫・高橋英一・茅野充男・但野利秋・麻生昇平（1993）：植物栄養・肥料学，217 pp.，朝倉書店.

茶園土壌
低 pH かつ Al 濃度が高くても生育する.

① 土壌固相の正電荷は, 一部の鉱物縁辺部の Al-OH 基や Fe-OH 基が H^+ を取り込むことにより生じる.

② 酸の大気沈着や硝酸化成により pH が低下すると正電荷が増加する（変異荷電性）.

③ 2 価の陰イオンである SO_4^{2-} は正電荷に接近しやすい.

④ はじめは, H^+ を取り込んだ OH 基に取り付き,

⑤ 架橋部の H_2O を追い出す. また, 近くに同様な OH 基があれば, これにも取り付く.

⑥ その結果, 2 価の陰イオンの特異吸着となり, 1 価の NO_3^- などの吸着を妨げる.

● 図 5.13 茶園（上）と火山噴出物に由来する土壌にみられる正電荷の発現と陰イオンの吸着（下）

6 土壌から動物へ

　動物は特別なことがない限り土壌を直接摂食することはない．動物は植物を通して栄養分を取り入れるか，他の動物を摂食し，栄養分を取り入れている．草食動物を摂食する肉食動物も，もとをたどれば，土壌から栄養分を得た植物に，その生存を委ねている．しかし，草食動物も時によって，土壌を直接摂食し，土壌から直接栄養分を補給することがあるという．北海道北見国斜里郡で野生のシカが一定の場所の土壌を直接摂食している姿が観察（東京絵入新聞，1884）されている．また，十勝・陸別町の国の史跡文化財として指定されているユクエピラチャシは「鹿が土を食べる崖の砦」の意味で，崖の上部に火山灰とみられる白色の土壌があり，シカが土壌を摂食することはまれではないようである．山田（1944）は，人が土壌を摂食する「食土」を次の3つの理由，①飢餓を回避するため，②迷信を実行するため，③医療のため，を挙げている．このなかで，③の医療のための食土にはある程度の「食土」の意義を見出しているが，胃酸では土壌成分は栄養分を溶解するほどではないと論じている．食土とは別に，乳幼児は手についた土壌をしゃぶる可能性があり，成人とは別の意味で土壌を直接体内に取り入れることを考慮しなければならないことがある．このように直接土壌を摂取する場合を除いて，土壌が直接動物の栄養に関与することはない．しかし，土壌は植物，とくに我々の食物，食糧の生産基盤となっており，この食糧を通して土壌の機能を発揮することが，多くの環境構成要素のなかで最も重要な構成要素に挙げられる所以である．

■ 6.1　環境構成要素としての土壌

　我々を取り巻く環境の1つの構成要素（図6.1）としての土壌として最も重要なポイントは，植物（作物）生産の場であることである．動物は一次生産物を生産することができない．植物の一次生産に依存している．ヒトを取り巻く環境構成要素の中で土壌に飛び抜けて高い重要性が与えられているのは，なんといっても食糧生産の源となっているからである（図6.2）．カーターとデールが『土と文明』（*Top Soil and Civilization*）を著して，「文明の盛衰は，文明が起こった土地の生産力に基づいた食糧によって支えられており，その土地の生産力が人口を支えることができなくなったとき，文明は滅びたのである」と看破した（Carter & Dale, 1955）．この指摘は古代文明のことのみをいっているのではない．1920年代後半の米国においても，同様な現象が発生していた．東部から中部へと農業を展開していた米国は，第一次世界大戦において戦場となった欧州へ農産物を輸出してきた（山根・大向，1972）．農産物の値上がりは，西部開拓を刺激し，農地は中部からさらに降水量の少ない西部の半乾燥地から乾燥地に侵入していた．米国は半乾燥地農業あるいは乾燥地における農業（乾燥地農法）を完成させたと自負していた．ところが，1920年代後半から1930年代前半に旱魃が数年続くと，完成したとしていた乾燥地農法はもろく

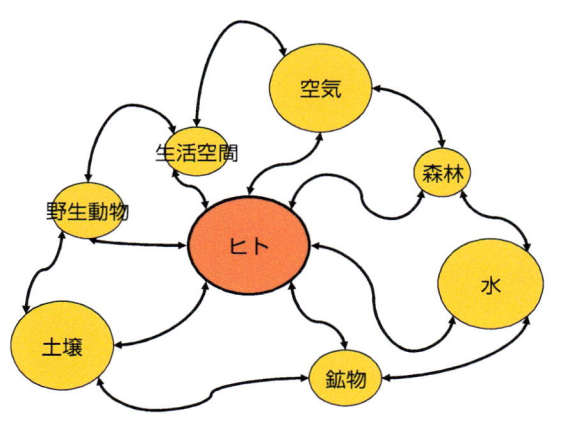

●図 6.1　ヒトを取り巻く環境構成要素

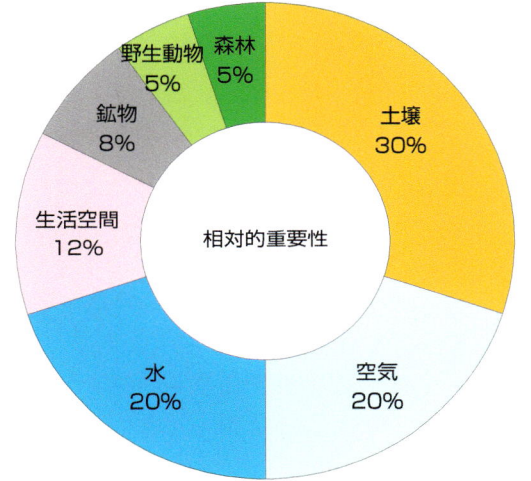

●図 6.2　環境構成要素の相対的重要性

●表 6.1　植物体に含まれる必須元素の平均含有量

元素	双子葉植物	単子葉植物	褐藻類
H	55,000	55,000	41,000
C	38,000	38,000	29,000
O	26,000	28,000	29,000
N	2,100	2,300	1,100
Ca	450	160	300
K	360	160	1,300
Mg	130	50	210
S	110	30	370
P	70	90	90
Cl	60	不明	130
Mn	11	6.0	1.0
B	4.6	5.8	11
Fe	2.5	2.3	12
Zn	2.4	0.40	2.3
Cu	0.22	0.24	0.17
Mo	0.009	0.0014	0.0047

単位：$mg\,kg^{-1}$.

6　土壌から動物へ

も崩れ去り，深刻な土壌侵食に陥った．大量の土壌が風や水で移動を開始したのである．当時の惨状は，スタインベックの『怒りの葡萄』やコールドウェルの『タバコ・ロード』に見事に描写されている．米国ばかりではない．1950年代の旧ソ連（カザフ共和国）においてもフルシチョフの食糧増産の掛け声の下に旧ソ連全土から100万人が志願してカザフの処女地開発に集まり，1954および1955年の2年間に1800万haの農地が開発され，土壌を酷使した結果，激しい土壌侵食を引き起こした（NHK取材班，1982）．ソ連崩壊後に独立したカザフスタン共和国は，この後遺症から立ち直れていない．土壌侵食を食い止め，修復するには，確かな修復技術に裏打ちされた実践と膨大な経費と時間を必要とする．

このように土壌の劣化はゆっくりではあるが確実に食糧不足を招く．したがって，土壌がヒトを取り巻く環境の構成要素として最も重要な要素として世界中で認識されているのである．

6.2　植物を構成する元素

多くの植物は土壌圏を生活の場としている．しかし，植物は，一般に，植物生長因子といわれる光，温度，空気（酸素，二酸化炭素など），水，栄養分が整えられ，有害物質が存在しなければ，土壌を必要としない水耕によっても，健全に生育する．水耕栽培が可能であることは，植物にとって微量であってもどうしても必要な元素（必須元素）（但野，2002）が水に含まれているとみるべきであろう．植物の必須元素は，炭素（C），水素（H），酸素（O），窒素（N），リン（P），カリウム（K），カルシウム（Ca），マグネシウム（Mg），硫黄（S）（以上の9元素を多量必須元素という），鉄（Fe），マンガン（Mn），亜鉛（Zn），銅（Cu），ホウ素（B），モリブデン（Mo），塩素（Cl）（以上の7元素を微量必須元素という）である（表6.1）．これまで必須元素としては認められてはいないが，ある種の植物にとって有益な生育促進効果をもつ元素としては，ケイ素（Si），ナトリウム（Na），アルミニウム（Al），コバルト（Co），ニッケル（Ni），セレン（Se）が挙げられる．

6.3　微量元素の鉱物への取り込みと放出

マグマ中に含まれる微量元素は，マグマから火成岩の構成鉱物が生成される過程で，主として同形置換によって結晶に進入する（図6.3）．火成岩中の鉱物の晶出はケイ酸含量の少ない鉱物から始まる．すなわち，鉄やマグネシウム含量の高い鉱物（有色鉱物）ほど早く晶出する．このとき，元素のイオン半径（表6.2）が似ている元素同士が同形置換することになる．たとえば，イオン半径が0.078 nmであるMg(II)は，Co(II)，Ni(II)，Cr(II)と同形置換し，苦土鉱物中に含まれやすく，早く晶出する超塩基性岩，塩基性岩中に含量が高くなる．一方，同形置換されにくいLa(II)，Y(II)などの希土類元素，Zr(IV)などは最後まで取り込まれず，晶出されにくく，ペグマタイトに含まれるようになるために酸性岩である流紋岩，石英斑岩，花崗岩などに現れる．

表6.3に示すように，岩石や鉱物の破砕物が水中で堆積した堆積岩には，岩石や鉱物から一度溶解した元素が再度取り込まれることによって堆積岩中に存在することになる．元素の溶解性の指標は，イオンポテンシャル Z/r（図6.4）である．イオンポテンシャルが2.2よりも小さい元素（Cs(I)，Rb(I)など）は水に溶解し，陽イオンになりやすい．イオンポテンシャルが2.2より

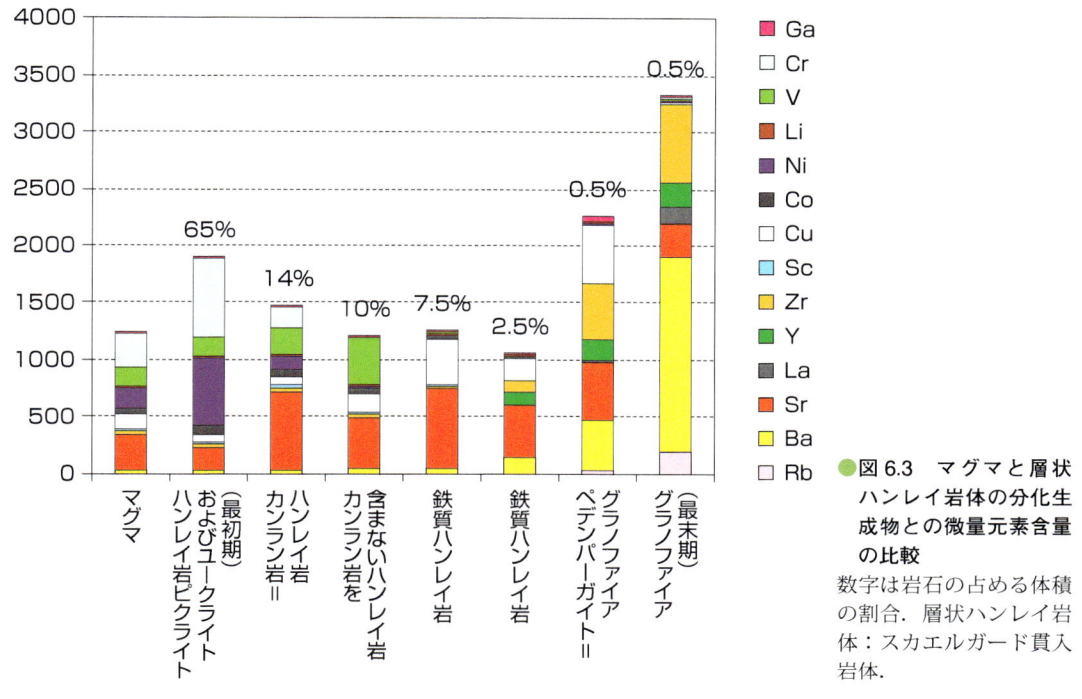

●図 6.3 マグマと層状ハンレイ岩体の分化生成物との微量元素含量の比較

数字は岩石の占める体積の割合．層状ハンレイ岩体：スカエルガード貫入岩体．

●表 6.2 同形置換する元素

カリ鉱物（無色鉱物）	K(I)(0.133)に対して Rb(I)(0.149)，Ba(II)(0.143)，Pb(II)(0.120)，Sr(II)(0.127)
苦鉄鉱物（有色鉱物）	Mg(II)(0.078)に対して Co(II)(0.072)，Ni(II)(0.069)，Li(I)(0.078)，Cr(II)(0.064) Fe(II)(0.083)に対して Mn(II)(0.091)，Sc(II)(0.081)
その他	Cr(III)(0.064)に対して Fe(III)(0.067) Ga(IV)(0.062)に対して Si(IV)(0.039 または 0.042) Hf(IV)(0.086)に対して Zr(IV)(0.087)
残液中 （ペグマタイト，花崗岩）	B(III)(0.023)，Be(II)(0.035)，W(VI)(0.062)，Nb(V)(0.069)，Ta(V)(0.068)， Sn(IV)(0.071)，Th(IV)(0.102)，U(IV)(0.097)，Zr(IV)(0.087)， 希土類元素(0.085〜0.114)，Rb(i)(0.147)，Li(I)(0.067)

単位：nm．

●表 6.3 堆積岩の生成と微量元素の取り込み

主要元素	生成物	堆積岩など	取り込まれる元素
Si	resistates（抵抗物）	砂岩	Zr, I, Sn, 希土類元素, Th, Au, Pt
Al, Si, K	hydrolyzate（粘土鉱物など）	高 pH：頁岩，瀝青質頁岩 低 pH：ボーキサイト	V, U, As, Sb, Mo, Cu, Ni, Co, Cd, Ag, Au, Pt, B, Se Be, Ga, Nb, Ta
Fe, Mn	oxidate（鉱物）	鉄鉱石 マンガン鉱石	V, P, As, Sb, Mo, Se Li, K, Ba, B, Ti, W, Co, Ni, Cu, Zn, Pb
Ca, Mg	carbonates（炭酸塩）	石灰岩，苦土石灰岩	Ba, Sr, Pb, Mn
Na, K, Ca, Mg	evaporates（蒸発残渣）	岩塩	B, I
Na, Mg	海水		B, I, Br, Rb, Li

6　土壌から動物へ

も大きく10未満の元素（Te(IV)，Zr(IV) など）はハイドロリゼート（hydrolyzate）元素とよばれ，水酸化物となって沈殿する元素である．イオンポテンシャルが10を超す元素（Si(IV)，P(V) など）はオキソ酸を形成する元素である．主要な堆積岩に取り込まれる元素の行動は，イオンポテンシャルばかりでなく，pH，酸化還元電位 Eh，荷電状態などによって決定される．

物理的および化学的分解に対して抵抗性の強い岩石，鉱物は抵抗物（resistrates）とよばれ，石英を主体とする石英砂あるいは砂岩で，これらの岩石と元素（Zr，Ti，Sn など）は化学的に結合せず，混在することになる（図6.4）．したがって，元素はそれ自身単体あるいは酸化物として存在するために，特定の条件が整えられなければ，放出されない．

粘土鉱物（アルミノシリケイト）はハイドロリゼートを代表する鉱物で，pHが高い場合には頁岩あるいは瀝青質頁岩が生成され，頁岩には V，U，As などが，瀝青質頁岩には Cu，Ni，Co などの親銅元素や Cd，Ag，Au などが取り込まれる．pHが低い場合にはボーキサイトが生成され，Be，Ga，Nb などが取り込まれる．これらの鉱物に取り込まれた元素は，pHや酸化還元電位の変化に伴って溶解し，放出される．

鉄やマンガンを主要な成分とする鉱物はオキシデート oxidates（酸化堆積物）とよばれ，酸化還元電位の変化によって原子価（酸化数）を異にし，酸化還元電位が高くなると沈殿する．一般的な pH 範囲内で，鉄鉱物の表面荷電はプラスを示すことから，オキソ酸を形成して陰イオンとなりやすい元素（V，P，As など）を濃集する．一方，マンガン鉱物の表面荷電は，通常の pH 範囲では，マイナスを示し，陽イオンとなりやすい元素（Li，K，Ba など）を濃集する．一度鉄鉱物やマンガン鉱物に濃集された元素は，酸化還元電位が低下するような条件になると容易に溶液中に放出される．

カルシウムやマグネシウムは炭酸塩（carbonates）を形成して沈殿し，石灰岩あるいは苦土石灰岩（ドロマイト）を形成する．これら炭酸塩に取り込まれる元素には，Ba，Sr，Pb などがあり，pHの低下などによって溶液中に放出される．

一定の鉱物を形成せずに海水中に存在している元素は，蒸発によって岩塩（鉱床）を形成するために，蒸発残渣（evaporates）とよばれる．岩塩の主要成分は塩化ナトリウム NaCl であるが，硫酸ナトリウム Na_2SO_4 やカルシウム，カリウム，マグネシウムの塩化物や硫酸塩，さらには B，I などを含む．岩塩の溶解によって，含まれていた元素は放出される．

Na や Mg は現在も海水中に多量に存在しているが，海水中にはその他，B，I，Br などが含まれている．

■ 6.4 元素の偏りが汚染を生む

取り込まれた微量元素によって鉱床が形成されるためには，鉱物中で特別な濃集が起こらなければならないが，製錬によって鉱床から有用な元素を取り出した後の元素の行方について，我々はあまりにも無関心で過ごしてきた．

カドミウムを例として元素の偏りから生じる汚染について考えてみよう．土壌中の平均カドミウム含量は，$0.3\,mg\,kg^{-1}$（Asami, 1988）であり，これよりも高い含量の土壌はカドミウムの負荷があったとみなすことができる．カドミウムは閃亜鉛鉱に含まれるため，亜鉛製錬の副産物と

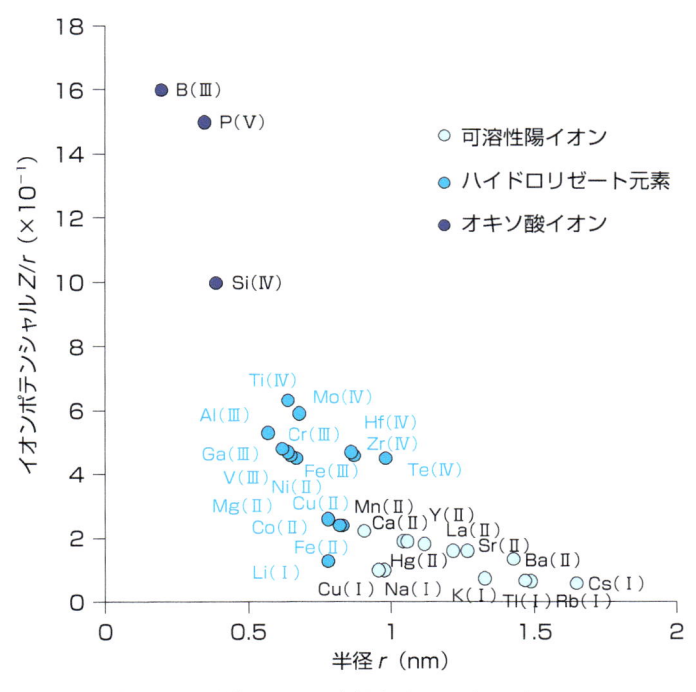

●図 6.4　元素のイオン半径とイオンポテンシャル

●図 6.5　神通川

6　土壌から動物へ

して生産されることが多い（浅見，2005）．カドミウムの沸点は765℃，亜鉛の沸点は907℃（日本化学会，1993）であるために，亜鉛製錬の際に，カドミウムは気化し，製錬所から放出される．金属元素が濃集している鉱石を鉱床とよぶが，鉱床から一定量の金属元素を抽出した後の残渣は，鉱山あるいは製錬所近くに堆積される．イタイイタイ病を引き起こす金属として有名なカドミウムによる土壌汚染は，神通川（図6.5）の上流に存在する神岡鉱山の堆積物が水田地帯に流入し，汚染したものである．1970年に成立した「農用地の土壌の汚染防止等に関する法律」（1971年施行）に基づいたカドミウムの汚染指定地域は，日本全国に分布し，2008年12月現在，6945 haに上り，63地域・6428 haが農用地土壌汚染対策地域に指定され，60地域・5723 haに対してなんらかの汚染対策が講じられてきた（表7.3）．対策の多くは，工学的修復で，客土であった（図6.6）．それらは，土壌から作物へのカドミウムの移動を阻止することを意味し，同時に汚染地域をさらに拡大させない方法でもあった（図6.7）．しかし，最近は客土材料となりうる土壌が十分に確保できない状況にある．

2003年度におけるわが国のカドミウムの生産量は2496 tで，全世界の14.8％を占め，世界一を誇る（浅見，2005）．一方，消費量は2851 tで，内訳は電池2211 t，合金27 t，メッキ3 t，顔料2 t，その他135 tであり，電池への使用は1985年頃から急激に増加した．電池の回収がままならないわが国において，大気経由で我々に毎年1.85～2.41 g ha^{-1}ほどが負荷されており，ニッカド電池中のカドミウムが多量に環境中に放出されていることも1つの原因であると推定されている．

一方，有害元素としてよく知られているカドミウムであるが，1985年にカドミウムは高等動物に対して必須元素であることが示された（和田ほか，1987）．我々はまだまだ知らないことが多いことを示すよい事例であろう．

◆文 献

Asami, T. (1988)：Soil pollution by metals from mining and smelting activities. Chemistry and Biology of Solid Waste, eds. Salomons, W. and Förstner, U., pp. 143-169, Springer-Verlag.
浅見輝男（2005）：カドミウムと土とコメ，151 pp.，アグネ技術センター．
Carter, V. G. and Dale, T. (1955)：Top Soil and Civilization, University of Oklahoma Press.
日本化学会（1993）：改訂4版化学便覧，pp. 1-26，丸善．
NHK取材班（1982）：日本の条件6―食糧1―穀物争奪の時代，pp. 107-109，日本放送協会．
但野利秋（2002）：必須元素の定義．植物栄養・肥料の事典，植物栄養・肥料の事典編集委員会編，pp. 67-68，朝倉書店．
山田　忍（1944）：食土に就て．日本土壌肥料学雑誌，**15**：393-396.
山根一郎（1984）：環境問題と土壌．土・草・環境，山根一郎編，pp. 188-207，農山漁村文化協会．
山根一郎・大向信平（1972）：農業にとって土とは何か，p. 51，262 pp.，農山漁村文化協会．
和田　攻・真鍋重夫・北川泰久・石川晋介・長橋　捷（1987）：微量元素の欠乏症，pp. 74-93，秀潤社．

●図 6.6　工学的修復

●図 6.7　神通川流域にある「汚染田復元の碑」

6　土壌から動物へ

7 土壌からヒトへ

■ 7.1 食料の確保

　生物の生存，成長，生殖には，水，タンパク質（アミノ酸），炭水化物（糖），脂肪，ビタミン，ミネラルが必要であり，これらを栄養素という．栄養素は，生体を構成し，生命を維持するためのエネルギー源となり，各種化学反応を起こすための物質である．体内で合成できないか，体内での合成量だけでは足りないものは，外部から摂取しなければならない．このような栄養素は必須栄養素という（図7.1）（野口ほか，2005）．必須栄養素はすべての生物に共通したものではなく，それぞれの種によって異なっている．植物は，炭素，窒素，リン，カリウム，カルシウム，マグネシウム，硫黄，鉄，マンガン，ホウ素，亜鉛，モリブデン，銅，塩素を必須とするが，ヒトは，ホウ素を必須とせず，そのほか，ナトリウム，クロム，ニッケル，コバルト，セレン，フッ素，バナジウム，ヒ素，ヨウ素を必須とする．また，多くの動物は体内でビタミンCを合成できるが，人間はその酵素をもっておらず，摂取しなければならない．さらに，栄養素のうち，タンパク質は，アミノ酸からできており，毎日合成と分解を繰り返している．人間はタンパク質を形成する20種類のアミノ酸のうち11種類は他のアミノ酸から合成ができるが，残りの9種類は合成できない．これらは必須アミノ酸とよばれ，食事からの摂取が不可欠である．一般に動物性のタンパク質は，必須アミノ酸の量が多く，そのバランスも人間のタンパク質によく似ているので，体内での利用効率もよい．したがって，ヒトは植物ばかりでなく，動物も摂取するのである．

■ 7.2 有害物質と有用物質

　生物にとって必須元素であるかどうかは，その元素がないと欠乏症が現れるかどうかで決まる．したがって欠乏症が生じない適正な量を所用することが望ましい．図7.2にヒトの体内における必須元素の存在量と摂取量を示す．無機成分のほとんどは過剰摂取により過剰症を示し，とくに重金属類は摂取しすぎると，強い毒性を示す．このような場合，その元素は必須元素でありながら，有害物質となる．すなわち，必須元素は，無制限に摂取してよいというものではないことがわかる．それゆえ，許容上限摂取量が決められている．一方，非必須元素は生物の生存，生育に不必要な元素である．工業や生活のために合成された物質も，人体には毒性をもつ場合が多い（野口ほか，2005）．

　表7.1には法規制されている有害物質の水および土壌の環境基準，その人体への影響（小島ほか，2000）を示す．このなかには，必須元素，非必須元素の重金属類，化学合成物質，一般金属元素が含まれている．我々の生活に直接あるいは間接に，必須であるか利便性が高いものである．硝酸態窒素のように，植物には必須であるが，人体にはメトヘモグロビン血症の原因となるものもある．環境へ流出し，濃度が許容限界を超えると，人体に影響を及ぼす可能性があるものであ

● 図7.1 ヒトの必須栄養素（野口ほか，2005）

ビタミン
ビタミンA, D, E, K, B$_1$, B$_2$, B$_6$, B$_{12}$, ビチオン, パントテン酸, フォラシン, ナイアシン, ビタミンC

無機元素
カルシウム, カリウム, マグネシウム, 亜鉛, ナトリウム, 鉄, 銅, クロム, マンガン, ニッケル, コバルト, セレン, リン, 硫黄, 塩素, フッ素, モリブデン, バナジウム, ヒ素, ヨウ素, ケイ素, スズ

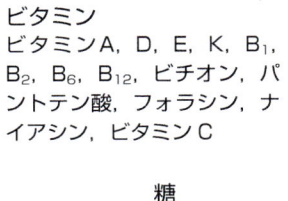

必須アミノ酸
リジン, フェニルアラニン, ロイシン, イソロイシン, メチオニン, バリン, スレオニン, トリプトファン, ヒスチジン

糖　水

必須脂肪酸
リノール酸, α-リノレン酸

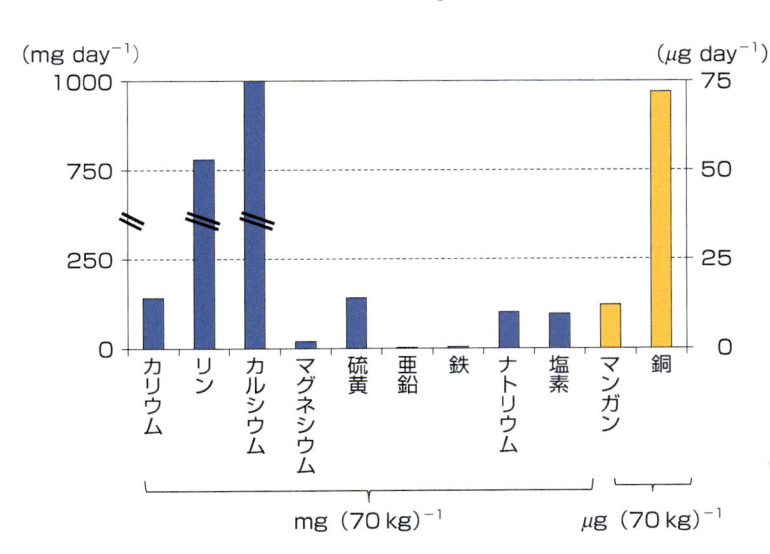

● 図 7.2a　ヒトの必須無機元素の存在量（30〜49歳男）（野口ほか（2005）を一部省略）

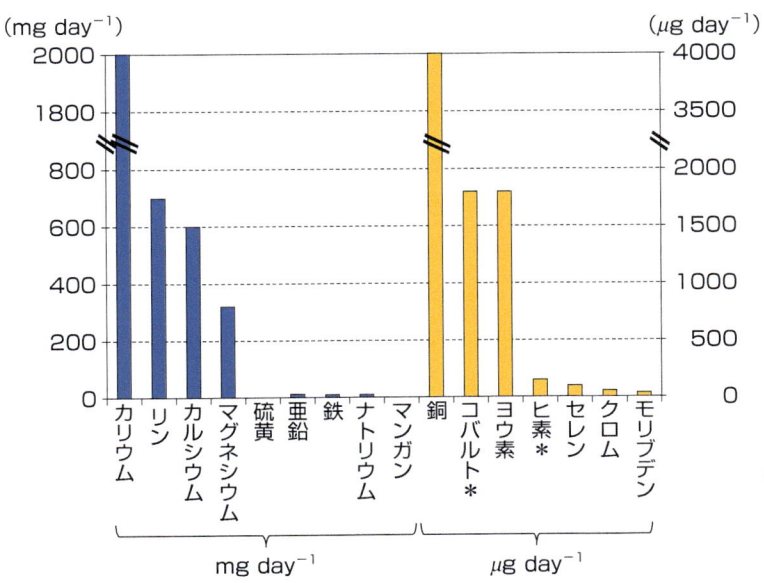

● 図 7.2b　ヒトの必須無機元素の摂取量（30〜49歳男）（野口ほか（2005）を一部省略）
＊食事による摂取

7　土壌からヒトへ

る.

　その他, 動物と植物への害の現れ方が異なるものがある. 重金属類をはじめとする微量元素は, 植物・動物の栄養要求性や害の現れ方, 存在量から表7.2のようにグループ分けされている（日本土壌協会, 2006）. 水稲への重金属の害は, Cu＞Ni＞Co＞Zn＞Mn であり, 同属間では Hg＞Cd＞Zn である. 大麦では Hg＞Pb＞Cu＞Cd＞Cr＞Ni＞Zn とされている. ラットでは, Ag, Hg, Ti, Cd＞Cu, Pb, Co, Sn, Be＞In, Ba＞Mn, Zn, Ni, Fe, Cr＞Y, La＞Sr, Se＞Cs, Li, Al とされている. カドミウムは植物より動物に有害で, 逆に銅は植物の方が動物より害が発生しやすい.

　図7.3に環境, 生物圏, 産業生活圏から人間への物質の集積過程を示した. そもそも環境には, 必須元素と非必須元素があり, それらの元素は人間へも流れこんでいる. 必須元素は摂取許容量を超えると有害物質となる. 生物圏へ, それぞれの種が必要に応じて環境から元素を摂取するとともに, 食物連鎖系を形成し生態系を維持するが, 必須元素も許容量を超えると有害物質となる. 産業生活圏では食糧を食品へ加工し, 人間に供給するとともに, 元素を合成し有用化学物質を生産するが, それらが環境へ流出し許容量を超えれば, 人体, 生物にとって有害物質となる.

　図7.4に汚染源から農地への汚染物質の輸送経路を示す. 水, 大気降下物, および農業資材の投入により直接影響を受ける. 生産された農産物を介して家畜へ影響を与え, それら食糧がヒトへ影響を及ぼすとともに, 汚染された土壌は汚染物質を水・大気に排出し, 広域に自然環境へ影響していく.

■ 7.3　重金属による汚染

　日本では, 1967年の公害対策基本法を改正して土壌の汚染を追加し, 1971年に, 「農用地の土壌の汚染防止等に関する法律」（農用地土壌汚染防止法）が施行され, 玄米中のカドミウム含有率（玄米1kgにつき1mg以下）, 土壌中の銅の含有率（土壌1kgにつき125mg以下）と土壌中のヒ素の含有率（土壌1kgにつき15mg以下）の基準が設けられた. 1991年には「土壌の汚染に係る環境基準について」が通知され, その他の有害物質も対象に, 工場や鉱床採掘現場など各種事業所の跡地土壌についての汚染も対象となった. 1993年には環境基本法が制定され, さらに2002年の「土壌汚染対策法」により汚染土壌により健康被害が生じるおそれがあると認められた場合, 都道府県が汚染者に対して汚染の除去などの措置実施を命令できるようにしている. そして, 直接摂取によるリスクがある場合には, 立ち入り禁止, 舗装, 盛土, 土壌の入れ替え, 浄化を行うこと, 汚染土壌からさらに地下水や河川へ流出し, その水を使用することによるリスクが認められる場合には, 地下水の水質測定とともに, 不溶化, 封じ込み, 浄化を行うこととされている.

　ここでは, 農地（田）で規制されている, カドミウム, ヒ素, 銅について詳細に述べる.

　a. カドミウム　　カドミウムは, 植物は正常に生育できる濃度であっても, 動物には有害となる元素である. 非代謝元素で, 体内に蓄積しやすい. 慢性カドミウム中毒では腎臓の尿細管障害（カドミウム腎症）を発症, タンパク質, 糖, カルシウムが尿中に排出され, 骨量が減少し, 重篤な場合はイタイイタイ病に至る.

　植物生育への影響は土壌溶液濃度が$1\sim100\,\mathrm{mg\,L^{-1}}$で有害となり, ネズミに対して, 10～

● 表 7.1 ヒトの健康の保護に関する環境基準と人体への影響

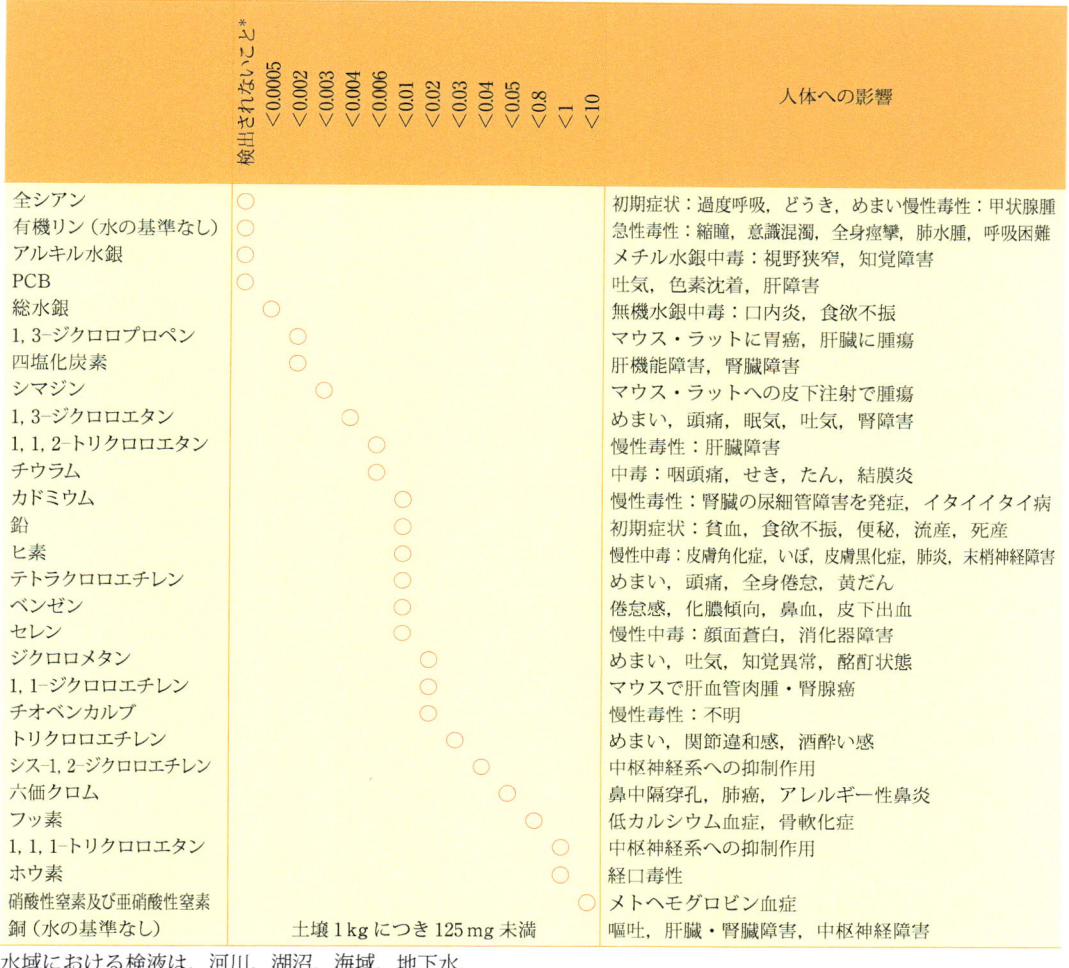

	検出されないこと*	<0.0005	<0.002	<0.003	<0.004	<0.006	<0.01	<0.02	<0.03	<0.04	<0.05	<0.8	<1	<10	人体への影響
全シアン	○														初期症状：過度呼吸，どうき，めまい 慢性毒性：甲状腺腫
有機リン（水の基準なし）	○														急性毒性：縮瞳，意識混濁，全身痙攣，肺水腫，呼吸困難
アルキル水銀	○														メチル水銀中毒：視野狭窄，知覚障害
PCB	○														吐気，色素沈着，肝障害
総水銀		○													無機水銀中毒：口内炎，食欲不振
1,3-ジクロロプロペン			○												マウス・ラットに胃癌，肝臓に腫瘍
四塩化炭素			○												肝機能障害，腎臓障害
シマジン				○											マウス・ラットへの皮下注射で腫瘍
1,3-ジクロロエタン					○										めまい，頭痛，眠気，吐気，腎障害
1,1,2-トリクロロエタン						○									慢性毒性：肝臓障害
チウラム						○									中毒：咽頭痛，せき，たん，結膜炎
カドミウム							○								慢性毒性：腎臓の尿細管障害を発症，イタイイタイ病
鉛							○								初期症状：貧血，食欲不振，便秘，流産，死産
ヒ素							○								慢性中毒：皮膚角化症，いぼ，皮膚黒化症，肺炎，末梢神経障害
テトラクロロエチレン							○								めまい，頭痛，全身倦怠，黄だん
ベンゼン							○								倦怠感，化膿傾向，鼻血，皮下出血
セレン							○								慢性中毒：顔面蒼白，消化器障害
ジクロロメタン								○							めまい，吐気，知覚異常，酩酊状態
1,1-ジクロロエチレン								○							マウスで肝血管肉腫・腎腺癌
チオベンカルブ								○							慢性毒性：不明
トリクロロエチレン									○						めまい，関節違和感，酒酔い感
シス-1,2-ジクロロエチレン										○					中枢神経系への抑制作用
六価クロム											○				鼻中隔穿孔，肺癌，アレルギー性鼻炎
フッ素												○			低カルシウム血症，骨軟化症
1,1,1-トリクロロエタン													○		中枢神経系への抑制作用
ホウ素													○		経口毒性
硝酸性窒素及び亜硝酸性窒素														○	メトヘモグロビン血症
銅（水の基準なし）	土壌1kgにつき125mg未満														嘔吐，肝臓・腎臓障害，中枢神経障害

水域における検液は，河川，湖沼，海域，地下水．
土壌に関する検液は，試料50gに純水（塩酸でpH5.8～6.3に調整）500mLを加え，往復振とう機（毎分約200回）で6時間連続振とうし，30分静置後，毎分約3000回転で20分間遠心分離した後の上澄み液を孔径0.45μmのメンブランフィルタでろ過したろ液．
基準値は年間平均値とする．ただし，全シアンに係る基準値については，最高値とする．
*「検出されないこと」とは，測定方法の欄に掲げる方法により測定した場合において，その結果が当該方法の定量限界を下回ることをいう．
本表の出典は以下のとおり．
1) 環境省1993「環境基本法」（http://law.e-gov.go.jp/htmldata/H05/H05HO091.html）．
2) 環境省1971「水質汚濁に係る環境基準について2003年改正」（http://www.env.go.jp/kijun/mizu.html）；環境省1970「水質汚濁防止法2006年改正」．
3) 環境省1991「土壌の汚染に係る環境基準について2001年改正」（http://www.env.go.jp/kijun/dojou.html）；環境省2002「土壌汚染対策法2006年改正」．
4) 環境省2001「土壌の汚染に係る環境基準について」（http://www.env.go.jp/kijun/dojou.html）．

● 表 7.2 微量元素の栄養要求性，有害性による分類（日本土壌協会，2006）

植物は正常に生育できるが動物には栄養不足となる元素	コバルト，クロム，銅，ヨウ素，鉄，マンガン，セレン，亜鉛
植物は正常に生育できるが動物には有害となる元素	セレン，カドミウム，モリブデン，鉛
土壌-植物系が動物に対する毒性を防ぐ防御となりうる元素	ヒ素，ヨウ素，ベリリウム，フッ素，ニッケル，亜鉛

20 mg day^{-1}で障害が発生する．土壌環境基準は検液（土液比1：10）1L中に0.01 mg以下であり，農用地では玄米1 kgにつき1 mg以下となっている．水質環境基準，地下水環境基準も1L中に0.01 mg以下である（表7.1）．

カドミウムは，地殻中に0.11 mg kg^{-1}，堆積岩に0.17 mg kg^{-1}，汚染されていない土壌に0.35 mg kg^{-1}含まれ，大気降下物から1.1〜9 g ha yr^{-1}もち込まれているとされ，リン肥料中に0.2〜345 mg kg^{-1}含まれ，下水汚泥にも最大3.5 mg kg^{-1}が検出されている．

カドミウムは土壌中では表土に多く，大気降下物および植物吸収と有機物の蓄積により土壌に集積していく．日本の農耕地の平均含量と95％信頼区間は，表土で0.39±0.89 mg kg^{-1}，下層土で0.23±0.80 mg kg^{-1}である．酸化的な土壌中でカドミウムはリン酸塩（$Cd_3(PO_4)_2$）などを形成しているとされる．リン酸カドミウムと平衡な水溶液中のカドミウム濃度は，pH 6〜7で0.1 mg L^{-1}程度である．0.01 mg L^{-1}のカドミウム濃度であっても，水稲は玄米へカドミウムを集積する．一方，酸素分圧の低い土壌中でカドミウムは，硫化カドミウム（CdS）を形成しており，リン酸カドミウムより10^7倍ほど溶解しにくく，水稲へのカドミウムの吸収を抑制する．Ehが−100 mV以下に低下すると硫酸は還元され，硫化物を形成する領域となる．落水時期を早め土壌を酸化状態にする時期が早いほど，玄米のカドミウム含有率が上昇する．したがって，カドミウムが土壌に含まれている場合，還元状態を維持することは，カドミウムを吸収させない最適な方法である．日本の土壌のカドミウム含有率の約10倍の3 mg kg^{-1}の含有率にした土壌を用いてポット試験を行った結果，幼穂形成期に落水した場合，玄米のカドミウム含有率は基準値である1 mg kg^{-1}を上回り，収量も低下した．乳熟期に至ってから落水すると，常時湛水した場合の玄米中のカドミウム含量と同程度0.25 mg kg^{-1}となり，収量も最大であった（図7.5）（飯村・伊藤，1978）．このように，水管理により，水稲の収量とその品質を維持している．

b．ヒ 素　ヒ素は，土壌-植物系が動物に対する毒性を防ぐ防御となりうる元素である．ヒ素の毒性は強いため，ヒ酸鉛のように農薬として使われてきた．ヒ素は動物の必須元素であるが，慢性中毒では，皮膚角化症，いぼ，皮膚黒化症，肝炎，末梢神経障害（下肢・上肢の多発性神経炎），肺がん，皮膚がんとなる．

植物生育への影響は土壌溶液濃度が0.02〜7.5 mg L^{-1}で有害となり，ヒトには5〜50 mg day^{-1}で害となり，100 mg day^{-1}が致死量である．土壌の環境基準は検液（土液比1：10）1L中に0.01 mg以下であり，農用地の土壌では，土壌1 kgにつき15 mg未満となっている．水の環境基準，地下水の環境基準も1L中に0.01 mg以下である．ヒ素は地殻に1.5 mg kg^{-1}，堆積岩に77 mg kg^{-1}，汚染されていない土壌に6 mg kg^{-1}含まれ，火山活動で析出しやすく，鉱山跡地では100〜1000 mg kg^{-1}も検出される（Bowen, 1979）．

ヒ素は通常3価（亜ヒ酸）あるいは5価（ヒ酸）で存在し，土壌の還元状態が進むと3価となる．ところが，亜ヒ酸の方が毒性が強いため，水稲で畑作物より汚染の被害を受けやすい．稲わらなど新鮮有機物の施与は還元を促進し，強い障害を起こす．水耕試験では水稲の減収は，亜ヒ酸では0.1 mg L^{-1}ではじまるが，ヒ酸では1 mg L^{-1}以上で減収し，そのとき根で茎葉より含有率が高まる．土壌のヒ素含有率が80 mg kg^{-1}の水稲の収量は50％に減収したが，玄米のヒ素含有率は0.34 mg kg^{-1}であり，わらの8.6 mg kg^{-1}に比べ有意に低く，土壌のヒ素含有率が20

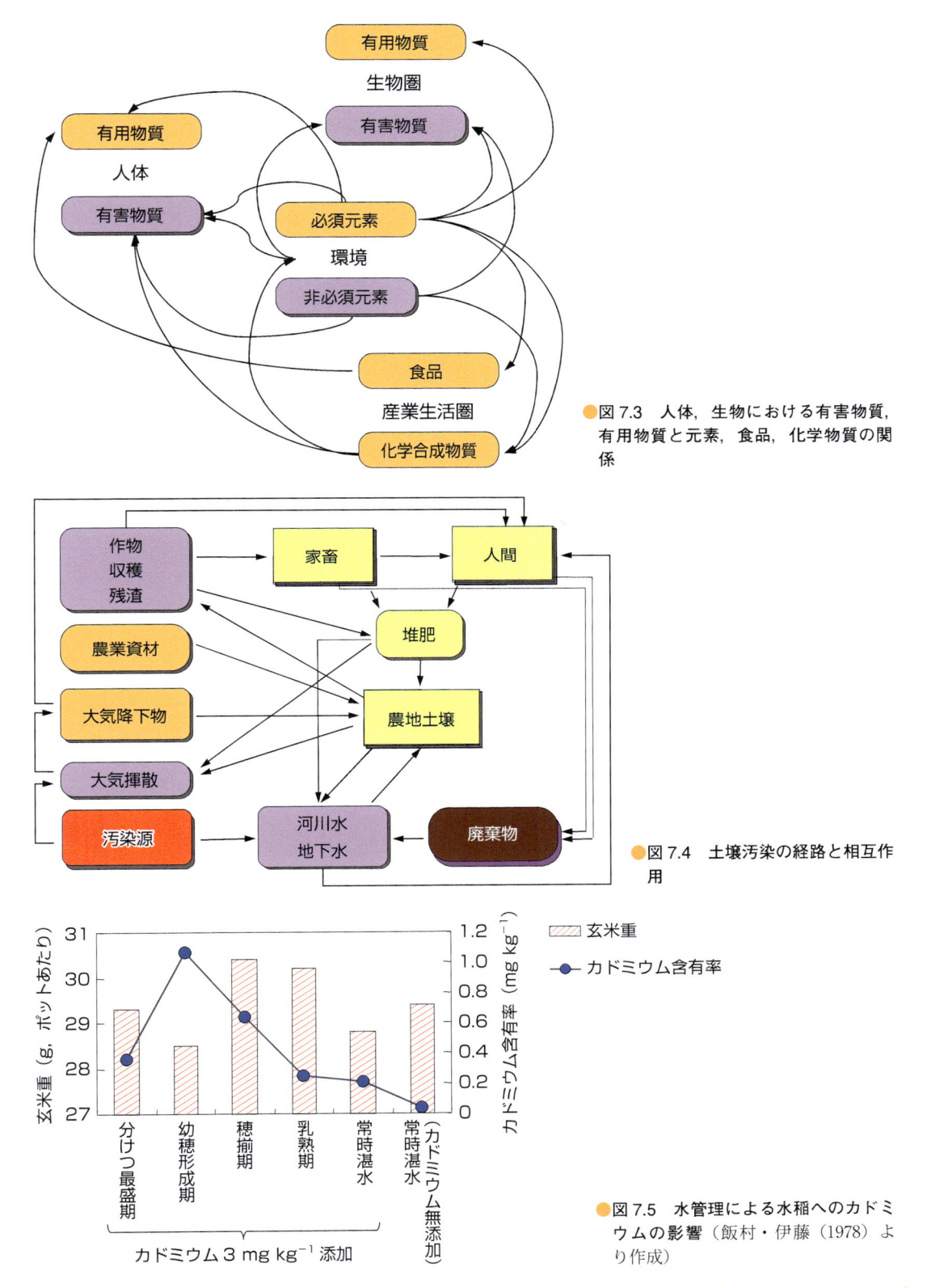

●図7.3 人体，生物における有害物質，有用物質と元素，食品，化学物質の関係

●図7.4 土壌汚染の経路と相互作用

●図7.5 水管理による水稲へのカドミウムの影響（飯村・伊藤（1978）より作成）

7 土壌からヒトへ

$mg\,kg^{-1}$ の場合と類似した（図 7.6）．このことはヒ素が根と茎葉に集積し，玄米に移行しにくいことを意味している．ヒ素は土壌中でリンに似た挙動を示し，カルシウム，鉄，アルミニウムと難溶性の化合物（$Ca_3(AsO_4)_2$, $FeAsO_4$, $AlAsO_4$ など）を形成するとみられる．

c. 銅 　銅は，植物は正常に生育できるが，動物には栄養不足となる元素と位置づけられる．わが国では，足尾銅山に起因する渡良瀬川流域での汚染がある．水溶性銅塩類の経口摂取により嘔吐，肝臓・腎臓障害，溶血性貧血，毛細血管の損傷を伴い，重症の場合には中枢神経系障害が現れる．ヒトには $250\,mg\,day^{-1}$ で害となる．厚生労働省では $9\,mg\,day^{-1}$ を摂取限界とし，通常の摂取を $1.8\,mg\,day^{-1}$ としている．銅はほとんど蓄積せず排泄される．ブタは飼料中に銅を混入すると生育が促進されることが知られており，通常の飼料の $10\,mg\,kg^{-1}$ に $200\,mg\,kg^{-1}$ 以上の銅が添加されていた．一般には植物生育への影響は $0.5 \sim 8\,mg\,L^{-1}$ で有害となり，「農用地の土壌の汚染防止等に関する法律」では，農用地（田）で $125\,mg\,kg^{-1}$ である．

銅は地殻に $50\,mg\,kg^{-1}$，堆積岩に $33\,mg\,kg^{-1}$，汚染されていない土壌に $30\,mg\,kg^{-1}$ 含まれる（Bowen, 1979）．殺菌剤（ボルドー液）の散布により数百 $mg\,kg^{-1}$ に上昇した土壌も存在する．

土壌中で銅は低 pH で銅イオンとして存在するが，ほとんどが有機錯体として存在している．また，土壌に強く吸着され，還元状態の水田では難溶性の硫化銅として沈殿する．

土壌中の銅含量が $4 \sim 6\,mg\,kg^{-1}$ で植物には銅欠乏が生じ，銅含量が $30\,mg\,kg^{-1}$ 以下の土壌は銅の施用が推奨されている．植物への銅過剰は，根に現れ，地上部にはほとんど移行しない．地上部では $5 \sim 35\,mg\,kg^{-1}$ となっている．下水汚泥を施用した水田の水稲根の含有率が $560\,mg\,kg^{-1}$ であったのに対し，玄米では $4\,mg\,kg^{-1}$ であった（日本土壌肥料学会，1991）．

d. カドミウム，ヒ素，銅汚染の現状 　「農用地の土壌の汚染防止等に関する法律」においては，農地土壌およびそこに生育する農作物等に含まれる特定有害物質の種類とその量が，基準を超えていた場合に，農用地土壌汚染対策地域として指定され，監視される．そして①灌漑により汚染が進行している場合は，その防止のために，灌漑排水施設などを新設し，②汚染を除去するための客土などを行い，③汚染農地の地目変換も検討することとしている．環境省（2008）によると，2008 年までに基準値以上の値が検出された地域の累計は 134 地域，7487 ha となっており，全耕地面積の 0.16％に相当する．カドミウム汚染地域が 96 地域の 6945 ha と多く，銅汚染地域は 37 地域の 1405 ha，ヒ素汚染地域は 14 地域の 391 ha である（表 7.3）．このうち対策が施された土地は 69 地域，5839 ha（県単独事業を除く）で，78.0％が改善されている．

■ 7.4　農薬による汚染

農薬には，殺虫剤，殺菌剤，殺虫殺菌剤，除草剤，農薬肥料，殺そ剤，植物成長調整剤，殺菌植調剤がある．農薬取締法は 1948 年に制定され，登録と使用について 2003 年までに繰り返し改正されている．2005 年に使用が認められている農薬数は 4576 件である．有害物質には，ヒ素（殺そ剤），銅（ボルドー液）1,3-ジクロロプロペン（線虫類駆除のための土壌くん蒸剤），シマジン，チオベンカルブ（除草剤），チウラム（殺虫剤・殺菌剤），有機リン（パラチオン，メチルパラチオン，メチルジメトン，EPN の 4 種の殺虫剤であり，EPN 以外は現在製造されていない）が指定されている．

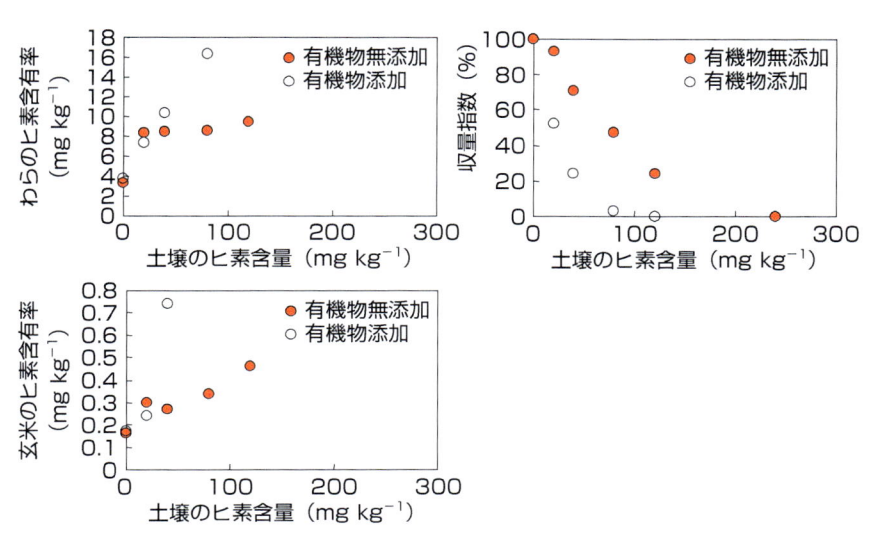

● 図 7.6 ヒ素汚染土壌における水稲の反応（日本土壌協会（2006）より作成）

● 表 7.3 農地（田）における汚染の実態（1972〜2008 年の累計）（環境省，2008）

	基準値以上の汚染が検出された地域		対策地域に指定された地域		対策事業が完了した地域	
	地域数	面積（ha）	地域数	面積（ha）	地域数	面積（ha）
カドミウム	96	6945	63	6428	60	5723
ヒ素	14	391	7	164	7	164
銅	37	1405	12	1225	12	1199
合計	134	7487	72	6557	69	5839
対策進捗率						84.2%

注）地域数・面積の合計は，重複汚染があるために合計欄と一致していない．対策進捗率は県単独事業を除く．

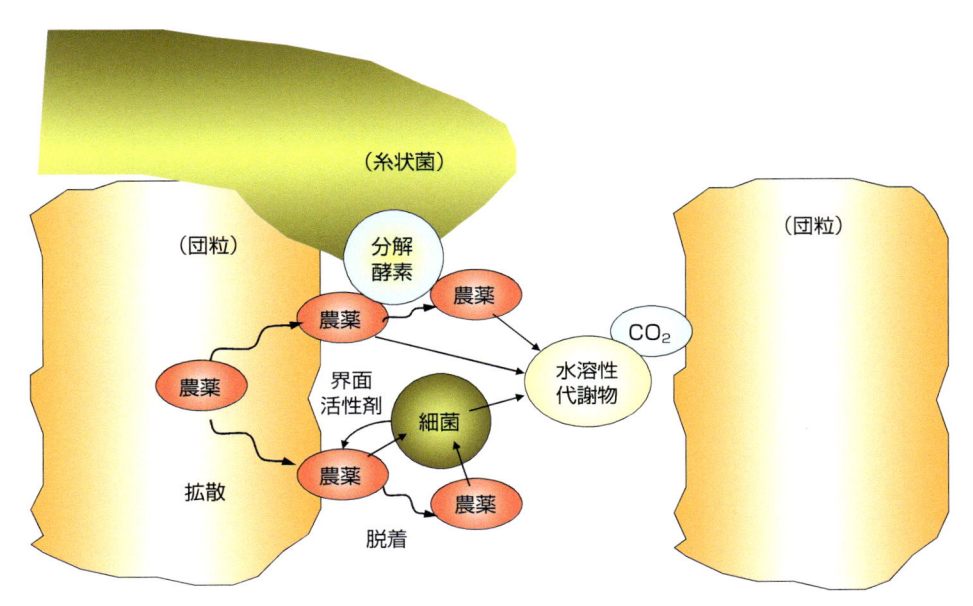

● 図 7.7　土壌中の農薬の微生物分解の概念図（片山，2000）

7　土壌からヒトへ

散布された農薬は日光や土壌微生物によって分解され消失するが，なかには，農作物や環境中に長期にわたり残留しているものがある．有機塩素系殺虫剤のうちDDT，BHC，デルドリン，アルドリン，エンドリンなどは，生物に影響を及ぼす残留性有機汚染物質として現在では製造販売されていない．しかし，これらは現在でも残留しており，その浄化が必要である．ところが，土壌を焼却したり，入れ替えたりするには低濃度すぎ，また費用もかかるため，微生物を用いた残留農薬の分解が検討されている（片山，2000）．

　残留農薬を分解する細菌，糸状菌が単離され，バイオレメディエーションに利用されている．しかし，土壌中では，残留農薬が，細菌や糸状菌が生育できない団粒の内部に浸透して保持されていると推定され，農薬の分解は団粒内部から外部へ拡散に依存している可能性がある（図7.7）．分解菌は，あるレベルまで分解できても，それ以上は分解しなくなる閾値濃度が認められることが知られている（図7.8）．このことは，団粒内部の拡散が律速となっていることを示唆している．

　農作物に残留した残留農薬がヒトの体に害を及ぼすことがないように，2006年からポジティブリスト制（すべての農薬に基準値が設定され，すべてが監視対象となる方式）が取り入れられ，一律基準として$0.01\,\mathrm{mg\,kg^{-1}}$（ppm）を定め，さらに農産物個々について，残留農薬基準が決められている．

　残留農薬基準は，食品衛生法第11条に基づく食品規格で，農産物中に残留しても許容される農薬の最大上限値であり，農産物等から摂取する農薬が一日摂取許容量（ADI）を超えることのないよう設定されている．

■ 7.5　化学肥料と堆肥

　化学肥料や堆肥は作物への重要な養分供給源である．し尿汚泥，下水汚泥も養分が含まれており，その有効利用が図られている．しかし，その施与により農地に重金属が多量に混入したり，農地から硝酸態窒素が流出する場合も指摘されている．

a. 重金属の混入　　化学肥料中には，窒素肥料，カリウム肥料の純度は高く，重金属類はほとんど含まれないが，リン肥料にはその原料であるリン鉱石に重金属類が含まれている．また下水汚泥にも多くの重金属が含まれる（日本土壌協会，2006）．

　日本で使用されているリン鉱石には，堆積岩質と火成岩質のものがある．堆積岩質，火成岩質それぞれのリン含有率は火成岩質で37％と堆積岩質の31％より高い．一方，微量要素，重金属類の含有率は，堆積岩質のリン鉱石がカドミウム，クロム，水銀，ウラン，バナジウムの濃度が高く，火成岩質のものでヒ素と鉛の濃度が高い（図7.9）．ヒ素，カドミウム，セレン，ウランは基準堆積岩（頁岩）や基準火成岩（花崗岩あるいは玄武岩）と比較してリン鉱石中に極度に濃縮されている．一方，クロム，水銀，鉛，バナジウムの濃縮は少ないか，濃度低下が生じている．

　化成肥料，下水汚泥，し尿汚泥，堆肥の重金属濃度を土壌のそれと比較すると，ヒ素とカドミウムは化成肥料で高く，カドミウムは下水汚泥およびし尿汚泥で高く，銅は豚糞堆肥で著しく高く，汚泥でも高まっており，鉛は汚泥で高く，亜鉛は汚泥で著しく高く，豚糞堆肥そのほかでも高い（図7.10）．

　これらのことから，化学肥料をはじめとする資材の散布は，これらの元素を土壌に付加するこ

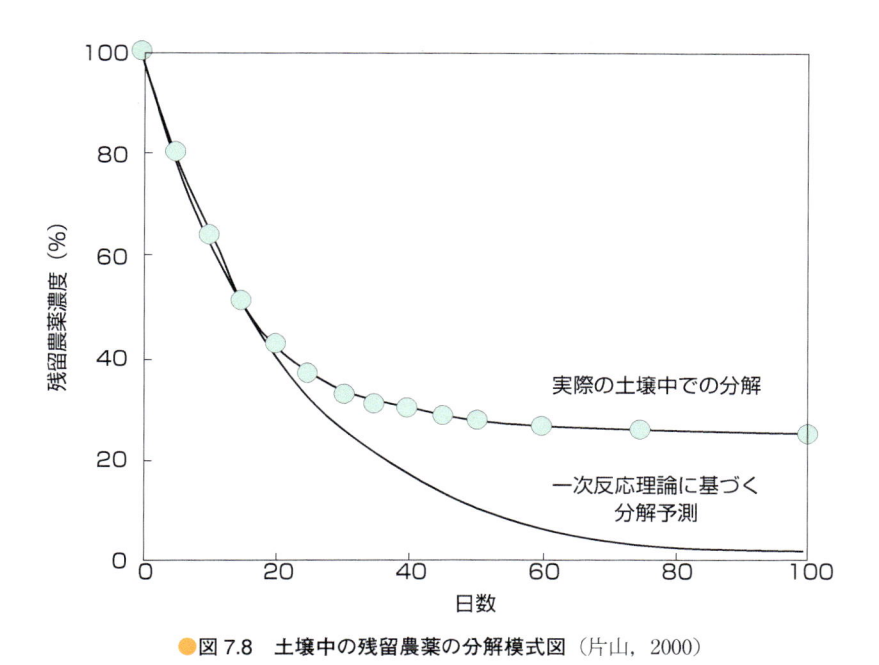

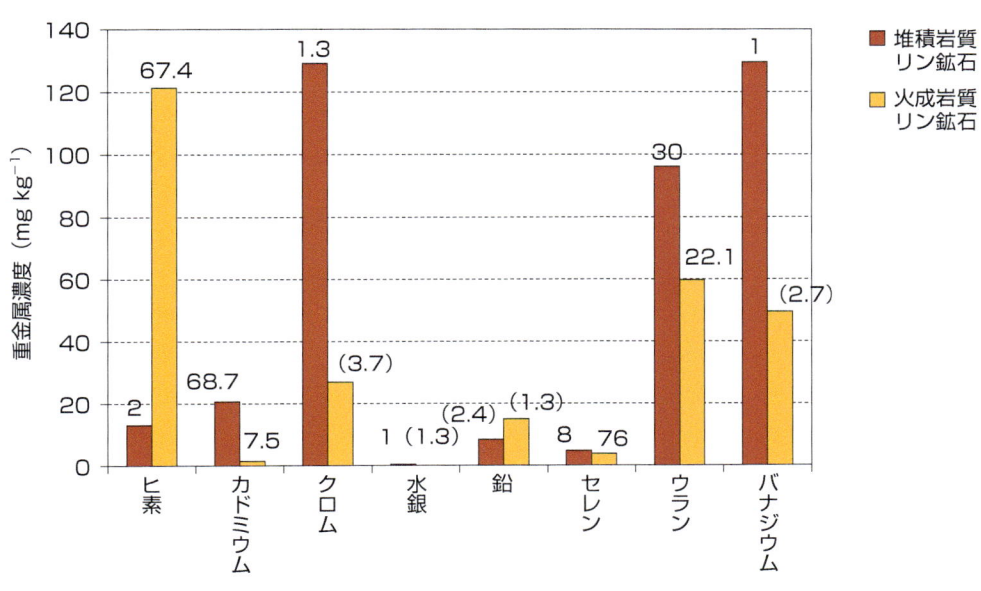

●図7.8　土壌中の残留農薬の分解模式図（片山，2000）

●図7.9　堆積岩質と火成岩質のリン鉱石中の重金属濃度の比較（日本土壌協会（2006））
富化係数は，リン鉱石濃度を基準堆積岩（頁岩），または基準火成岩（花崗岩または玄武岩）の濃度で除した値．リン鉱石で低い場合は劣化係数として（　）内に示した．

とになる．わが国では，カドミウム，亜鉛，銅の化学肥料と家畜糞尿の施与による農地への負荷量は，農地のそれら元素の現存量の 0.41％，0.54％，0.36％と推定される（図 7.11）．

b．農地からの窒素の流出　畑地，草地では，化学肥料と堆肥が投入されている．窒素が作物の吸収量以上に過剰となると，硝酸態窒素（NO_3^--N）が流出する．畑地や草地に化学肥料窒素が施用されると，主成分として含まれるアンモニウムイオン（NH_4^+）が，硝酸化成菌により硝化され，硝酸イオン（NO_3^-）に酸化される．堆肥や汚泥，腐植など有機物が分解した場合も NH_4^+ が生成し，NO_3^- に酸化される．このように生じた NO_3^- は，土壌の負荷電には吸着されず，排除されるので，土壌溶液に溶存しやすくなる．降雨があり，土壌中に水が浸入するようになると，NO_3^- を溶存した土壌溶液は，土壌に浸入した水により押し出され，浅層地下水と混合し，最終的に河川へと流出する．また，集中豪雨や融雪水など，農地から大量に水が流出する場合には，それに伴って土壌表面の土砂が懸濁して，窒素やリンの流出を助長する．

硝酸態窒素を多量に摂取した場合，一部が消化器内の微生物により還元されて，体内に亜硝酸態窒素として吸収される．これが血中でヘモグロビンと結合して酸素運搬能力がないメトヘモグロビンとなるため，体内の酸素供給が不十分となり，酸欠状態となるメトヘモグロビン血症を引き起こす．乳幼児はブルーベビー症候群とよばれる．また硝酸性窒素は胃の中で発がん性の N−ニトロソ化合物を生成する．WHO では，飲用水の上限を硝酸として 50 mg NO_3 L^{-1}（硝酸態窒素として 11.3 mg（＝〔50/62〕×14））としている．日本では，硝酸態窒素濃度と亜硝酸態窒素濃度が 10 mg N L^{-1} を飲用水の上限値としている（表 7.1）．

農用地からの窒素流出を抑制するための取り組みは，基本的には農業者の自助努力とされている．ただし，1999 年に「食料・農業・農村基本法」（「新基本法」）において，自然循環機能の維持増進が謳われ，国は，「農業の自然循環機能の維持増進を図るため，農業及び肥料の適正な使用の確保，家畜排せつ物等の有効利用による地力増進その他必要な施策を講ずるもの」としている．これを受けて，「家畜排せつ物の管理の適正化及び利用の促進に関する法律」（家畜排せつ物法），「肥料取締法の一部を改正する法律」（改正肥料取締法），ならびに「持続性の高い農業生産方式の導入の促進に関する法律」（持続農業法）が施行された．これらをまとめて環境三法という．

「家畜排せつ物法」は，家畜排泄物の管理において野積み，素掘りなどの家畜排泄物の不適切な管理を防止・改善し，地域における安定的な畜産経営の確保を目指すこととしている．

7.6　ヒトが欲する食料とは

1998 年以降，カロリーベースの食料自給率は 40％で推移している．そのように海外から多くの食料が輸入されるようになると，その食料のおいしさや，栄養素としての価値とともに，安全性に関わる生産技術に関心をもたざるをえない．

日本で生産される食料には，残留農薬，食品添加物，カドミウム含有率について安全性の基準が設けられている．それとともに，必須元素であっても，過剰摂取により健康に害が生じるものがあり，その摂取量の許容範囲が推奨されている．また，食料生産に不可欠な水と土壌中の重金属類，化学物質の含有率に基準が決められている．しかし，海外で生産される食料は必ずしもそ

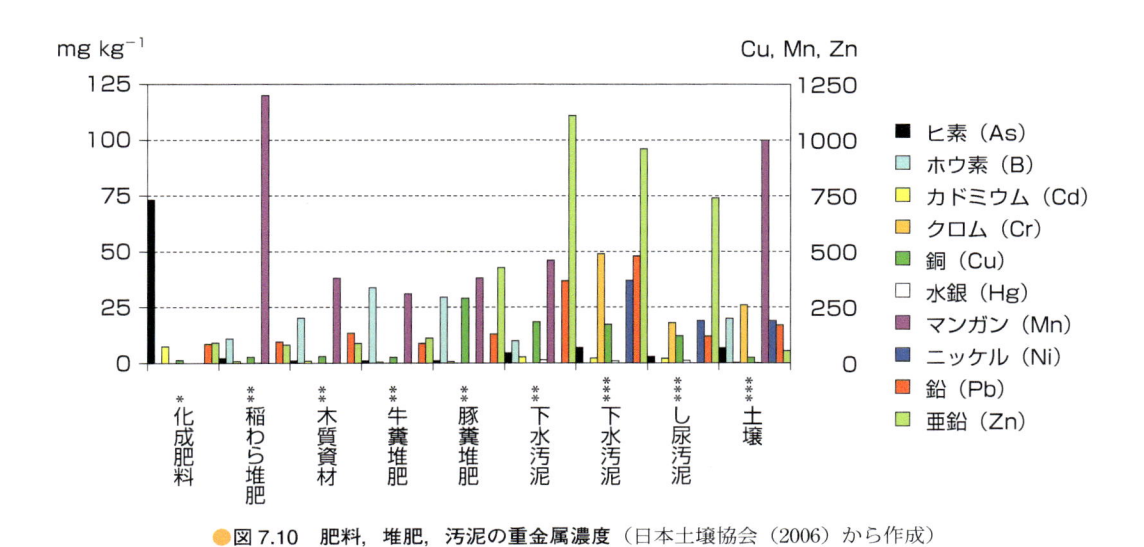

● 図 7.10 肥料，堆肥，汚泥の重金属濃度（日本土壌協会（2006）から作成）

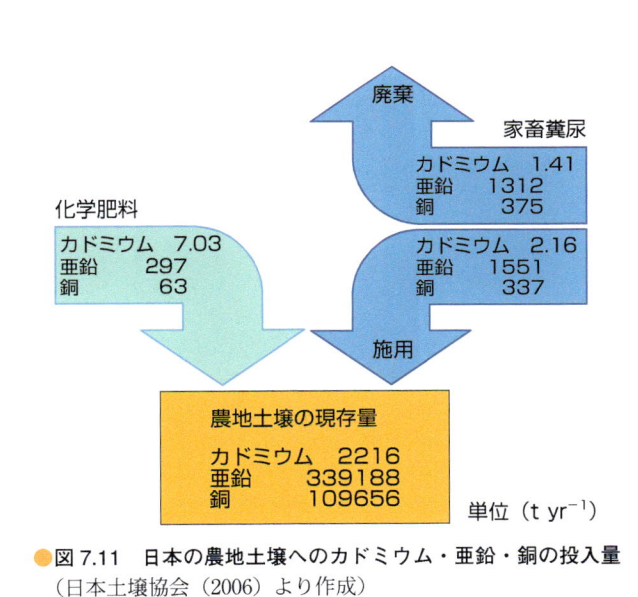

● 図 7.11 日本の農地土壌へのカドミウム・亜鉛・銅の投入量
（日本土壌協会（2006）より作成）

7 土壌からヒトへ

のような基準に合致していない場合がある．そのため，輸入食料には，しばしば，食用として不適切である疑いが捨てきれないものが含まれる．現在の科学においてその安全性に問題がないといわれている場合でも，地道な探求の結果，安全性に問題が生じる可能性は否定できない．たとえば，BSE（ウシ海綿状脳症）は，かつてはヒツジとヤギによくみられ，ただ単純に得体の知れない動物の病気で，人間に危害を及ぼすことはなく，さして重要性の高いものではないと考えられていたという．しかし，1986年に家畜のウシの新しい神経異常疾患として認められて以来，それが肉骨粉由来であること，プリオンを介してほかの動物種にも感染が認められ，ヒトにも感染する人畜共通感染症であることが明らかとなった．クロイツフェルト・ヤコブ病の1つとされているが，若年層に患者が多い特徴がある．BSEは，英国では2009年9月までに約18万4600頭が発生している．英国では，1996年以前，プリオンを多く含むウシ脳のハンバーグへの混入が認められていた．BSE由来のクロイツフェルト・ヤコブ病は1990年以降，2010年3月までに2592人の患者が発生している．

したがって，多くの食品がさまざまな場所から得られるようになってからは，ヒトはさらに安全な食品を求めるようになり，その監視もさらに慎重に行われるようになった．2006年5月29日，日本は，海外からの食品の残留農薬や食品添加物の規制方法として，これまでのネガティブリスト制度を改め，ポジティブリスト制を導入した．以降，ポジティブリスト制度の影響が，とくに中国産農産物の対日輸出に現れている．中国からの農産物の輸入は2006年1〜5月の前年同期比4.3％増加していたが，6月には前年同期比18％も減少した．

消費者は，食料が自分たちの健康にいいと思うばかりでなく，生産者が清涼な環境のもとで，健康に農業を営むことを望んでいる．そして，そのような農業が行われている地域を訪ねてみたくなるであろう．ヒトが欲する食料とは，その食料が単に栄養素の供給源としてあるだけではなく，安全性に関わる食料生産技術，生産されている地域の環境，それを生産している人々までも思い描ける情報が提供されるものといえよう．

◆文　献

Bowen, H. J. M. (1979)：Environmental Chemistry of The Elements. 邦訳：浅見輝男・茅野充男訳 (1986)：環境無機化学―元素の循環と生化学，369 pp., 博友社.
動物衛生研究所 (2010)：英国におけるBSE発生報告数 (http://ss.niah.affrc.go.jp/disease/bse/count.html)；英国におけるクロイツフェルト・ヤコブ病統計 (http://ss.niah.affrc.go.jp/disease/bse/cjd_uk2.html).
飯村康二・伊藤秀文 (1978)：水田土壌中における重金属の行動と収支―重金属による土壌汚染に関する研究（第2報）．北陸農試報，**21**：95-145.
環境省 (2008)：平成19年度農用地土壌汚染防止法の施行状況について (http://www.env.go.jp/press/press.php?serial=10580).
片山新太 (2000)：土壌微生物による農薬分解．植物と微生物による環境修復，日本土壌肥料学会編，pp. 125-153, 博友社.
小島圭二・田村昌三・島田荘平・石井英二・田中　勝・登坂博行・中杉修身・山川　稔編 (2000)：廃棄物処分・環境安全用語辞典，493 pp., 丸善.
厚生労働省 (2000)：6次改定日本人の栄養所要量について (http://www1.mhlw.go.jp/shingi/s9906/s0628-1_11.html).
日本土壌協会 (2006)：肥料中の有害物質の挙動に関する文献及び肥料の安全性に関する国際的な制度の調査報告書．平成17年度食品安全確保総合調査報告書，417 pp., 内閣府食品安全委員会事務局.
日本土壌肥料学会 (1991)：土壌汚染環境基準設定調査に係る総合解析調査―土壌中銅・水銀の植物影響などに関

する参考文献調査.平成2年度環境庁請負調査結果報告書,38 pp..
野口　忠・伏木　亨・門脇基二・野口民夫・今泉勝己・古川勇次・舛重正一・矢ケ崎一三・青山頼孝（2005）：最新栄養化学,235 pp.,朝倉書店.

8 ヒトから土壌へ

■ 8.1 人間活動がもたらす土壌の荒廃

a. 土壌劣化　土壌は陸域生態系の基盤であると同時に，人間の食糧生産の場でもある．陸域生態系の基盤としての土壌，つまり自然土壌は，森林の伐採や土木工事の開発行為が引き金となって次第に表層土壌を失っていく場合がある．一方，食糧生産の場としての土壌，つまり農耕地土壌は，長期的な作物栽培によって次第にその生産性を損なっていく場合が多いが，適正な土壌管理は生産性を高める．土壌劣化には自然土壌で起こるものと農耕地土壌で起こるものがあるが，土壌劣化の多くはヒトによるものである．農耕地における土壌劣化には，作物生産の低下の側面と環境保全機能の低下の側面がある．

　土壌の劣化はなぜ起こるのであろうか．農作物は土壌中の養分を吸収して生長する．農業では収穫物を農耕地からもち出すので，農作物の生産は土壌中の養分を奪い去ることになる．したがって，肥料として養分を与えない限り土壌の養分は枯渇し，土地がやせていく．農作物の生産にあたってとくに重要な養分は窒素，リンおよびカリウムである．土壌有機物の減少は，土壌の物理性の悪化や養分のプールの縮小を通じて地力の低下につながる．農耕地の地力を維持するには，堆肥などの有機物と化学肥料をバランスよく施用することが重要である．もともとの土壌の生産力は，気候や植生によっても異なる．肥料を一切与えないとすれば，温帯草原では65年の採算的な農業が可能であるのに対して，熱帯半乾燥地の疎林地では6年，とくに養分に乏しいアマゾンの土壌では3年に満たないとされる．

　土壌劣化の要因は，土壌侵食（水食・風食），塩類化，有害化学物質汚染（重金属・有害有機化合物），土壌の物理性の変化（とくに圧密），および土壌の化学性の変化など，多様である．

b. 土壌侵食　土壌侵食とは，地表を流れる水や風によって土壌粒子がもち運ばれる結果，土壌が次第に削り取られていく現象である．土壌浸食は自然現象でもあるが，開墾による植生の剥ぎ取りや傾斜地の大規模開発などの人為的な土地利用の変化によって助長されやすい．侵食により土壌が削られていくと，植物が利用可能な栄養が失われていくとともに，植物が根を張りやすい土壌が薄くなる効果もあって，侵食地では植物が定着しにくくなる．そして，さらなる侵食をもたらすという悪循環に陥る．侵食には削り取る媒体によって水食と風食の2通りがある．

　水食とは地表面を流れる水によって土壌が削り取られていく現象である．土壌には透水性があって表面にもたらされる水を吸収する能力があるが，土壌表面への水の供給速度（その発端は降雨）が侵入速度を上回ると，地表面に水が集積して水たまりができてゆく．水の供給がさらに続くと，土壌に吸収されず表面に貯留しきれない水は斜面の下方に向けて流れ出す（表面流出）．表面流出は一般に面状の流れとして始まるが，加速して侵食力が増すにつれ，より流れやすい箇所の土壌粒子をもち去って水みちを形成していく（図8.1）．水みちは表面流出水をさらに集めて

シート侵食

リル侵食

ガリ侵食

●図 8.1 水食

●図 8.2 風食（モーリタニア，2008 年）

8 ヒトから土壌へ

次第に深く広くなっていく（ヒレル，2001）．当然ながら，降雨の強さは水食の程度に大きく影響する．一方，土壌の受食性，つまり，土壌が水食されやすいかどうかも水食の程度に強く関与する．土壌の受食性について重要な要因は，第一に植生の被覆である．地表面が植生に覆われていれば土壌の水食は起こりにくい．しかし，本来の植生を切り払って農耕地にすると，その土地は水食を受けやすくなる．それは，農耕地では作物の生育を促すために土壌の耕うんや除草などを行うため，土壌が砕かれて水食されやすくなることに加えて，植栽されていない時期は裸地となり，表面流出水による土壌粒子の流亡が起こりやすいためである．

アメリカ農務省は，土壌の水食防止のための研究を進め，水食予測式（Universal Soil Loss Equation：USLE）を提案し，水食防止に努めている．水食予測式は

$$A = R \times K \times L \times S \times P \times C$$

A：流出土量（t ha^{-1}）

R：降雨係数（MJ・mm ha^{-1} h^{-1}）

K：土壌係数（任意に定義された区画）（t・h MJ^{-1} mm^{-1}）

L：斜面長係数

S：傾斜係数

P：保全（工）係数

C：作物（植生）係数

である．流出する土量を軽減するためには，直接土壌表面に衝突する雨滴強度や降雨量を少なくし，土壌粒子を結合させる管理，斜面を短く，傾斜を減少させ，土壌表面を作物や被覆物で覆うなどの水食防止の工夫が必要であることを明確にさせた意義は大きい．

一方，風食とは風によって巻き上がる土壌粒子が風に乗って運び去られることで土壌が削り取られていく現象である（図 8.2）．風が強い土地で，土壌粒子の比重が軽く，土壌粒子相互の結合物質が少ない土壌，植生がほとんどない土壌では風食が起きやすい．砂漠とその辺縁地域はその典型である．土壌が風食を受けやすいかどうかは，土壌表面の乾燥の程度，土壌粒子の大きさ，および粒子の結合の度合いによって決まる（ヒレル，2001）．土壌表面が乾いているほど水を介した土壌粒子の結合が弱まるために風によって動きやすくなる．

土壌侵食は，土地荒廃の1つであり，砂漠化（第Ⅱ部第11章）そのものである．

c. 塩類化 降水量に比べて蒸発散量が多い土地では，土壌中の平均的な水分移動は上向きとなる．地表に達した水分は大気へと蒸発するものの，溶け込んでいる塩類は地表に残される．これが長期的に蓄積すると土壌が塩類化し，農作物の生産が困難となり，最後にはいかなる植物も生育できなくなってしまう．乾燥地や半乾燥地では農業生産に灌漑が欠かせないが，土壌の塩類化を招く危険性をはらんでいる．樹木を切り払って農耕地にすると蒸散量が減少して地下への浸透水量が増える．また，ほかの地域から水を引いてきて灌漑することによっても地下への浸透水量が増える．浸透水量が増えると地下水位が上昇する．上昇した地下水位が地表面近くに達すると，毛管現象によって地下水が地表に到達しやすくなり，蒸発によって地下水に含まれる塩類が集積する．地下深層に岩塩層がある土地では塩類化はとくに深刻となる（宮崎ほか，2005）．人間は過去より多くの土地を塩類化させてきた（図 8.3a）．農耕地の塩類化によって食糧生産が

不可能となったことが文明の崩壊の原因となった場合もある.

中国の乾燥地および半乾燥地では農耕地の塩類化が顕在化している（図8.3b）. 極端にナトリウムが集積すると，土壌はアルカリ化する. ナトリウムの集積が進むと，土壌は強いアルカリ性を示し，土壌コロイドは水を含むと分散する一方，乾燥するときわめて緻密で固い層になり，植物の生育にまったく不適となってしまう. 比較的少量の水で栽培可能なコムギなどからトウモロコシへの作目の転換によって，大量の灌漑水が必要となったことがアルカリ化の進行の原因と考えられる.

降水量が多い日本では土壌の塩類化は起こりがたい. しかし，多肥料栽培となる施設（ビニルハウスやガラスハウス）栽培農業では，しばしばハウス内土壌に塩類化がみられる. わが国の耕地面積は減少の一途をたどっているが，ビニルハウスは51000 ha（2003年），ガラスハウスは1900 ha（1990年）に達している. こうした施設栽培面積の拡大は，わが国に塩類集積土壌面積の増加をもたらした. 施設栽培では，作物や果樹の養分吸収量の数倍に及ぶ施肥がなされていることもある. 肥料成分の利用効率，吸収量から施肥量を算出し，電気伝導度などを経時的に計測して，塩類化をひき起こさない管理がなされている.

土壌の塩類化もまた，土壌侵食と同様に土地荒廃の1つであり，砂漠化の本質である.

d. 有害化学物質による土壌汚染　有害化学物質には，自然界にも存在する有害な金属類（例：六価クロム，カドミウム，鉛）や人間が化学的につくり出した有機化合物のうち，生物に好ましくない影響を及ぼす物質が含まれる.

近年の有害化学物質汚染の特徴は以下のように整理される（不破・森田，2002）. 第一に，非常に多様な物質が汚染にかかわっていることである. 有害化学物質のなかには，農耕地で用いられる農薬のように，意図的に製造および利用される化学物質もあれば，製造工程の不純物，処理過程での生成物あるいは環境中での反応生成物のように非意図的に生成する化学物質もある.

次に，化学物質が環境に広がり，人間や他の生物に入り込む経路が多様であることである. 発生源としては，排ガス，排水および廃棄物の発生のほかに，事故による工場や処分場などからの漏出や農薬や薬剤の使用に伴う周辺環境への拡散などがある. 環境中での挙動は化学物質によって大きく異なるものの，大気，地表水，地下水，土壌，海域および底泥などのあらゆる環境構成要素が化学物質の曝露経路となる. たとえば人体には，呼吸（経気摂取），口から消化器官（経口摂取），および浸潤性の高い物質では皮膚（経皮摂取）を通じて入り込む. そして，化学物質による汚染の形態は多様であることである. さらに，汚染の時間的な継続も物質によってかなり異なる. とくに，難分解性有機化合物や土壌中で動きにくい重金属の汚染は長期にわたり継続することである（浅見，2001）.

e. 肥料の多量施用による農用地の汚染　銅，亜鉛およびマンガンなどの一部の重金属は，過剰であれば生物への毒性が生じるものの，微量必須元素として生物に欠かせない元素である（第II部第5章参照）. したがって，家畜飼料はこれらの微量金属を含む必要があり，不足分は飼養基準に従って人為的に添加される. しかし，その添加量が過剰な場合が多々みられる（西尾，2005）. 家畜排泄物中の銅，亜鉛およびマンガンの含量は高い. 家畜糞からつくられる堆肥を農地に長期間連用すると農地土壌にこれらの重金属が蓄積する. 家畜糞堆肥には，ごく微量のヒ素，

カドミウム，水銀および鉛が含まれているが，通常の施用量では，これらの金属が汚染レベルに達することはない（西尾，2005）．

　下水処理施設およびし尿処理施設などから発生する汚泥は多くの有機物，窒素およびリンを含むため，それらの農地への利用が期待されている．しかし，これらの汚泥には重金属類が含まれている．そこで「肥料取締法（1950年）」によって，汚泥から製造した肥料についてヒ素，カドミウム，水銀，ニッケル，クロムおよび鉛の許容濃度が設定されている．

■ 8.2　知らぬ間に周囲に広がる影響

a.　大気を経由した輸送と拡散

大気を経由して種々の物質が輸送され，地球規模で物質が拡散することは，身近な現象であるがよく知られていないものの1つである．大気の循環は想像以上に速い．地球上のどこで測定しても大気中の酸素濃度は同程度である．これは大気循環が速やかで大気がよく混合されていることを意味する．ガス状物質ばかりでなく，粒子状物質も短時間で地球を一回りし，濃度は低くても移動速度が速く，その影響は地球全体に及ぶ（図8.4）．

　毎年，春先に大陸から飛来する黄砂は風成塵の1つである．黄砂中の炭酸カルシウム（calcite）には大気中の酸性化物質を中和するはたらきも認められるが，風成塵のような大気中の土壌粒子は，気–液–固相の不均質反応の場ともなる．一方，大規模な火山噴火は火山灰や火山性ガスを成層圏に送り込み，地球規模で寒冷効果をもたらし，気候変動を引き起こした．

　化石燃料の燃焼に伴って発生する窒素酸化物（図8.5）や硫黄酸化物は大気汚染物質となり，大気中で硝酸あるいは硫酸のような環境を酸性化する物質に変化する．1991年において，世界各国から発生する窒素酸化物および硫黄酸化物の総発生量は，それぞれ22 Tg N yr^{-1} および83 Tg S yr^{-1} で，わが国から発生する窒素酸化物および硫黄酸化物は0.43 Tg N yr^{-1} および0.54 Tg S yr^{-1} で，世界全体の2.0および0.7％に当たる（Tg=10^{12} g）．硝酸，硫酸ばかりでなく，塩酸やアンモニアも酸性化物質として考慮する必要がある．それは，大気中のアンモニアが土壌に達し，土壌中で硝化され，硝化の過程でアンモニウム態窒素1 molあたり2 molの水素イオンが発生するためである．

　英国のウインズケール原子炉（1959年10月）および米国のスリーマイル島原子力発電所（1979年3月）の事故は放射性物質を周辺に放出し，汚染した．さらに，1986年4月に旧ソ連チェルノブイリ原子力発電所で発生した放射性物質は，いやおうなく短期間に全世界に送り届けられ，原子力施設の事故は，世界規模の汚染をひき起こすことを世界に認識させた．1986年に，わが国の気象研究所において観測された^{137}Cs月間降下量は明らかに増加し，チェルノブイリから放出された放射性物質の影響を示している．

b.　化学肥料および家畜ふん尿の多量施用による水質汚染

農作物の収量を維持するためには農耕地への窒素などの肥料施用が欠かせない．しかし，窒素肥料の投入が過剰となると農耕地から硝酸態窒素の流出が生じるようになり，土壌，地下水および地表水，さらには海洋の富栄養化をもたらす．また，日本の農耕地はリンを吸着しやすい火山噴出物由来の土壌に広く覆われているために，これまで多量のリン肥料が投入されてきた．土壌中のリンは窒素と比べて動きにくいものの，大雨の際にはリンを吸着した土壌粒子そのものが地表を流れる水と一緒に下流に流さ

●図 8.3a 土壌の塩類化がとくに顕在化している地域（赤色）（ISRIC（1991）より作成）

●図 8.3b 塩類化（中国河北省）

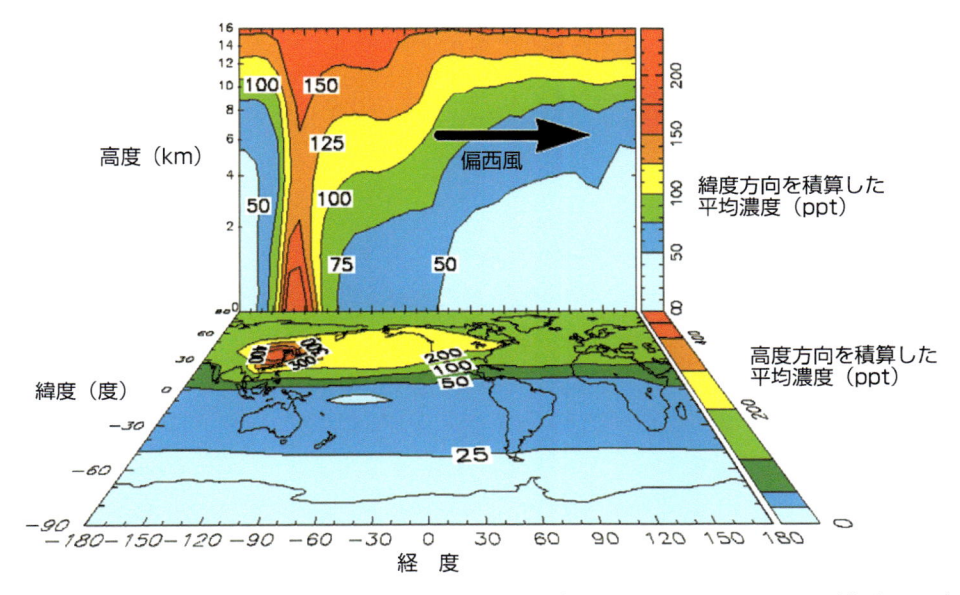

●図 8.4 東アジアからのオゾン前駆物質の排出量を 10%増加させたシミュレーション（秋元，2002）
東アジアで発生した前駆物質の影響が地球全体に広がる．

8 ヒトから土壌へ

れ，また，粘土粒子のように微小な粒子はリンを吸着したまま土壌溶液中をコロイドとして移動することが明らかになりつつある．したがって，農耕地からの懸濁態のリン流出もまた地下水および地表水の富栄養化に関与している可能性がある．

　かつて，家畜および人間の糞尿は貴重な肥料であったが，化学肥料が大量に製造されるようになって以降，窒素やリンの供給源の役割は化学肥料に奪われていった．しかし，化学肥料のみでは土壌中の有機物含量が減少していくため，家畜糞尿に稲わらなどを混ぜ込んでつくる厩肥を施用して農耕地の地力を維持することもあるが，液状のスラリーを直接散布することもある．厩肥にしてもスラリーにしても，化学肥料と同様に過剰な施用は，地下水や地表水の富栄養化の原因となる．

　c．地表水を経由した物質の輸送と拡散　　河川水によって輸送される富栄養化物質あるいは汚染物質はその下流域に強く影響を及ぼすことになる．とくに閉鎖性水域（湖，沼）では，窒素とリンの過剰が赤潮（水中の植物プランクトンの現存量が増加して海水を変色させる現象）の原因となる．特定の種が爆発的に現存量を増加させ，その場を独占することになるメカニズムは，十分には明らかにされていない．日本における河川，湖沼，閉鎖性海域への窒素およびリンの流入は，抑制されつつあるとはいえ，進行している．とくに窒素は面源からの負荷割合が大きく，なかなか抑制効果がみられていない．

　d．地下水を経由した物質の輸送と拡散　　地下水の汚染は，最も目につきにくく，しかもいったん広がると汚染の拡大を止めにくい．移動速度は大変小さく，鉛直方向に1m浸透するのに年単位といわれている．トリクロロエチレン，クロロホルムなどの揮発性有機物質による地下水汚染は局所的な汚染であるとはいえ，その影響は甚大である．不適切な管理が原因であることが多く，修復には，高い技術と多大の時間，経費が必要である．

　e．つながる影響　　大気，地表水，土壌，地下水は連結して系を形成しており，物質はこの系を循環する．人間活動は水循環にも大きな影響を及ぼしている．土壌は，それ自身，水に含まれる汚染物質によって影響を受けるが，土壌に限らず，そこに成立する自然生態系全体が影響を受ける．また，ヒトは飲料水として直接水を摂取する．ヒトの健康に対して，水は直接的な影響を与える．

■ 8.3　ライフサイクル思考がインパクトを和らげる

　a．ライフサイクルとは　　ライフサイクルとは，ある物質やサービスが，その始まりから終わりまでの一生をどのように過ごすかの概念である．たとえば，自動車1台のライフサイクルは，原料，材料，部品，組み立て，流通，使用，解体，廃棄およびリサイクルとなる．このライフサイクルの全過程における環境負荷の発生量を推計し，これらがもたらす環境影響を総合的に評価することがライフサイクルアセスメント（LCA：life cycle assessment）である（図8.6）．LCAのメリットは何か．それは，ある物質やサービスが環境に及ぼす影響の全体を知ることによって，どの分野への影響が重要であるかを判断できることにある．単独の対策では，むしろ，他の分野の状況を悪化させる可能性もあるが，LCAは環境負荷および環境影響の総量を推計するため，さまざまな選択肢のなかで最も環境影響が小さくなる対策を選択する根拠を与える．

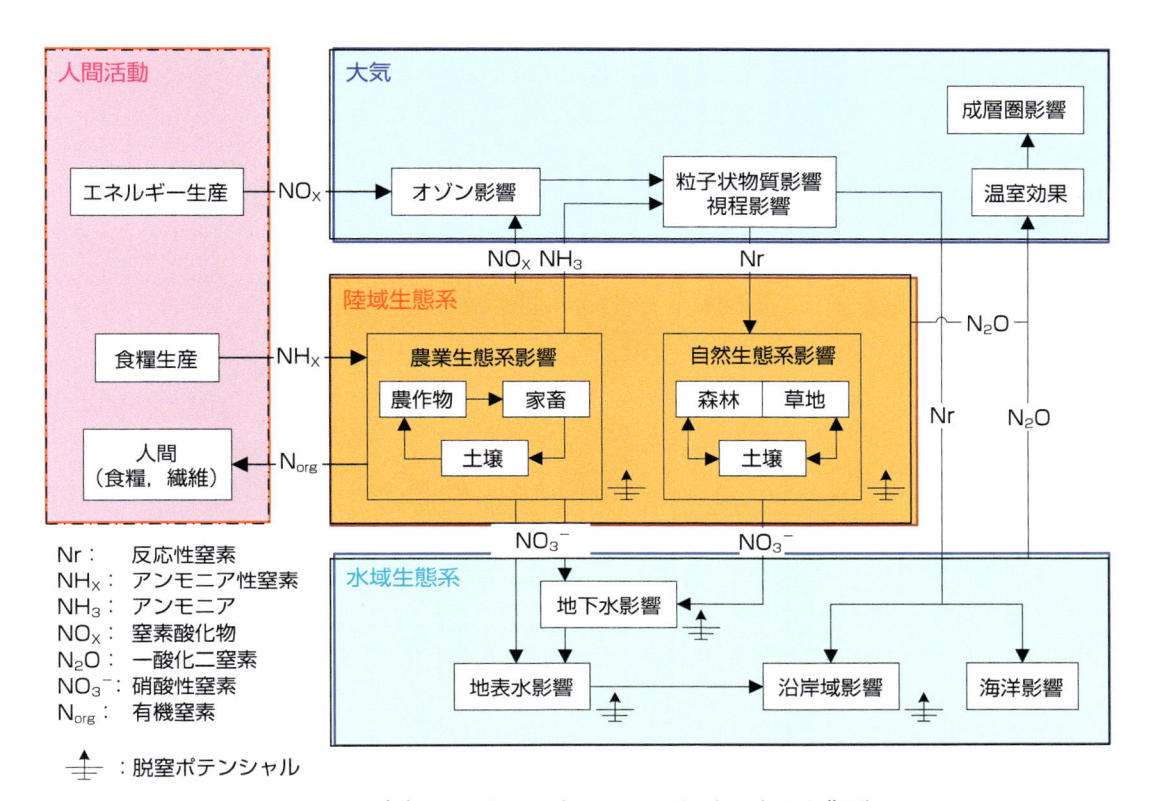

●図8.5 窒素のカスケード（Galloway ほか（2003）より作図）

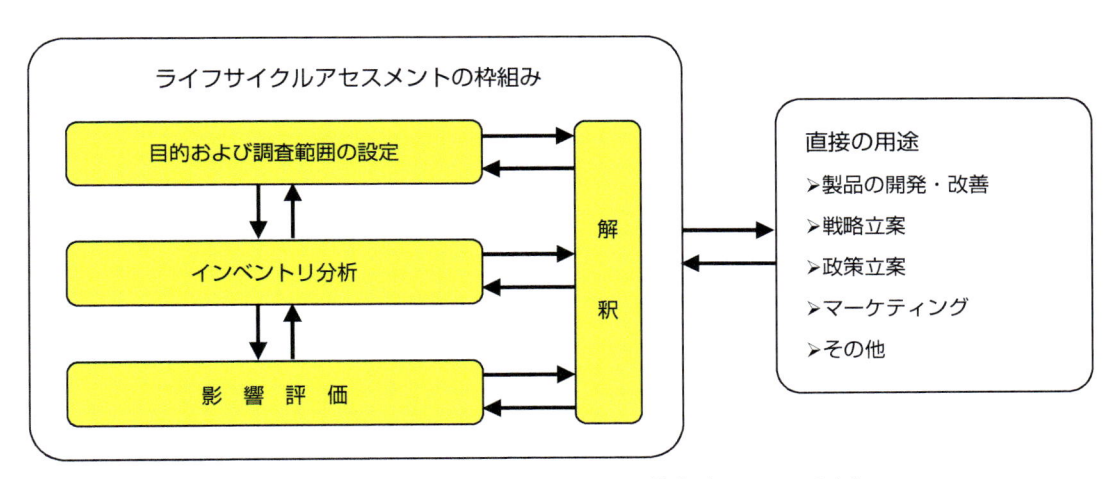

Nr： 反応性窒素
NH$_X$： アンモニア性窒素
NH$_3$： アンモニア
NO$_X$： 窒素酸化物
N$_2$O： 一酸化二窒素
NO$_3^-$： 硝酸性窒素
N$_{org}$： 有機窒素

：脱窒ポテンシャル

●図8.6 ライフサイクルアセスメントの構成（ISO 14040 より）

8 ヒトから土壌へ

LCAは，環境負荷の算定（LCI：life cycle inventory analysis）と環境影響の評価（LCIA：life cycle impact assessment）の2段階からなる．LCIでは物質やサービスのライフサイクルについて，資源やエネルギーの投入量と環境に影響をもたらす物質の発生量を推計する．LCIの結果は，インベントリー（目録のこと）とよばれる．LCIAではインベントリーとして得られた環境負荷がどの分野にどの程度の環境影響を生じさせるのかを評価する．現在のLCIAの主流は，問題比較型と被害算定型に分けられる．問題比較型（ミッドポイント）LCIAは，環境負荷物質の発生量や資源およびエネルギーの消費量を，何らかの指標を用いて個々の影響領域における環境負荷の総量に換算すること（特性化）を基本とする．一方，被害算定型（エンドポイント）LCIAは，既往の科学的知見に基づき，環境負荷から個々のエンドポイントへの潜在的な影響を推計すること（被害評価）を基本とする（林・伊坪，2005）．

　b. ライフサイクルにおける土壌の役割　　LCAにおいて土壌はどのように扱われているのであろうか．主なものは，①原料・化石燃料の埋蔵地の表面を被覆するもの，②廃棄物の処分地の表面を被覆するもの，および③環境中に放出される有害化学物質が入り込む媒体の1つである，の3つである．①および②については資源採取および廃棄物処分に伴う土地改変による一次生産の減少や生物種の絶滅リスクの期待値として影響評価がなされ，③については人間や生物の有害化学物質の曝露経路の1つとして考慮される（伊坪・稲葉，2005）．このように，既存のLCAは土壌それ自体を保護すべき対象とみなしていない．これは，とくに工業分野を対象としたLCAでは，土壌はあくまで環境媒体（大気や水なども同様である）の1つであるという立場による．

　しかし，農業分野のLCA，つまり，食料生産の場として農耕地を利用する場合のLCAについては，土壌は単なる環境媒体ではなく，生産の場そのものであり，影響を被る農業生態系の一要素としてそれ自身が保護対象ともなりうる．しかし，農業分野のLCAには以下のような解決すべき課題が多く，研究はそれほど進んでいない（林・伊坪，2005）．①農業分野では，LCAの基準となる1つの製品や1つのサービスのような機能単位（例：自動車1台）の設定が難しい場合がある（例：同じ土地での異なる作物の栽培）．②農業生産の場は大部分が開放系であることに加え，系内に入り込んでいる生態系要素が環境負荷に複雑に作用することから，外界への環境負荷の算定が困難な場合が多い．③工業分野のインベントリーは通常一定であるが，自然条件や管理条件の影響を強く受ける農業分野ではインベントリーに大きな不確実性がある．④工業分野のLCAは環境負荷のみを考慮するものの，農業には農作物の生産のほかに農業生態系の維持などの多くの有益な機能（多面的機能）がある．農業分野のLCAでは生産に伴う環境負荷と同時に多面的機能の正の効果も評価の対象とすべきである．

　c. 土壌の持続的な利用に向けて　　土壌の持続的な利用にあたっては，地力を維持しながら，なおかつ有害物質を蓄積しないことが大切である．地力の維持には無機質肥料に加えて有機物の施用が重要であり，また，土の締め固めによる透水性の悪化や侵食を助長する土地利用など，土壌の物理性を悪化させる行為を控えることも重要である．ただし，無機質肥料も有機物もたくさん施用すればよいわけではない．微量に含有される重金属の蓄積や過剰な窒素およびリンの流出を避けるよう，その土壌ばかりでなく，周辺環境が持続的に保全されるように努めてはじめて，

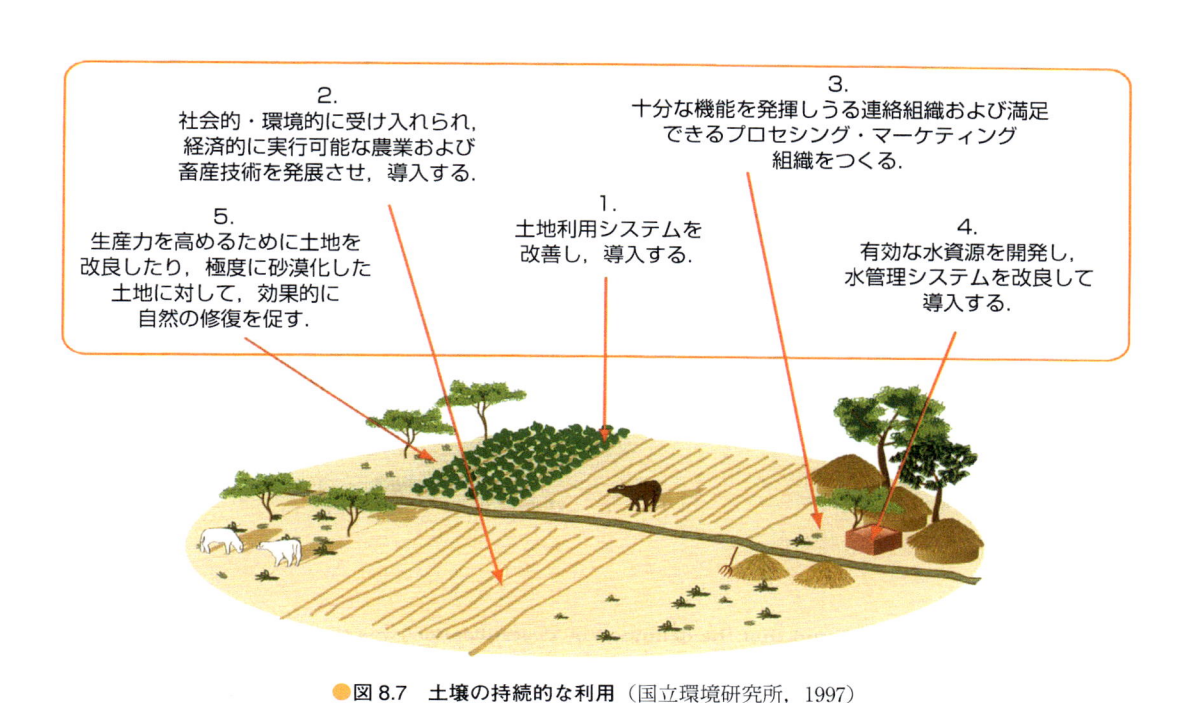

1. 土地利用システムを改善し，導入する．
2. 社会的・環境的に受け入れられ，経済的に実行可能な農業および畜産技術を発展させ，導入する．
3. 十分な機能を発揮しうる連絡組織および満足できるプロセシング・マーケティング組織をつくる．
4. 有効な水資源を開発し，水管理システムを改良して導入する．
5. 生産力を高めるために土地を改良したり，極度に砂漠化した土地に対して，効果的に自然の修復を促す．

●図 8.7　土壌の持続的な利用（国立環境研究所，1997）

●表 8.1　日本における土壌環境保全への取り組み（西尾（2005）に基づき作成）

年次		対 策 等 の 内 容
1952	耕土培養法	第二次世界大戦後の食糧難解決のために特に生産力の低い農地土壌の重点的な改良を目指す．
1970	農用地の土壌の汚染防止等に関する法律	農業資材や灌漑水による農用地の重金属汚染の防止を目指す．農業活動が周辺環境に及ぼす影響については考慮していない．
1984	地力増進法	農用地土壌の保全を目指す．
1999	食料・農業・農村基本法 ➤家畜排せつ物の管理の適正化及び利用の促進に関する法律 ➤改正肥料取締法 ➤持続性の高い農業生産方式の導入の促進に関する法律	農地への化学肥料の過剰な施用や家畜排泄物の不適切な処理が地下水や河川水などの水質汚染をもたらすようになってきたことを受け，環境と調和した農業（環境保全型農業）を目指す．
2000	循環型社会形成推進基本法 ➤食品循環資源の再生利用等の促進に関する法律	これまで廃棄物として処分されてきた作物残渣や食品廃棄物を資源として有効利用し，環境負荷を抑えることを目指す．農業活動に伴う環境負荷の低減効果を期待．
2001	硝酸性窒素及び亜硝酸性窒素に係る土壌管理指針	農用地土壌から地下水への硝酸性窒素の溶脱を抑制するための地域における土壌管理の手法を示す．
2002	土壌汚染対策法	非農地土壌（ただし市街地土壌）の汚染についてはじめての法的対策．工場跡地など何らかの土壌汚染が生じた場所を対象にその取り扱いに関する法的な枠組みを設けたもの．林地などの自然土壌の保全をねらった法制度はいまだ日本にはない．

8　ヒトから土壌へ

土壌の持続的な利用が達成される（図8.7）．

d. 日本における土壌環境保全への取り組み

土壌といわれて水田や畑の土壌を思い浮かべる人は多いであろう．それは，農耕地が人間の生存に欠かせない食糧を生み出す場であり，土は生産の基盤として大事にされてきたことと無関係ではない．そして，日本における土壌管理に関する法制度や施策は，ごく最近まで農耕地の土壌の生産性向上に主眼を置いていた．農耕地土壌を通じて周辺環境に及ぶ農業活動の影響への配慮や，市街地のように人間が居住する地域の土壌汚染への対策に関する法制度が定められたのは近年のことである（表8.1）．大気汚染防止法は1968年に，水質汚濁防止法は1970年に公布された一方で，土壌汚染対策法が公布されたのは2002年のことである．このように法制度の整備が遅れたのは，大気や水の汚染と比べて土壌の汚染が見た目に分かりにくいことに加えて，大気や水域が公共のものであることに対して，土地は民有であることも多く，そのために土壌調査などの公的な対応を行いにくいことにあった（西尾，2005）．

日本の都市域の土壌では，とくに工場などの跡地利用の際に揮発性有機化合物（VOC）や重金属などによる土壌汚染が多い．2002年に制定された土壌汚染対策法ではリスクの概念を取り入れ，汚染土壌を直接に摂取することによる健康リスク（直接リスク）および汚染土壌からの特定有害物質の溶出に起因する汚染地下水あるいはその影響を受けたものの摂取に伴う健康リスク（間接リスク）の両方の低減を目的として，土壌中の有害化学物質による健康リスクを許容値以下に低減し，管理することを図っている．都市域の土壌における恒久対策の近年の動向として，VOCに汚染された土壌では従来の原位置抽出（例：土壌空気を吸引して排ガスを処理）から原位置分解に移行しつつあり，原位置分解では化学分解とバイオレメディエーションが半分ずつとなっている．重金属汚染土壌ではかつて最終処分場への埋め立て処分が最も多く，固型化・不溶化，および掘削除去と続いていたものの，現在は掘削除去が主流である．ただし，外見からは非汚染土壌と区別がつかない汚染土壌の適正な管理が重要な課題である．汚染地から運び出されて処分されるまでの物流が適切に管理されていないとほかの地域に汚染土壌を移し替えることになる．土壌汚染対策法では，指定区域から搬出される汚染土壌について，「どこから」「だれが」「何を」「どれだけ」「どこに」運搬して浄化するかを記した汚染土壌管理票を付した物流が義務づけられている．指定区域外でもこれに準拠することを求めている．対策を推進できる雰囲気をつくることが重要であり，市民などとのリスクコミュニケーションも重要である．

◆ 文 献

秋元　肇（2002）：大陸間をわたるオゾン汚染―東アジアの大気汚染物質が地球温暖化を促進．*Frontier Newsletter*, **18**, 2-3, 地球フロンティア研究システム．

浅見輝男（2001）：データで示す―日本土壌の有害金属汚染，402 pp., アグネ技術センター．

不破敬一郎・森田昌敏編（2002）：地球環境ハンドブック第2版，1129 pp., 朝倉書店．

Galloway, J. N., Aber, J. D., Erisman, J. W., Seitzinger, S. P., Howarth, R. W., Cowling E. B. and Cosby, B. J. (2003)：The nitrogen cascade. *BioScience*, **53**, 341-356.

林　健太郎・伊坪徳宏（2005）：LCA手法による農業生態系の環境負荷および環境影響の評価．続・環境負荷を予測する―モニタリングとモデリングの発展，波多野隆介・犬伏和之編，pp. 307-322, 博友社．

ヒレル, D. 著，岩田進午・内嶋善兵衛監訳（2001）：環境土壌物理学 III―環境問題への土壌物理学の応用，322 pp., 農林統計協会．

ISRIC (1991): World Map of The Status of Human-induced Soil Degradation, 2nd editon. Global Assessment of Soil Degradation (GLASOD), 35pp., International Soil Reference and Infomation Centre (ISRIC). (http://fao.org/nr/land/information-resources/glasod/en)

伊坪徳宏・稲葉 敦編 (2005)：ライフサイクル環境影響評価手法 LIME-LCA. 環境会計，環境効率のための評価手法・データベース, 384 pp., 産業環境管理協会.

国立環境研究所 (1997)：Data Book of Desertification/Land Degradation, D013-'97, 68 pp., 地球環境研究センター.

宮崎 毅・長谷川周一・粕渕辰昭 (2005)：土壌物理学 138pp., 朝倉書店.

西尾道徳 (2005)：農業と環境汚染―日本と世界の土壌環境政策と技術, 438 pp., 農山漁村文化協会.

小野恭子・蒲生昌志・宮本健一 (2008)：肥料に含まれるカドミウム量の現状. カドミウム, pp. 85-86, 丸善.

9 土壌資源

土壌は限りある資源で，土壌資源（soil resources）とよばれる．土壌資源は，我々にいろいろな恵みを与えてくれる．土壌資源は，食糧生産のための資源，環境浄化のための資源，健康な生活のための資源および生活に密着した工業材料のための資源となる．食糧生産，環境浄化，健康な生活のための資源となる土壌は，土壌そのものを利用する．しかし，窯業など工業材料のための資源として土壌を利用するには，多くの場合，粘土が厚く堆積した鉱床粘土が用いられる．わが国は環太平洋造山帯に位置していることから，熱水作用によって生成された鉱床粘土あるいは火山噴出物に由来する鉱床粘土が多い．

■ 9.1 食糧生産のための土壌

人類が生存するための食糧の生産は土壌に依存している．しかし，土壌の劣化および流出は，土壌の生成をはるかに凌いでいる．1971～1981年の10年をかけて，国連食糧農業機関／ユネスコ FAO/UNESCO は18図幅の1/500万縮尺の世界土壌図を完成させた．その後，1995年に世界土壌図を地理情報システム（geographical information system：GIS）によっても利用できるように変換を行った．1992年に国際土壌学会（International Society of Soil Science：ISSS）は World Reference Base for Soil Resources（WRB）作業部会に WRB を完成させるように依頼し，農業にとって最も重要である土壌がどのくらいの面積で世界中に分布しているかを示した．その結果，作物生産ポテンシャルの低い土壌であるリソソル，レンジナ，ランカー，レゴソル，アレノソル，イェルモソル，アクリソル，フェラルソル，カンビソル，ルビソルの面積割合が高いことが明らかになった．Buringh（1982）は，世界土壌図から潜在的な穀物栽培可能な土地（耕地化可能な土地）を割り出し，耕地化可能な土地は，330万 km^2 であるが，生産性の低いオキシソル，アルティソルなどが広い分布面積を占めると報告している．世界の食糧生産を考えると，土壌の性質に依存することの大きい農業にこそ，生産力の高い土壌が割り当てられなければならない．

■ 9.2 環境浄化のための土壌

なかなか気づかないが，我々の身の周りには土壌を利用した環境浄化のための装置が数多く設置されている．大気あるいは水中の汚染物質を除去するための装置である．汚染物質の一部は土壌中で分解される物質もあるが，分解されにくい物質もあり，大気あるいは水から汚染物質が移行することであれば，汚染物質によって土壌が汚染されることを意味する．

a. 大気汚染物質の除去　公害対策基本法に定める典型公害のなかで，悪臭は第2番目に苦情が多い．2008年における悪臭時苦情の件数は16,245件でやや減少の傾向にある（環境省，

●図 9.1 土壌脱臭装置（東京農工大学）矢印は空気の流れを示す．

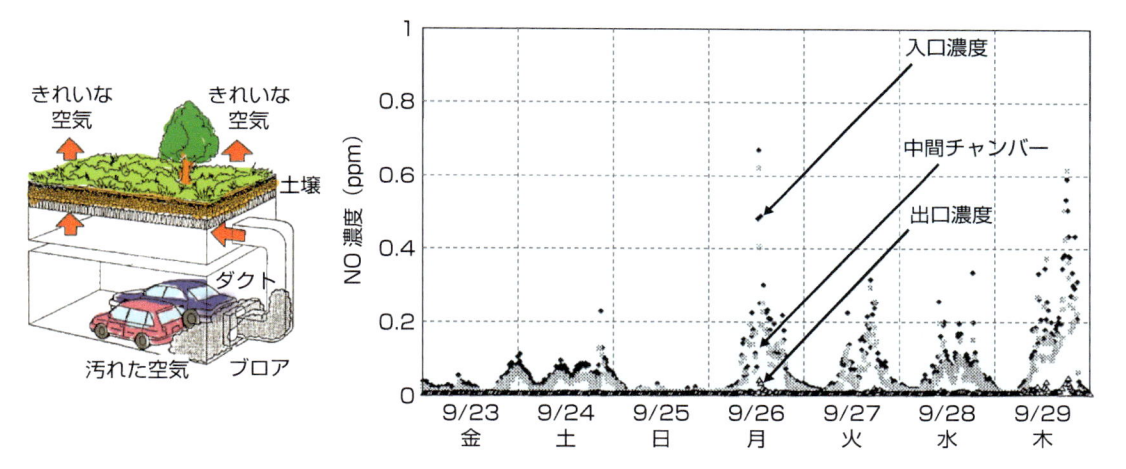

ファン

厩肥化施設より

●図 9.2 地下駐車場に設置された空気浄化装置の効果（金子・石川，1997）

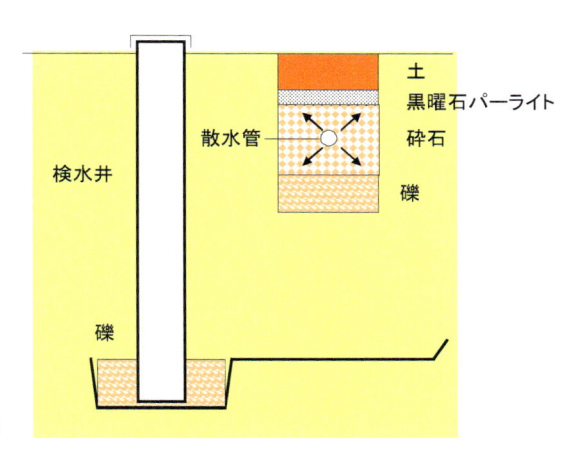

●図 9.3 トレンチ法による汚水の浄化（岡崎，1989）

9 土壌資源　125

2010).1997年以降,畜産業,農業,化学工業に由来する悪臭の苦情は横ばい状態であるが,野外焼却による悪臭の苦情が増加している.古くから農家は家畜糞を乾燥させて,緩効性窒素肥料として利用してきた.家畜糞乾燥時に発生するアンモニアを主体とするガスを土壌を利用した比較的簡単な脱臭装置(図9.1)で取り除くことができる(原田,1997).これとは別に,モータリゼーションの発達は,必然的に自動車の増加を引き起こした.人口の集中する都市においては,自動車から多量に排出される大気汚染物質を土壌に吸着除去するシステムが考案され,実用化されている.金子・石川(1997)は,地下駐車場空気の一部を吸引し,2.1 m×3.2 m の外構植栽地の土壌(黒ボク土を主体とし,土壌改良用造園資材を混合した特殊配合土を混和)に導入して汚染物質を除去した(図9.2).民間企業本社ビル駐車場から土壌に導入される浄化装置入口における一酸化一窒素 NO 濃度は曜日,時間によって著しく変化し,土曜,日曜および夜間は $0.1\,\mathrm{mg\,L^{-1}}$ 以下であるが,平日の昼間は $0.3\,\mathrm{mg\,L^{-1}}$ 前後で,最大濃度は $0.7\,\mathrm{mg\,L^{-1}}$ であった.浄化装置通過後の一酸化一窒素濃度は,一時的に濃度が高くなることはあっても,ほぼ $0.05\,\mathrm{mg\,L^{-1}}$ を維持していた.土壌は駐車場空気中の一酸化一窒素を効率よく除去できる.

b. 汚水処理　汚水中の窒素およびリンを除去するために,しばしば土壌が利用される.土壌のもつ分解能力は,水中に存在する窒素化合物をも分解し,さらに一部を大気中に放出する.現在,汚水中の窒素やリンの除去には,下水処理場などにおいて活性汚泥法が用いられているが,土壌そのものを用いて汚水を浄化できる.土壌に溝を掘り,パイプに汚水を流し,少量の汚水を滲み出させ,土壌中で分解させる方法(トレンチ法)を図9.3に示す.汚水中の窒素成分は効率よく分解,形態変化あるいは脱窒され,汚水は浄化される.トレンチ法では,微生物体によるパイプの目詰まりと汚水の過剰適用による地下水汚染に注意しなければならない.このような土壌処理ばかりでなく,活性汚泥法によっても,汚水処理過程において発生する脱窒は,一酸化二窒素(N_2O)は成層圏大気に存在するオゾン層を破壊するばかりでなく,温室効果をもたらす.水中窒素を脱窒させれば汚水の浄化はおしまいと認識されては困る.窒素の形態と存在場所を変えただけで,さらに地球環境全体を悪化させてはならない.

■ 9.3　健康な生活のための土壌

土壌は一定の水分を含む.したがって,大気よりも比熱が大きい.大きい比熱を利用して,土壌は温度調節に利用できる.冷暖房などによる都市のヒートアイランド現象を少しでも軽減できる可能性がある.畑にトンネルを掘り,土壌と空気の間で熱交換しながらガラスハウスに導入した空気は,夏期20〜22℃,冬期7〜9℃で維持され,真夏日は外気に比べて10℃ほど低下していた.また,夜間の安い電力を利用して土壌中に埋設したパイプ中の水を冷房あるいは暖房し,昼間の必要な時間に利用する試み(図9.4)もなされつつある.ある程度の面積が確保できる土地では,有効な利用方法であるといえる.

■ 9.4　工業材料としての土壌

a. 化粧品　粘土に触れると適度な刺激(やわらかい脂感)を感じると同時に種々の物質を吸着するため,昔から化粧品に利用されてきた.商品としての化粧品には,保健衛生の観点から

● 図 9.4 土壌と空気の熱交換による空調（松村ほか，1984）

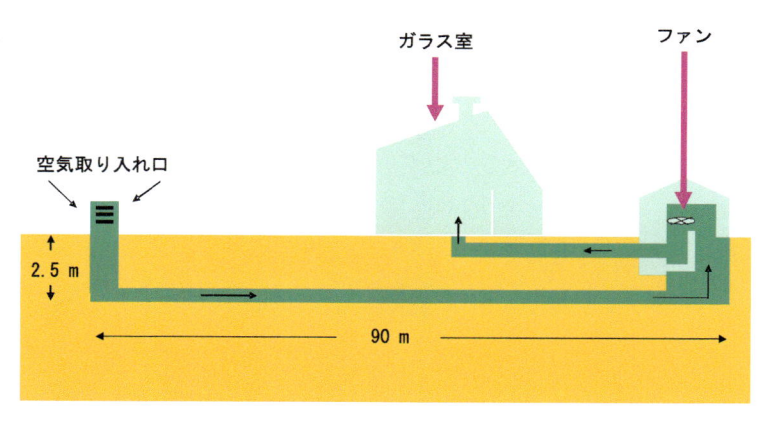

（a）カオリン族
1：1 型粘土鉱物

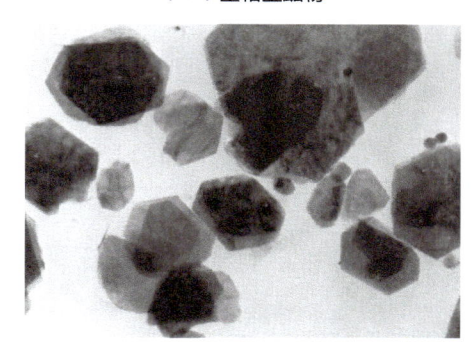

（b）ベントナイト（スメクタイト）
2：1 型粘土鉱物

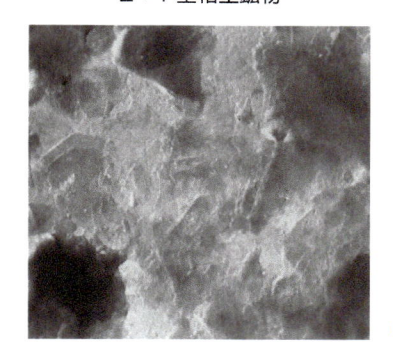

● 図 9.5 鉱床粘土

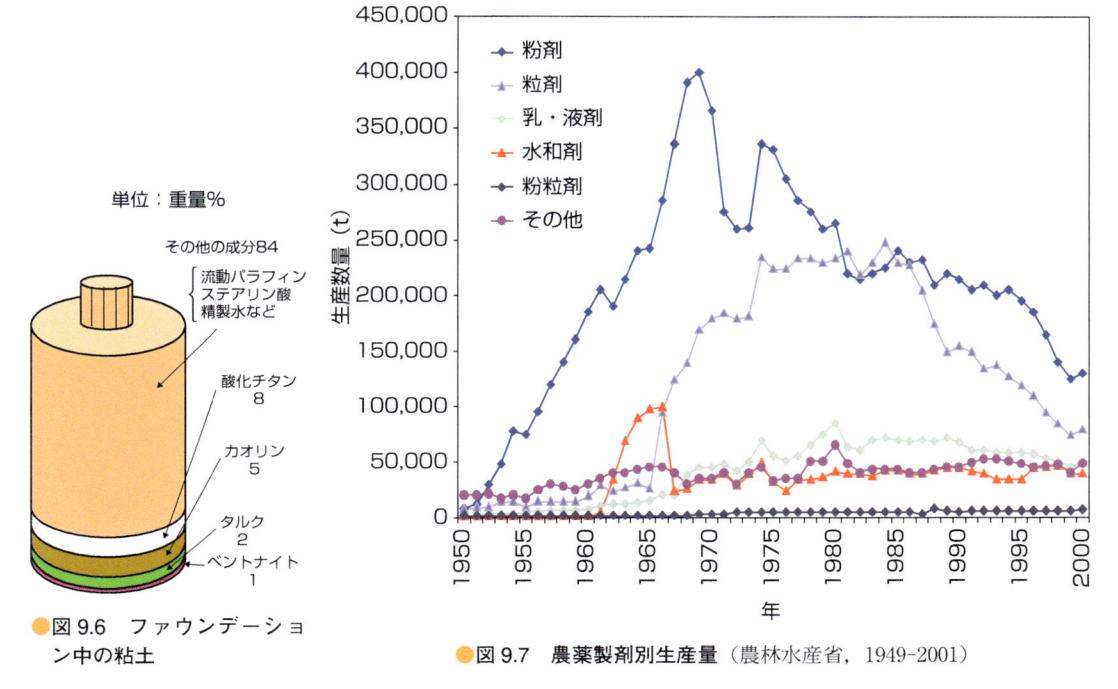

単位：重量%

その他の成分 84
流動パラフィン
ステアリン酸
精製水など
酸化チタン 8
カオリン 5
タルク 2
ベントナイト 1

● 図 9.6 ファウンデーション中の粘土

● 図 9.7 農薬製剤別生産量（農林水産省，1949-2001）

凡例：粉剤、粒剤、乳・液剤、水和剤、粉粒剤、その他

9 土壌資源

1982年の厚生省（現在は厚生労働省）告示第221号によって交付された「化粧品原料基準第2版」が適用される．これが適用される粘土あるいは粘土加工品は，カオリン族（カオリナイト，ハロイサイト，図9.5），タルク，マイカ（雲母），ベントナイト（スメクタイトの1つの商品名），雲母チタンである．ベビーパウダーの大部分は，タルクである．粉おしろいには，タルクが50～70％，マイカが20～40％程度含まれる．クリーム状ファウンデーションは，酸化チタン8％，カオリン5％，タルク2％，ベントナイト1％を含む．一般のファウンデーションには，カオリンおよびベントナイトが5％程度含まれている（図9.6）．

b．医薬品　粘土は医薬品の担体として利用される．薬局方に規定されている粘土はカオリン，タルク，ベントナイトおよび天然ケイ酸アルミニウムである．これらは皮膚炎，皮膚疾患の散布剤，丸剤や錠剤の賦型剤，滑沢剤として用いられている．医薬用ベントナイトには，膨潤しやすいナトリウムベントナイトがハップ剤，粉末剤の基剤または賦型剤として利用される．天然ケイ酸アルミニウムは酸性白土とよばれるスメクタイトの精製物が利用される．胃あるいは腸内の異常物質，過剰の水分または粘液などを吸着除去や粘膜を保護することから下痢性疾患や潰瘍性腸炎に有効である．

c．農薬　農薬取締法では，農薬成分の種類，名称，物理化学的性状，有効成分とその他の成分および含有量の記載が義務づけられている．粒子の大きさから，粒剤，微粒剤，微粒剤F，粉粒剤，粉剤，粉剤（DL），FD剤（フローダスト），とよばれる農薬は農薬原体をキャリア（カオリン，ロウ石，タルク，ケイ藻土，ベントナイト，炭酸カルシウム，シラス，軽石など）と混合して製造され，販売されている．キャリアは数ヶ月から数年間，農薬原体の安定性を保証するものでなければならない．1960年度（農薬年度）は，粉剤が全農薬数量の76％，金額の41％であった（農林水産省，1949-2001）．しかし，2002年度には，粉剤が数量の22％，金額の6％，粒剤が数量の36％，金額の26％を占める（図9.7）．農薬有効成分に換算した農薬生産量は，1981年に81,397 tであったが，2001年には76,693.3 tに減少している．

d．鉛筆　粘土含量が増加すると黒芯鉛筆の芯は硬くなる．芯は粘土と黒鉛を水で練って細長い棒に成形し，1000℃前後で焼成してつくる．芯の硬さは6B（B：Blackness）から9H（H：Hardness）まで17種類にも及ぶ．黒芯用粘土には，ある程度の可塑性が要求され，スメクタイト系粘土あるいは結晶度の低いカオリナイトが用いられる．6B鉛筆は10％前後の粘土を含み，HBは30～50％，9Hは55％以上の粘土を含む．色芯用粘土には，タルク，ロウ石，カオリナイト，ベントナイトが用いられ，一般に40～60％の粘土を含む．色芯は焼成されずに用いられるために，可塑性が大きく，乾燥強度が大きく，乾燥収縮が小さく，純白であるロウ（蠟）と混合して分散がよく，吸湿性が少ない粘土が利用される．

e．紙　紙の不透明度や白色度をもたらすために添加される粉体を充填粉体（填料）といい，不均一な原紙の表面を充填・被覆し，不透明で，しかも印刷に適した表面をつくるために加えられる粉体を塗工用粉体（顔料）という．填料としては，タルク，ロウ石が大部分で，炭酸カルシウム，二酸化チタンも一部使用され，使用量は板紙生産量の2～3％（重量％）となる．填料の使用量が増加すると，紙の強度は弱くなる．したがって，書籍用紙や辞典用紙のように30～40％にまで填料が増加すると紙の強度はきわめて弱くなる．

顔料は，天然顔料としてカオリン，ロウ石，重質炭酸カルシウムが利用され，合成顔料として軽質炭酸カルシウム，二酸化チタン，水酸化アルミニウム，プラスチックピグメントなどが使用されている．コンピュータが発達し，ペーパーレス時代となるといわれたときもあったが，皮肉にも，むしろ紙の使用量は増加した．

f. セラミックス　　無機固形材料をセラミックスとよぶ．したがって，セラミックスは，陶磁器，耐火物，セメントをはじめ SiC，Si_3N_4 なども含む．粘土を原材料とするセラミックスは，陶磁器，ガラス，タイル，瓦，耐火物，断熱材，セメントなど多種類にわたる．使用されている粘土はカオリン，パイロフィライト，セリサイト，陶石，ロウ石などである．たとえば，ジョージアカオリン，ニュージーランドカオリンのように地域名を冠してよばれるカオリンがセラミックスに用いられている．

■ 9.5　地下に眠る石油，石炭，天然ガス，リンと土壌資源

a. 石油の生産と土壌資源　　2008 年における世界の原油生産量は，3928.8 百万 t で，主要産出国はサウジアラビア（13.1％），ロシア（12.4％），アメリカ合衆国（7.8％），イラン（5.3％），中国（4.8％）である（BP Statistical Review of World Energy, 2009）．油田にある原油のなかで，技術的に，また経済的に生産可能な原油量を可採埋蔵量とよぶ．可採埋蔵量のなかでも確実に生産できる原油量（探鉱の結果，すでに発見されている石油総量と現在の生産量との差）を確認埋蔵量（proved reserves）という．確認埋蔵量は 170.8 億 t で，確認埋蔵量が多いと推定されている国は，サウジアラビア（21.0％），イラン（10.9％），イラク（9.1％），クウェート（8.1％），ベネズエラ（7.9％），アラブ首長国連邦（7.8％），ロシア（6.3％）である．現在の生産量を前提として採掘を継続できる年数を可採年数といい，石油があとどれくらいもつのかの指標として用いられる．2007 年末における世界の平均可採年数は 41.6 年とされている．石油開発技術の進歩は，新油田の発見をもたらせ，原油の回収率を向上させた．したがって，可採年数は，1970 年代の 30 年から次第に増加し，2000 年代には 40 年とされている．

原油の汲み上げやパイプラインの破損は，必然的に原油による土壌汚染を引き起こす．汚染の修復をレメディエーション（remediation）といい，原油汚染には生物を利用したバイオレメディエーションが用いられる．

b. 石炭の生産と土壌資源　　2008 年における世界の石炭生産量は，33 億 2490 万 t（石油換算）で，主要産出国は中国（42.5％），アメリカ合衆国（18.0％），オーストラリア（6.6％），インド（5.8％），ロシア（4.6％）南アフリカ（4.2％）である．2008 年末における世界の確認可採埋蔵量は，8260 億 t で，確認可採埋蔵量の多い国は，アメリカ合衆国（28.9％），ロシア（19.0％），中国（13.9％），インド（7.1％），オーストラリア（9.2％），ウクライナ（4.1％），カザフスタン（3.8％），南アフリカ（3.7％）である（BP Statistical Review of World Energy, 2009）．石炭の可採年数は，石油よりも長い．世界の石炭可採年数は 164 年とされ，ウクライナの可採年数が最も長く，424 年とされる．

c. 天然ガスの生産と確認可採埋蔵量　　2008 年における世界の天然ガス生産量は，3 兆 656 億 m^3 で，主要産出国はロシア（19.6％），アメリカ合衆国（19.3％），カナダ（5.7％），イラン（3.8％），

アルジェリア（2.8％），英国（2.3％）である．2008年末における世界の確認可採埋蔵量は185兆200万 m^3 で，確認可採埋蔵量の多い国は，ロシア（23.4％），イラン（16.0％），カタール（13.8％）である（BP Statistical Review of World Energy, 2009）．天然ガスは中東および旧ソ連地域に偏在するが，世界の天然ガスの確認可採埋蔵量は，66.7年で，可採年数の多い国は，ロシア（81.5年），シリア（72.0年），オーストラリア（69.9年），エジプト（69.1年）である．天然ガスは液化技術（GTL）が進み，利便性が高まり，環境へのインパクトが小さいなどの点から，今後さらに需要が増加すると推定される．天然ガスの偏在は，ますます資源の争奪を激化させると予想される．

■ 9.6 なくなるリンと土壌資源

世界のリン鉱床は偏在しており，わが国にはリン鉱床は存在しない．2009年におけるリン酸の年間生産量は P_2O_5 換算で約4000万tである．このリン酸のすべてがリン鉱石由来であるとするとリン鉱石は1億5800万tであると推定される（図9.8）．中国，米国，モロッコがリン鉱石の3大生産国で，全生産量の67％を占める．リン鉱石中のリンの約80％は化学肥料に，数％は家畜飼料添加物に，十数％は界面活性剤・金属処理に利用されている．リン鉱石埋蔵量は，160億tと見積られ，中国が37億t，モロッコが57億t，南アフリカが15億t，米国が11億tとされ，この4国が世界の全埋蔵量の75％を占め，やはり偏在している．経済的に採掘できるリン鉱石の埋蔵量からリン鉱石の枯渇を単純に予測すると，100年とされる．リン利用量が年間3％ずつ増加すると仮定すると，2060年には完全に枯渇すると予測される（図9.9）．米国は実質的にリン鉱石の輸出制限が始まっている．2001年以降，米国からわが国へのリン鉱石の輸出はなされていない．また，中国は2008年から100％の関税を課している．

リン資源の枯渇は農業に大打撃を与える．リン酸質肥料を施用しない場合には，現在の農業生産は1/3以下にまで低下すると予測されている．

◆ 文　献

BP Statistical Review of World Energy (2009)：BP Statistical Review of World Energy June 2009.
Buringh, P. (1982)：Trans. 12th Int. Congr. Soil Sci., p. 33, ISSS.
原田靖生（1997）：大気浄化機能を利用した悪臭ガス除去システム．土の環境圏，岩田進午・喜田大三監修，pp. 486-493，フジ・テクノシステム．
金子和巳・石川洋二（1997）：大気浄化機能を利用した有毒ガス除去システム．土の環境圏，岩田進午・喜田大三監修，pp. 494-503，フジ・テクノシステム．
環境省（2010）：平成20年度悪臭防止法施行状況調査について（平成21年12月24日）．(http://www.env.go.jp/air/akushu/index.html)
黒田章夫・滝口　昇・加藤純一・大竹久夫（2005）リン資源枯渇の危機予測とそれに対応したリン有効利用技術開発．環境バイオテクノロジー学会誌，**4**：87-94.
農林水産省（1949-2001）：農薬要覧，日本植物防疫協会．
岡崎正規（1989）：資源としての土．土の化学，日本化学会編，pp. 174-180，学会出版センター．
松村昭治・池谷　隆・小沢博幸・青山清造（1984）：清浄蔬菜の連続生産装置とそれによるミツバの周年栽培．農工大農場研報，**11**：19-30.
USGS（2009）：Phosphate rock. (http://minerals.usgs.gov/minerals/pubs/commodity/phosphate_rock/mcs-2010-phosp.pdf)

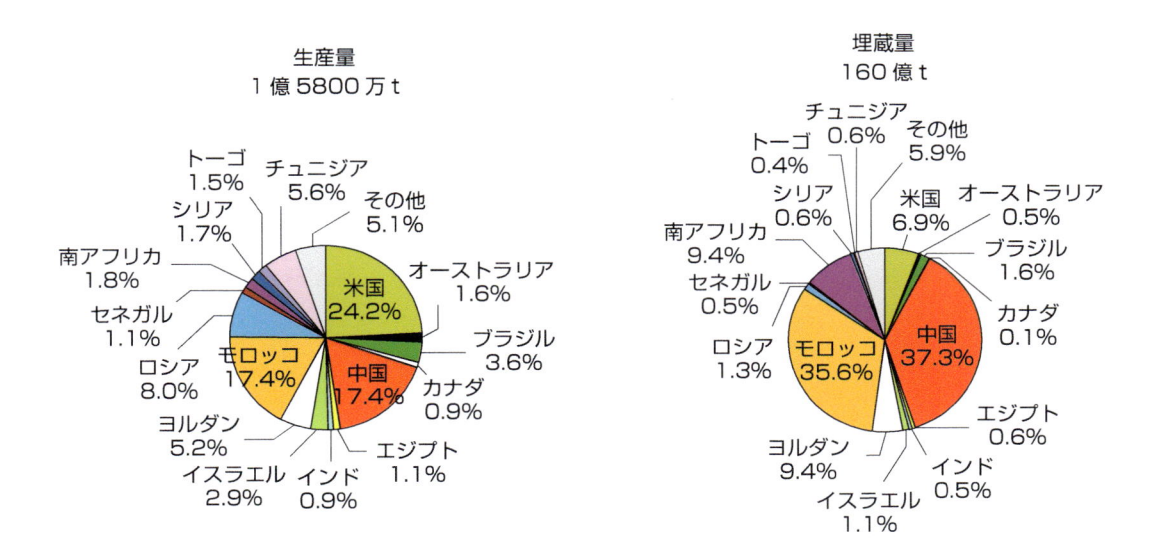

●図9.8　世界のリン鉱石生産と埋蔵量（USGS, 2009）
生産量は2003年の数値，埋蔵基礎量は将来技術進歩があれば採掘可能なリン鉱石の量．

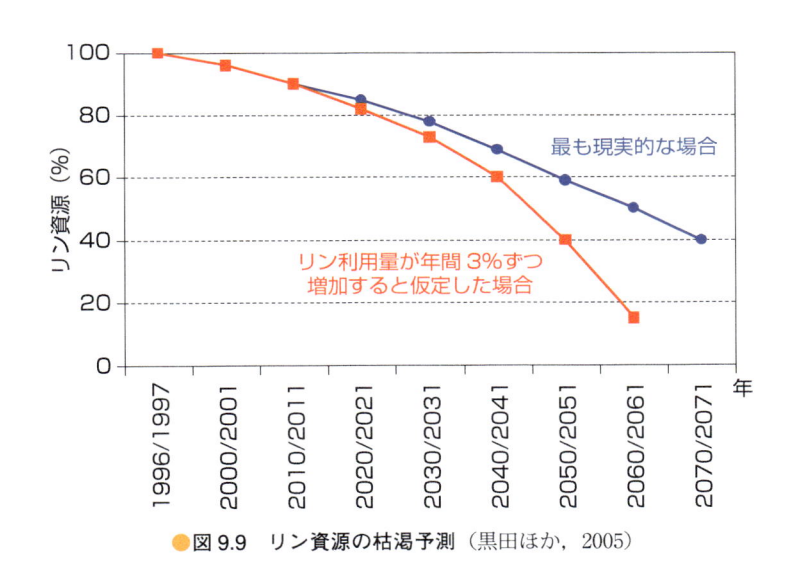

●図9.9　リン資源の枯渇予測（黒田ほか，2005）

9　土壌資源

10 土壌と地域

10.1 土壌が景観をつくる

a. 景観の中の土壌　土壌のもつ重要な機能の1つは，景観としての機能である．土壌を基盤として形成された森林，草地などの「緑の空間」は，我々に安らぎや開放感を与える．地域は，景観単位の集合体として捉えることができ，住宅地，工業用地，道路，森林，畑，水田，草地，樹園地などの土地利用が独特の景観をつくる．かけがえのない地球の空間は，ひとつひとつの地域からなり，地域は地球を構成するひとつの構成成分である．したがって，地球規模の環境変動は，ひとつひとつの地域の環境変化の集合として現れる．

"Think globally, Act locally"（地球レベルで考え，地域レベルで行動せよ）は Rene Dubos が 1972 年にスウェーデンのストックホルムで開催された国連人間環境会議で「環境に対する我々の心構え」を述べた有名な言葉である．地域で生じている環境変化を見逃すことなく，地球規模の環境変化を捉えよということであろう．

b. 土地利用とヒト　土地利用は，一般に地形に強く依存している．傾斜地が多く標高が高い土地を多く有する地域を人は森林として利用してきたために森林面積率が高くなり，低地や台地などの平坦部は，集約的に利用されてきた．森林としての土地利用は，多くの機能をもっている（表10.1）．森林には，ヒトが直接利用できる森林と，森林の存在により間接的に恩恵を受けている森林とがある．直接利用する機能には，①飲用水の供給，②木材の生産，③炭などの燃料の生産，④堆肥原料の採取，⑤山菜やきのこの栽培や採取および樹液の採取など森林副産物の利用，⑥動物の狩猟，⑦景観や生物の観賞などがあげられる．間接的な機能としては，①樹冠による降雨強度の緩和に伴う浸食の抑制や土壌中へ水を涵養する機能，②樹木の蒸発散による大気と陸上の水循環を調整する機能，③蒸発散に伴う熱の消費による気温の上昇を緩和する機能，④渓流水に水溶性有機物を溶存し，それが保持する鉄などの金属イオンを河川を通して沿岸に栄養を供給する機能，⑤樹木の光合成と，日陰となる土壌の温度上昇抑制がもたらす土壌有機物の蓄積による炭素固定機能，⑥生きている植物を摂取する草食動物と死んだ有機物を摂取する土壌動物，それらを餌にする肉食動物につながる食物連鎖を維持する機能，⑦食物連鎖による動物の多様性と，光を要求する高木から日陰の林床植生までの多階層構造による植物の多様性および，生物遺体や落葉落枝の粗腐植から土壌中の腐植まで多様な有機物と無機成分に依存する土壌生物・菌類の多様性までを含む生物多様性を維持する機能，⑧下流の農地やし尿処理場から排出される栄養成分など負荷を希釈する機能を有している．

10.2 地域における物質移動

a. ヒトが物質を動かす　農村地域の土地利用をただ眺めているだけでは，食料を生産する

● 表 10.1　ヒトの生活に貢献する森林機能

直接的機能

1. 飲用水の供給
2. 木材の生産
3. 炭などの燃料の生産
4. 堆肥原料の採取
5. 山菜，きのこ，樹液など森林副産物の利用
6. 動物の狩猟
7. 景観や生物の観賞

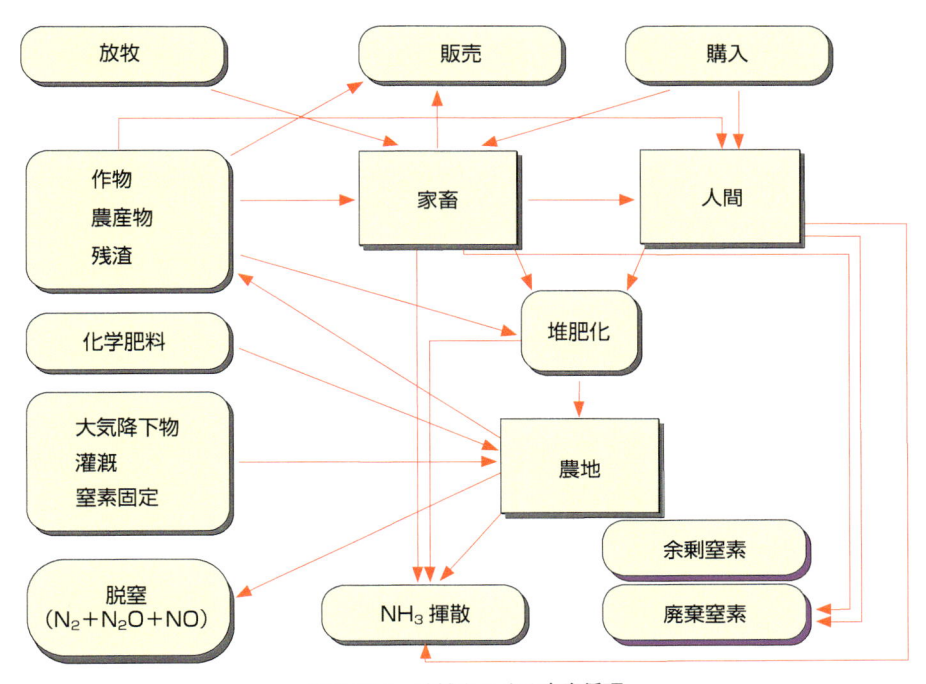

間接的機能

1. 水涵養
2. 水循環の調整
3. 気温上昇の緩和
4. 沿岸への栄養供給
5. 炭素固定
6. 食物連鎖の維持
7. 生物多様性の維持
8. 負荷の希釈

● 図 10.1　地域をめぐる窒素循環

10　土壌と地域

農地，畜産酪農施設，それらを消費する集落を見出すのみで，生産された食糧が農村部から出荷され都市部で消費される元素の流れがあることを見逃してしまう．元素は地域外からも輸入され，それらも地域内の元素と同様にヒトに摂取され，排泄される．さらに，地域によっては，家畜にも地域内だけでなく地域外で生産された牧草や飼料も供給され，ヒトのし尿だけでなく，家畜の糞尿も発生し，元素の流れが生じている．窒素を例に描いてみると図10.1のように表される．窒素の場合，家畜糞尿の処理によりアンモニア（NH_3）が揮散し，土壌への窒素の投入により脱窒が生じる．農地へ作物に吸収される以上に肥料や堆肥が投入されると，農地には余剰の窒素が残存する．これは，河川や地下水へ流出していくかもしれない．家畜糞尿やヒトのし尿の廃棄もあり，これも河川への流出源となる．

農地においては，食糧を生産するために，化学肥料や堆肥により必要な窒素が供給されている．し尿や家畜糞尿の廃棄がまったくなく，全量が農地へ投入されれば，農地からヒトや家畜へ流れた元素は再び農地へ戻ることになる．ヒトのし尿は，江戸時代には「金肥」とよばれ，取引されたが，明治になって公衆衛生の観点から1900年に汚物清掃法，1954年に清掃法，1970年に廃棄物処理法が制定され，し尿や食品廃棄物は農地から隔離されてきた．

一方，過剰な施肥は，河川への負荷量を増加し，沿岸域の富栄養化を促進することになる．1960年代以降の高度成長に伴い，生活廃棄物全般の増加によりゴミ処理量が著しく増大し，社会問題となったことから，再生利用可能な廃棄物の再利用が検討されるようになり，1991年に再生資源利用促進法が制定され，2000年に資源有効利用促進法へ全面改正された．

b．地域から川，海，地下水へ　作物が吸収できずに農地の土壌中に残存した窒素をはじめとする元素は，農地からの水の流出に伴い地下水，河川へ流出する．また，ゴミ処理場やし尿処理場，家畜糞尿の堆積場からの排水にも元素が含まれている．河川水へ流入した元素は，河川を通して沿岸域へ運ばれ，沿岸域の生物に影響を与える．水圏に生育する植物は浮遊性の植物プランクトンと海底の海草類である．これらは，光合成を行い，海中に酸素を供給している．植物プランクトンには，ケイ藻類，鞭毛藻類などがある．窒素とリンは，植物プランクトンの増殖を規定するが，それとともにケイ藻類はケイ素を必須成分とする．鞭毛藻類はケイ素を必要としない．また，貝毒を発生させる鞭毛藻類の増殖は，直接漁業に被害を与える（図10.2）．

陸域から海域へ河川を通してケイ素，リン，窒素が供給されている．ケイ素は，岩石鉱物の化学的風化により供給される．河川中の高いケイ素濃度は，土壌の母材に含まれるケイ素が溶解していることを意味しており，土壌の生成が進行中であることを示している．一方，森林では，リンや窒素は，植物生育の制限因子であるが，植物が吸収する以上の窒素やリンが供給されれば，河川水中の窒素，リン濃度は増加する．とくに冬期間は植物の生育が抑制されるので，森林土壌に保持されるが，雪解け水により河川へ押し流される（図10.3）．

河川へ流出する形態の窒素は，硝酸態窒素（NO_3-N），亜硝酸態窒素（NO_2-N），アンモニウム態窒素（NH_4-N），溶存有機態窒素（DON），粒子状有機態窒素（PON）である．これらの合計を全窒素という．一例として農地流域（9 ha，農地率90％）と森林流域（3 ha，農地率0％）の河川における窒素の年間の流出量を図10.4に示す．農地流域では，流域面積あたりの全窒素流出量は森林流域の9倍に増加している．その約半分をNO_3-Nが占め，残りをDONとPONの

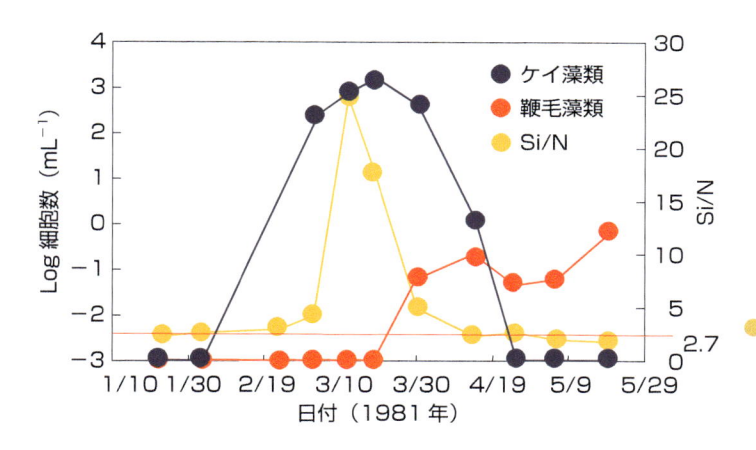

●図10.2 冬期から春期における噴火湾湾央部におけるケイ藻類と鞭毛藻類の消長（Tsunogai & Watanabe (1983) より作成）

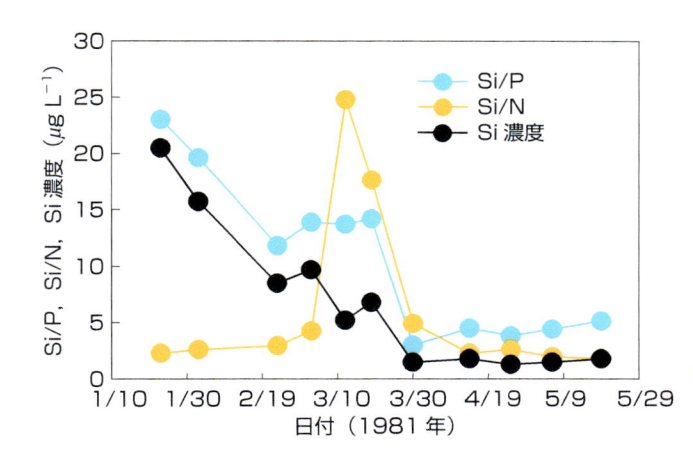

●図10.3 噴火湾湾央部におけるSi濃度と Si/P, Si/N比の経時変化（Tsunogai & Watanabe (1983) より作成）

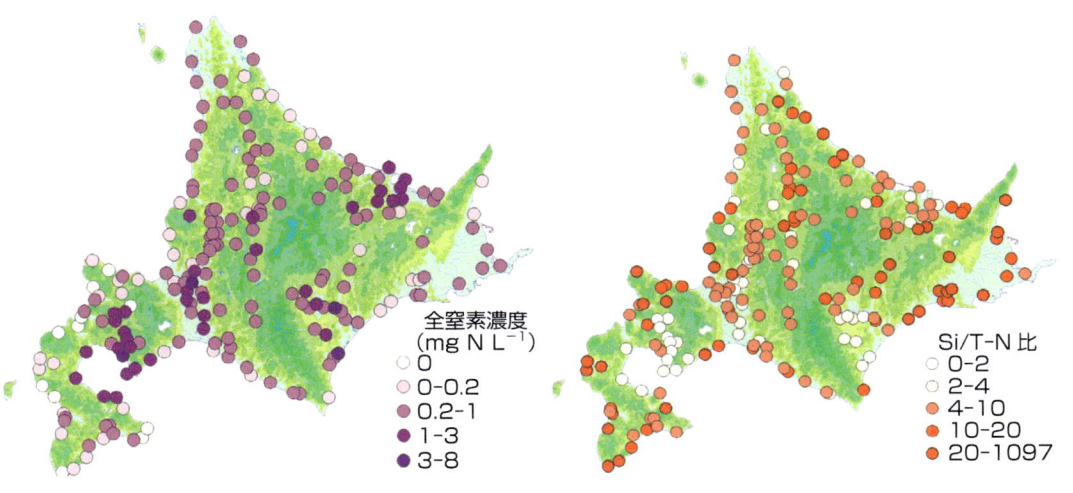

●図10.4 融雪期の河川水の全窒素濃度と，Si/Nモル比（南雲・波多野 (2001) より作成）

10 土壌と地域

有機態窒素が占める．畑の地下への排水に溶存する窒素のほとんどは $NO_3\text{-}N$ であるので，有機態窒素は表面流去水により降雨時に流出するとみられる．一方，森林流域では，有機態窒素が3/4 を占め，PON が全体の半分を占めている．

$NO_3\text{-}N$ の農地からの流出は，降雨があるたびに生じる．北海道のタマネギ畑での深さ 90 cm に埋設した暗渠の排水中の $NO_3\text{-}N$ 濃度は常に水質基準値である 10 mg-N L^{-1} を上回っており，地下水，河川水の汚染源になっている（図 10.5）．

図 10.6 の圃場の場合，窒素施与量は 309 kg N ha^{-1} であったのに対して，作物吸収量は 133 kg N ha^{-1} であり，窒素施与量の 43% でしかない．窒素溶脱量は 179 kg N ha^{-1} であり，窒素施与量と作物吸収量の差分が溶脱している．$NO_3\text{-}N$ の溶脱のうち，収穫期までに溶脱した量は 88 kg N ha^{-1} であり，91 kg N ha^{-1} は収穫後に溶脱したものであった．さらに融雪時には年間窒素流出の 12% が 11 日間で流出しており，植物のない時期の降雨，融雪が溶脱を促進している．

このような窒素の移動のなかで，畑からの $NO_3\text{-}N$ の溶脱により地下水の汚染が顕在化している．北海道が独自に行った 9528 カ所の井戸水のまとめ（1999～2001 年）によれば，その 5.7% が 10 mg N L^{-1} を超えており，とくに網走管内の 1089 カ所の井戸の 30.7% が 10 mg N L^{-1} を超過していた（図 10.7）（北海道環境生活部，2003）．農業地帯の地下水を飲用水に用いることは控えなければならない状態になっている．

c．地域から大気へ　　二酸化炭素（CO_2），メタン（CH_4），亜酸化窒素（N_2O）は土壌から発生する温室効果ガス（greenhouse gas）である．IPCC（気候変動に関する政府間パネル）によると，これらの温室効果ガスの大気中濃度は産業革命以前の 1750 年頃まではそれぞれ 280 ppmv，715 ppb，270 ppb を保っていたが，2005 年にはそれぞれ 379 ppm，1774 ppb，319 ppb へ上昇した（IPCC，2007）．CH_4，N_2O は赤外線の吸収効率が高いため，100 年スケールでみると，CO_2 のそれぞれ，23 倍，296 倍の温室効果をもつ．1975 年から 2000 年の濃度上昇による温室効果への寄与率は CO_2 が 60%，CH_4 が 20%，N_2O が 6% を占めている（図 10.8）．

CO_2 の発生源は，化石エネルギー燃焼やセメント生産と土地利用に伴う陸域生態系からのもので，1990 年代の総量は，年間 7.9 Gt C yr^{-1} と見積られている（図 10.9）．そのうち，80% が化石エネルギー燃焼によるもので，20% が土壌有機物分解によるものである．それらは，大気への貯留が 3.3 Gt C yr^{-1}（42%），海洋への吸収が 2.3 Gt C yr^{-1}（29%），発生量との差し引きで，森林への吸収が 2.3 Gt C yr^{-1}（29%）とされる．

陸域生態系からの CO_2 消失は，生態系における有機物分解（organic matter decomposition：OMD）と生態系からの有機物の収穫（H, harvest）である．CO_2 固定は植物の光合成と呼吸の差の純一次生産量（net primary production：NPP）で，CO_2 固定と CO_2 消失の差は，純生物相生産量（net biome production：NBP）である．すなわち，NBP＝NPP－OMD－H である．なお，収穫には，人間によるものばかりでなく，動物による植物の摂取も含まれる．収穫がない場合の生態系の炭素収支は純生態系生産量（net ecosystem production：NEP）とよばれる．これらの関係は，図 10.10 のように表される．農業生態系の場合は，堆肥が投入され，また土壌侵食による当該生態系からの流出も生じる．枯死有機物は森林の粗腐植層であり，落葉落枝による供給と，土壌動物による土壌中への混入，その間の分解が関わる．

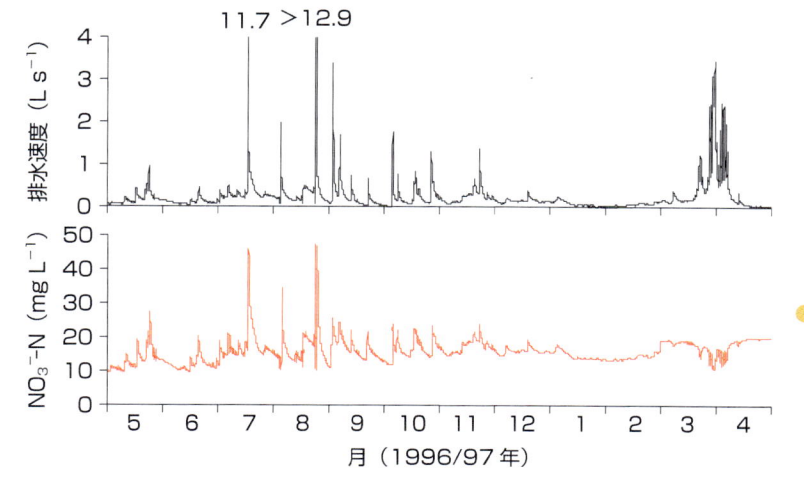

● 図 10.5 北海道のタマネギ畑からの深さ 90 cm に埋設した暗渠排水からの排水速度とその硝酸態窒素濃度（Hayashi & Hatano, 1999）

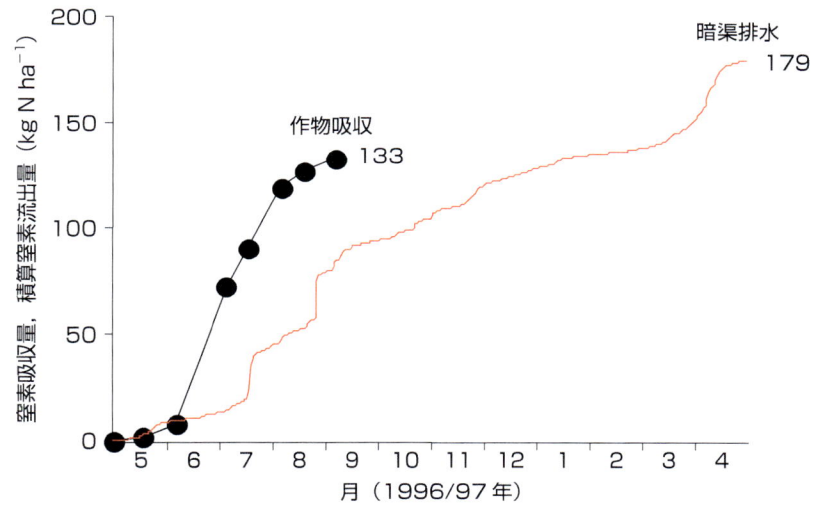

● 図 10.6 タマネギの窒素吸収量，暗渠排水からの窒素流出量（99 % が硝酸態窒素）
化学肥料窒素施与量は 309 kg N ha^{-1}.

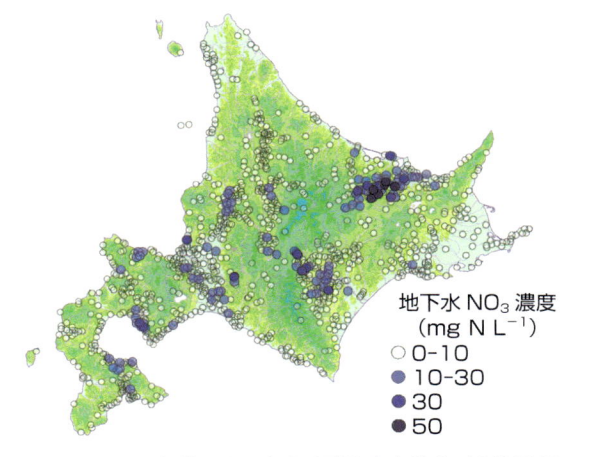

● 図 10.7 北海道の地下水中硝酸態窒素濃度（北海道環境生活部（2003）より作成）

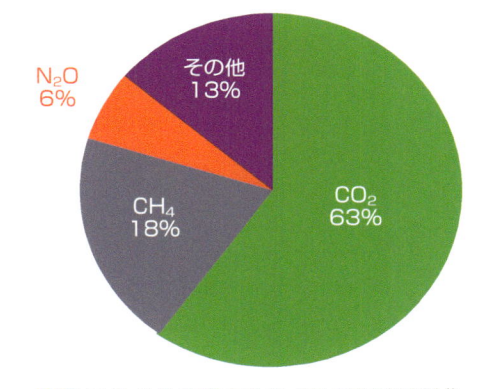

● 図 10.8 世界の温室効果ガスの地球温暖化寄与率（1750〜2005 年）（IPCC, 2007 より作成）

10　土壌と地域

図10.11に土壌有機炭素含有量（深さ30 cm）とNBPの関係を示す．これは，地球温暖化がよく知られるようになった1997年以降に，専門誌に報告された値をプロットしたものである．土壌有機炭素含有量が大きいほどNBPは小さくなり，土壌有機炭素含有量は100 kg C ha^{-1}で，NBPは負の値を示す．とくに，畑，草地では-10 kg C ha^{-1} yr^{-1}に近い大きな負の値を示し，土壌有機炭素含量の多い土壌ほど，生態系から炭素を消失している．また，図10.12に緯度と，NEPの関係を示す．高緯度ほど，NEPは小さくなっており，畑と草地で負の値を示す．すなわち，収穫による生態系からの炭素の収奪以前に，自然状態において，北方ほど植物への炭素固定より土壌有機物分解が卓越し，生態系は炭素を失っていることになる．

　微生物による有機物分解は温度が上昇するほど進む（図10.13）．温度が10℃上昇すると有機物分解速度は一般に2倍になる．温度10℃の上昇に伴う生物活性の上昇率をQ_{10}という．

　有機物分解速度をアレニウス式（$\ln(\mathrm{OMD})=a/T+\ln(b)$，$T$は絶対温度）に適合させると，$Q_{10}$は以下の式のように求めることができる．

$$Q_{10}=\frac{b\times e^{\frac{a}{(T+10)}}}{b\times e^{\frac{a}{T}}}=e^{a\times\left(\frac{a}{(T+10)}-\frac{1}{T}\right)}=e^{a\times\left(\frac{1}{288+10}-\frac{1}{288}\right)}$$

　根の呼吸も含めたCO_2放出速度から見積もったQ_{10}は，図10.14に示すように，多くの事例から平均2.4であり，最小1.3から最大3.3であった（Raich & Schlesinger, 1992）．

　N_2Oは，温室効果ガスであるとともに，成層圏でのオゾン（O_3）との反応も重要である．N_2Oは化学的に安定であり対流圏内に消失先がほとんどないため，成層圏に輸送され主に光分解されNOを生成する．このNOが触媒的に成層圏O_3を消滅させる．N_2Oは他の温室効果ガスに比べて大気中での寿命が114年程度と長く，地球環境への影響は長期に及び，現在の濃度レベルを維持するためには大幅なN_2Oの削減が必要である（IPCC, 2001）．

　N_2Oの発生源は，海洋，土壌，有機物燃焼，家畜，工業である．年間のN_2Oの総放出量は最新の見積もりで1770万tNとされているが，670万〜3660万tNの大きな誤差範囲をもっている（表10.2）．人為起源は，農地土壌（24％），バイオマス燃焼（3％），工業（7％），家畜と畜舎（12％）で，合計46％を占める（図10.15）．農業にかかわる過程での放出が38％に達している．また，総放出の34％は土壌由来となっている（Mosierほか，1998）．

　硝酸化成と脱窒は土壌水分に強く影響を受ける．図10.16のように，土壌孔隙の水分飽和度（water filled pore space：WFPS）が10〜60％（WFPS＝60％は，ほぼ圃場容水量）のときに硝酸化成が盛んで，N_2OよりもNOの生成が優勢となり，WFPSが60％以上では脱窒が硝酸化成よりも活発となり，NOよりもN_2O生成が優勢となる（鶴田，2000）．降雨でWFPSが高まりやすい粘土質土壌ほど放出量が多い．N_2O生成を増加させる因子として，水分増加のほか，基質であるNH_4^+およびNO_3^-濃度の上昇，土壌pHの上昇，有機物含量の増加，40℃までの温度上昇がある．硝酸化成菌は独立栄養であり，酸化的条件でNH_4^+が必要である．従属栄養の脱窒菌は水素供与体として有機物を必要とする．また独立栄養の硫黄酸化菌のなかには硝酸呼吸をするもの（*Thiobacillus denitrificans*）もある．炭酸カルシウムと硫黄の投与により脱窒が促進する．

　CH_4の生成は，還元状態における有機物分解過程で生じ，CH_4の分解は大気中の化学反応とと

排出
(7.9 Gt C yr^{-1})

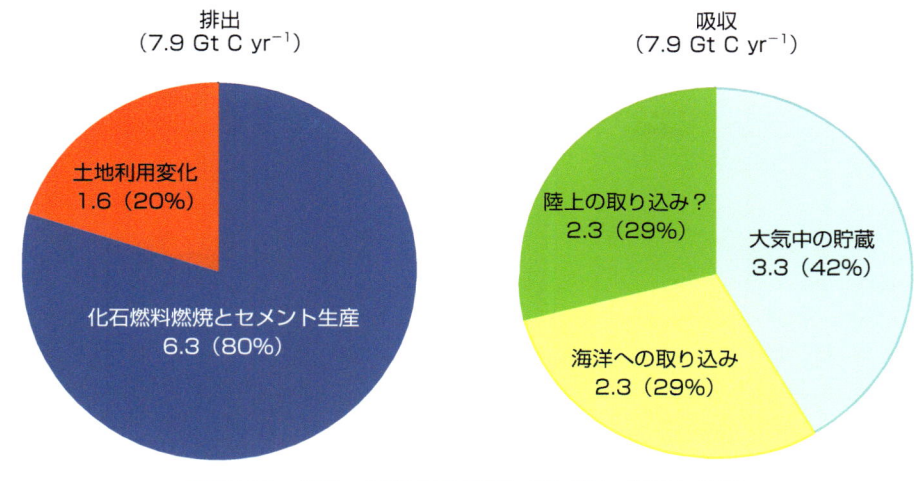

- 土地利用変化 1.6 (20%)
- 化石燃料燃焼とセメント生産 6.3 (80%)

吸収
(7.9 Gt C yr^{-1})

- 陸上の取り込み？ 2.3 (29%)
- 大気中の貯蔵 3.3 (42%)
- 海洋への取り込み 2.3 (29%)

● 図10.9　1989～1998年の年平均 CO$_2$ 収支（IPCC, 2001）

● 表10.2　いろいろな研究者による N$_2$O の発生源と吸収源（IPCC, 2001）

		Mosierほか(1998), Kroezeほか(1999)		Olivierほか (1998)		IPCC 1996	IPCC 2001
		1994	誤差範囲	1990	誤差範囲	1980-1989	1990-1999
発生源	自然						
	海洋	3	1-5	3.6	2.8-5.7	3	
	大気	0.6	0.3-1.2	0.6	0.3-1.2		
	熱帯湿潤森林土壌	3	2.2-3.7			3	
	熱帯乾燥サバンナ土壌	1	0.5-2.0			1	
	温帯森林土壌	1	0.1-2.0			1	
	温帯草地土壌	1	0.5-2.0			1	
	土壌全体			6.6	3.3-9.9		
	自然合計	9.6	4.6-15.9	10.8	6.4-16.8	9	
	人為						
	農地土壌	4.2	0.6-14.8	1.9	0.7-4.3	3.5	
	バイオマス燃焼	0.5	0.2-1.0	0.5	0.2-0.8	0.5	
	工業	1.3	0.7-1.8	0.7	0.2-1.1	1.3	
	家畜と畜舎	2.1	0.6-3.1	1	0.2-2.0	0.4	
	人為合計	8.1	2.1-20.7	4.1	1.3-7.7	5.7	6.9
	全放出量	17.7	6.7-36.6	14.9	7.7-24.5	14.7	
吸収源	成層圏	12.3	9-16			12.3	12.6
大気増加量		3.9	3.1-4.7			3.9	3.8

単位：100万 t N yr^{-1}．

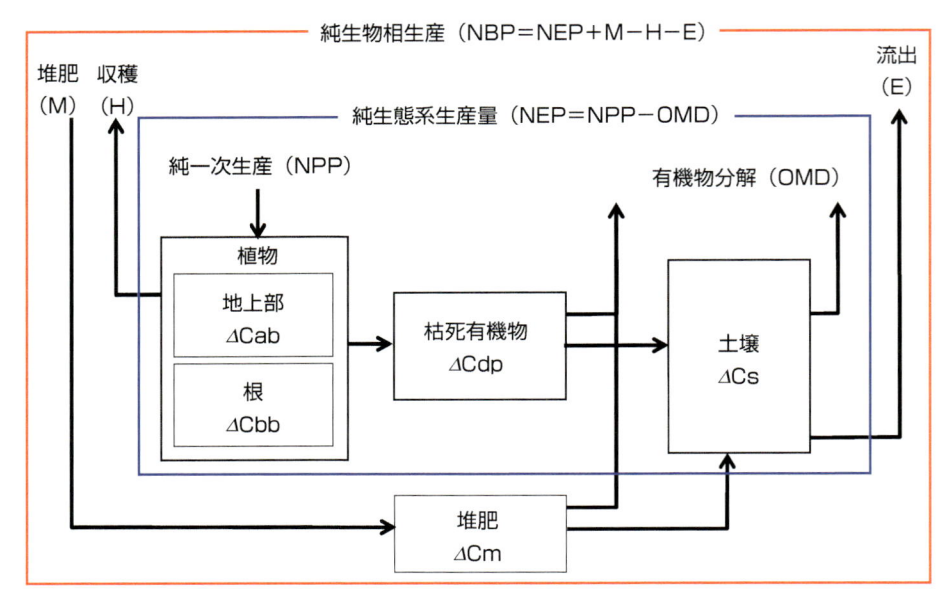

●図 10.10 生態系の炭素収支

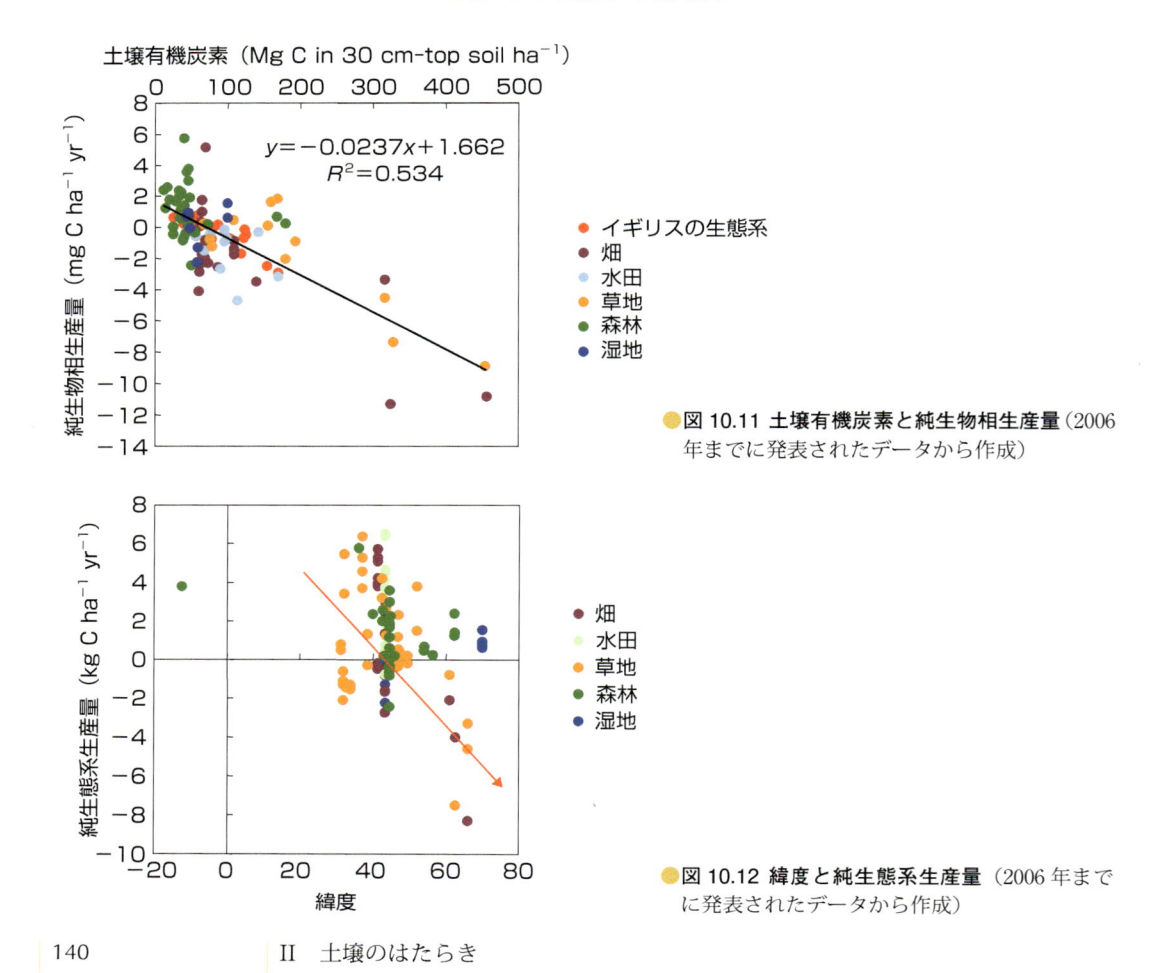

●図 10.11 土壌有機炭素と純生物相生産量（2006年までに発表されたデータから作成）

●図 10.12 緯度と純生態系生産量（2006年までに発表されたデータから作成）

II 土壌のはたらき

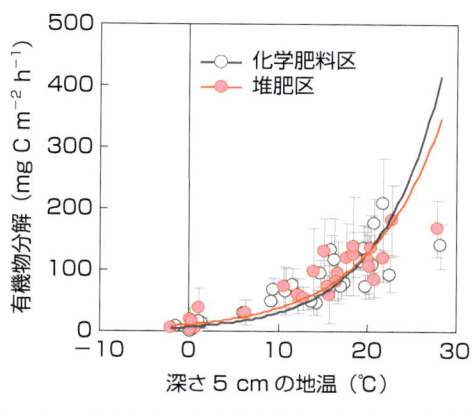

●図 10.13 地温と有機物分解の関係（北海道の草地での観測例）

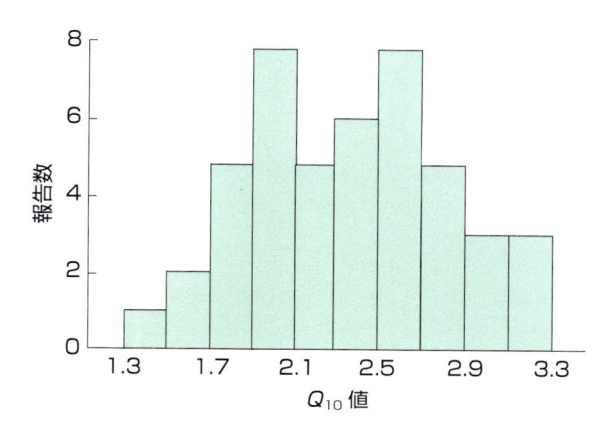

●図 10.14 Q_{10} 値の報告例の頻度分布（Raich & Schlesinger, 1992）

全体：1770万 t N yr^{-1}

●図 10.15 N_2O 発生源の内訳（Mosier ほか，1998）

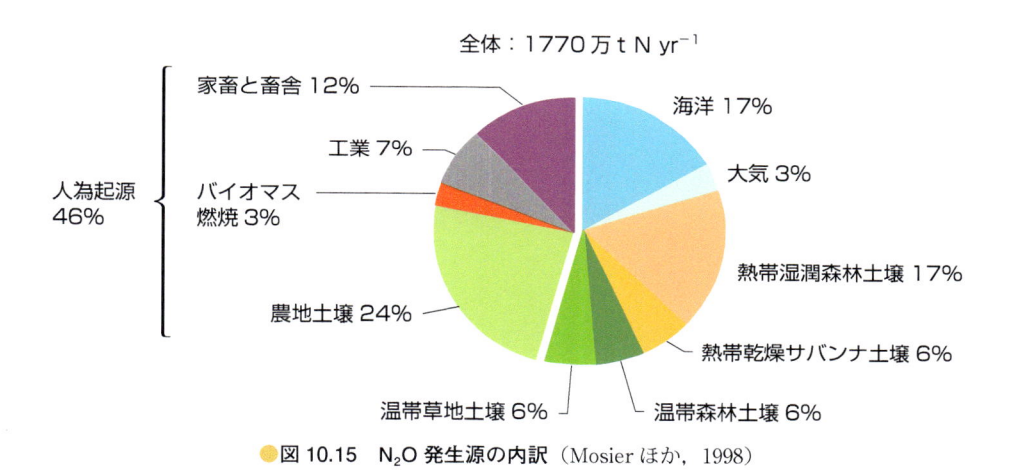

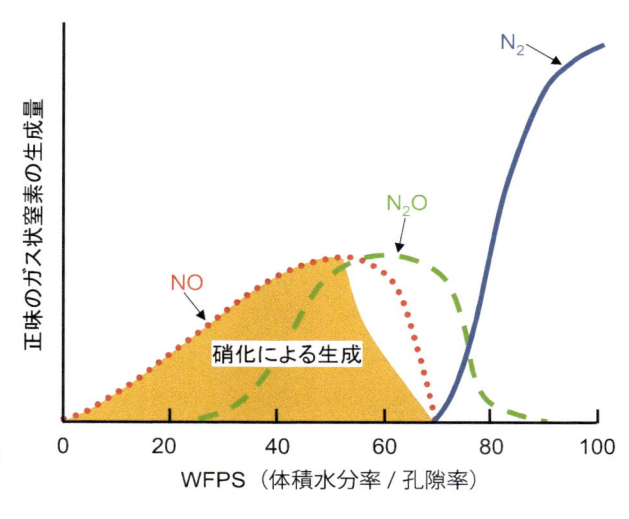

●図 10.16 硝化と脱窒に伴う NO, N_2O, N_2 発生（鶴田，2000）

10 土壌と地域　　141

もに土壌中のメタン酸化菌により生じる（陽，1994）．大気に放出されたメタンの寿命は 8.4 年と短いが，温室効果とともに，対流圏で OH ラジカルとの反応過程で O_3 が生成される．

世界の総 CH_4 発生量は 5 億～6 億 t CH_4 であり，分解量は 4.6 億～5.8 億 t CH_4 であり，分解量のほうが発生量より小さく，残りは大気濃度を上昇させている（表 10.3）．CH_4 吸収源は大気と土壌とくに森林土壌であり，大気中での OH ラジカルによる分解が 90％程度を占める．CH_4 の発生源は，自然起源では，湿地，海洋，メタンハイドレートからの漏れがあげられ，人為起源は農業，工業，日常生活の廃棄物からのものがある．これらのうち，微生物に由来するものとして湿地，水田，反芻動物の腸内発酵，廃棄物埋め立て地，海洋，湖沼があげられ，微生物に由来しないものは，メタンハイドレートからの漏れ，化石エネルギー消費，バイオマス燃焼である．1990 年代の CH_4 の排出量の見積りの一例を図 10.17 に示す（Lieliveld ほか，1998）．人為起源が 65％を占めている．自然起源では湿地が大きく全体の 27％を占め，人為起源では反芻動物が全体の 19％を占め，ついで化石エネルギー起源が 18％，水田が 10％を占める．

湿地や水田における CH_4 の生成には，絶対嫌気菌であるメタン生成菌が関与している．CH_4 は，嫌気状態で生成される酢酸（CH_3COOH）やエチルアルコール（CH_3CH_2OH）のメチル基（CH_3）から直接転移するメチル基転移反応によりまず生じる．この反応過程で生成した揮発性有機酸のギ酸（$HCOOH$）や水素ガスがさらに CO_2 を還元する炭酸還元反応によっても CH_4 は生じる．酢酸やギ酸は植物に有害な物質であるので，メタンへの変換，大気への放出はそれらを除去する重要な役割をもっている．図 10.18 のように，土壌からのメタン放出の主要な経路は，イネ科植物の通気組織であり，水田では全 CH_4 放出量の 90％以上が放出されうる．気泡によっても放出されるが，拡散による放出はきわめて少ないといわれている．一方，好気的な土壌条件に生息するメタン酸化菌は，CH_4 を CO_2 に酸化分解する．水田の田面水のように，湛水した土壌表面には水の溶存酸素が供給されており，メタン酸化菌が生息できる環境にある．また，イネ科植物の通気組織を通して，酸素が根圏土壌には酸素が供給されメタン酸化菌が生息できる条件では，CH_4 の酸化分解が生じる．さらに水田土壌の下層には，不飽和な酸化層が存在する場合が多く，そこに生息するメタン酸化菌により，浸透水に溶存して溶脱した CH_4 の酸化分解を行う．

10.3　バランスはとれているのか

a．物質収支　　流域における窒素の循環には，農業と生活のための窒素の流入 I（化学肥料の施用，窒素固定，大気降下物，灌漑，食料・飼料の輸入）と，農林業生産物の出荷 E，河川，大気を通しての環境負荷 L，脱窒による浄化 P がある（図 10.19）．生産物の出荷を最大にし，環境負荷を最小にすることが優れた流域の管理であるといえる．なお，流入量 I と出荷量 E の差は純窒素投入量（NNI）とよばれ，流域への貯留がない場合には，純窒素投入量は環境負荷量 L と浄化量 P の合計は等しくなる．NNI が大きくなると，河川への全窒素流出量が増加する．

流域への流入量と出荷量，環境負荷量，浄化量を指標とする評価をエコバランスといい，これを見積るためには，インプットデータ，インベントリーデータを必要とする（図 10.20）．インプットデータは国や地方自治体の統計資料より得られる人口，家畜飼養頭数，土地利用面積，化学肥料窒素施与量，堆肥施与量，食料と飼料の購入量と出荷量である．インベントリーデータはイン

● 表10.3　いろいろな研究者による CH_4 の発生源と吸収源（IPCC, 2001）

			Fungほか (1991), 1980-1989	Heinほか (1997)	Lelieveldほか (1998) 1992	Houwelingほか (1999)	Mosierほか (1998) 1994	Olivierほか (1999) 1990	Caoほか (1998)	IPCC 1996 1980-1989	[a]IPCC 2001 1998
発生源	自然	湿地	115	237	[c]225	145			92		
		シロアリ	20	—	20	20					
		海洋	10	—	15	15					
		ハイドレート	5	—	10	—					
		自然合計	150	237	270	180					
	人為	エネルギー	75	97	110	89		109			
		埋め立て地	40	35	40	73		36			
		反芻動物	80	[b]90	115	93	80	[b]93			
		家畜排泄物	—	[b]	25	—	14	[b]	53		
		水田	100	88	[c]	—	25-54	60			
		バイオマス燃焼	55	40	40	40	34	23			
		その他	—	—	—	20	15				
		人為合計	350	350	330						
	全放出量		500	587	600					597	598
吸収源		土壌	10		30	30	44			30	30
		対流圏	450	489	510					490	506
		成層圏		46	40					40	40
		合計	460	535	580					560	576
大気増加量			40	52	20					37	22

単位：100万 $t\ CH_4\ yr^{-1}$.

[a] IPCC 2001 は CH_4 濃度を 1745 ppb とし，1 ppb あたり 2.78 Tg CH_4，寿命を 8.4 年，年間の増加量を +8 ppb として計算している．
[b] 家畜排泄物は反芻動物に含まれる．
[c] 水田は自然湿地に含まれる．

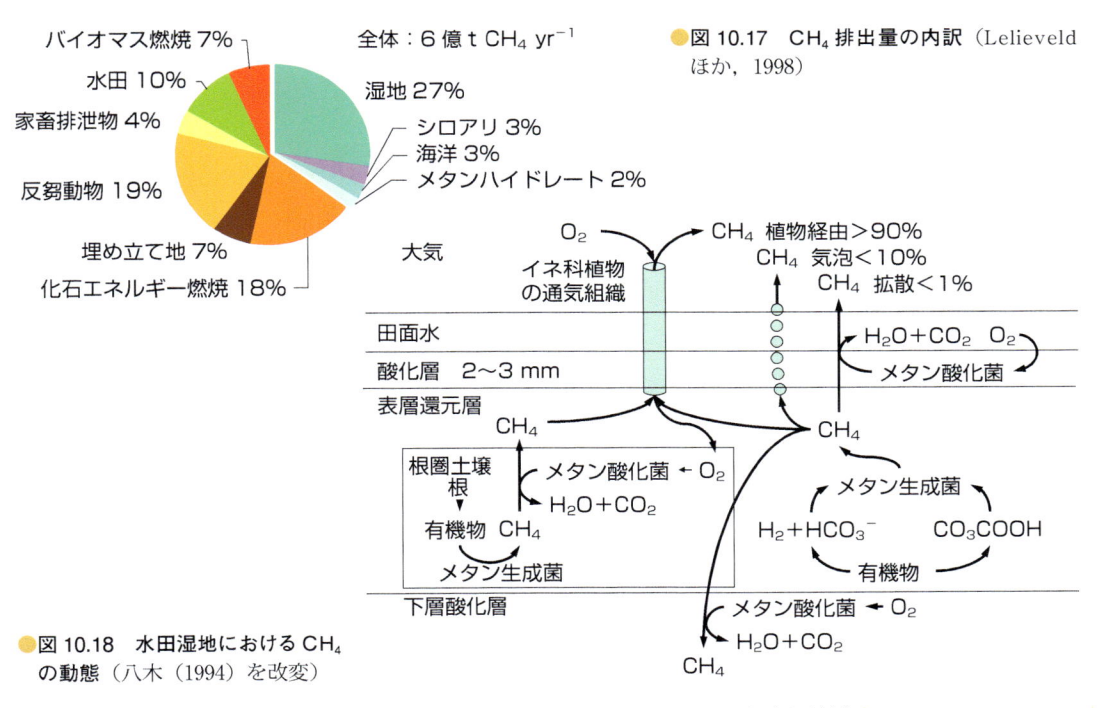

● 図10.17　CH_4 排出量の内訳（Lelieveldほか，1998）

全体：6億 $t\ CH_4\ yr^{-1}$

- バイオマス燃焼 7%
- 水田 10%
- 家畜排泄物 4%
- 反芻動物 19%
- 埋め立て地 7%
- 化石エネルギー燃焼 18%
- 湿地 27%
- シロアリ 3%
- 海洋 3%
- メタンハイドレート 2%

● 図10.18　水田湿地における CH_4 の動態（八木（1994）を改変）

10　土壌と地域

プットデータを窒素量に変換するためのデータで，日本食品標準成分表や文献値，実測値から得られる農産物や畜産物，家畜糞尿，人間し尿などの窒素含有率，および文献により得られるNH_3揮散，脱窒，N_2O放出，窒素流出量に関わる排出係数，家畜と人間の窒素要求量や糞尿し尿の発生量，灌漑による窒素流入量および土地利用ごとの窒素固定量，窒素降下物量である．

流域内でのストックの変化がない場合，窒素の流入量Iと，出荷量E，環境負荷量L，浄化量Pの合計は等しくなる．すなわち，$I=E+L+P$である．また流域の内部では，食料，飼料の一部は自給され，家畜糞尿やし尿および作物残渣，木材残渣は堆肥化され農地に施与され，循環が生じることも示されている．すなわち，流域内に流入した窒素は循環を通して流出していくので，流域内の総窒素フロー（TST）は内部循環量C，出荷量E，環境負荷量L，浄化量Pの合計である．すなわち$TST=C+E+L+P$となる．ここで，C＝自給食料＋自給飼料＋自給堆肥施与量，E＝畜産物出荷＋農産物出荷＋堆肥出荷＋林産物出荷，L＝窒素流出（NO_3^-＋NH_4^+＋有機態窒素）＋NH_3揮散＋N_2O放出＋NO放出，P＝脱窒（N_2放出）である（Hatanoほか，2005）．

農業では出荷量Eの増加が目標である．自給自足のままで出荷量を増加させるわけにはいかないので，出荷した分の食料や飼料を購入するか，肥料を導入して食料，飼料を増産しなければならない．その増加分，流域内のTSTは増加する．いずれかの方法で自給量分のみの食料をまかなうことにより，出荷量Eを増加させるとともに，作物増産により残渣量が増加し循環量Cも必然的に増加する．すなわち，流域への流入量Iは出荷量Eと循環量Cの増加をもたらすことになる．ただし，$I>E$および$I>C$である．すなわち，流入量Iと出荷量Eの差であるNNIの増加をもたらすことになる．NNIの増加に伴って河川へのTN流出量が増加していた．

図10.20から，TSTは0.5～310 kg N ha^{-1} yr^{-1}であり，畑を主とする地域で高く，ついで草地，水田，混合農業であった．いずれのエコバランス要素ともに，TSTと正の相関関係が認められた．TSTの増加に対し，循環Cは草地で高い傾向がみられ，都市で低い傾向にあった．出荷量Eは水田，混合農業で大きく，畑でばらつきが大きかった．環境負荷Lの傾向は水田でやや低い傾向がみられた．浄化Pは水田，都市，混合農業で大きくなる傾向を示した．これらの関係から，水田地帯はTSTが比較的小さいことにより環境負荷が小さく抑制されるが，外部からの窒素の流入に対して，出荷量の増加が大きく，浄化も大きくはたらき，優れた農業形態であることがわかる．混合農業は水田地帯と同様の傾向をもつが，TSTが著しく小さく，農業生産の規模は小さい．畑，草地は出荷量の増加には水田地帯より大きなTSTが必要であるが，そのために環境負荷Lが増加する．その規模は都市部より大きい．

日本では，環境基準として河川水の窒素濃度を1 mg N L^{-1}としている．河川水の濃度Cは，河川への窒素流出量Nを水量Qで除して近似できる．北海道の年平均降水量は約1200 mmであり，その約80％が流出すると仮定すると，Qは1000 mmである．河川水濃度が1 mg N L^{-1}以下に保つ上限のNNIは40 kg N ha^{-1} yr^{-1}と計算される．NNIと流域でのTSTの関係（図10.20C）から河川水濃度を1 mg N L^{-1}以下に保つための上限のTSTは74 kg N ha^{-1} yr^{-1}と得られる．上限値を超えるのは，都市部が66％，草地が15％，水田が39％，畑が42％，その他が6％であった．

b．自然生態系がもつインパクトの緩和　自然生態系における脱窒は，もっぱら湿地や河畔林下の土壌に依存している．図10.21に北海道の別寒辺牛川と標津川流域内の草地，河畔，湿地

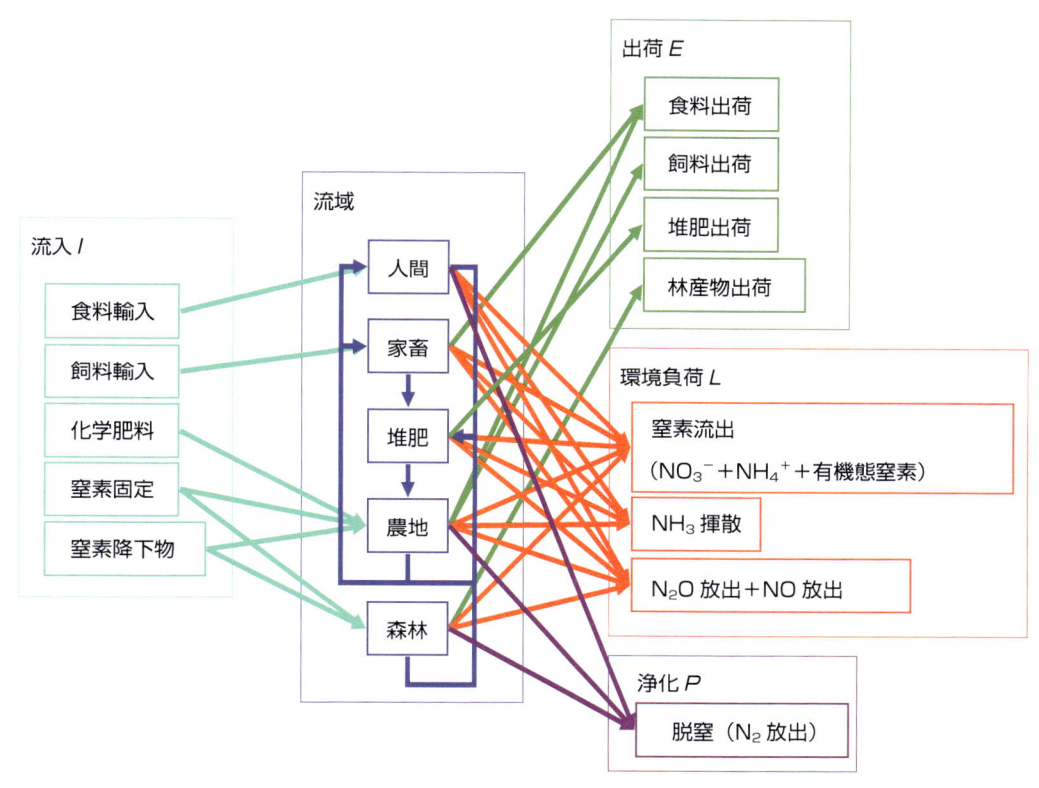

● 図 10.19 流域における窒素の流入，出荷，環境負荷

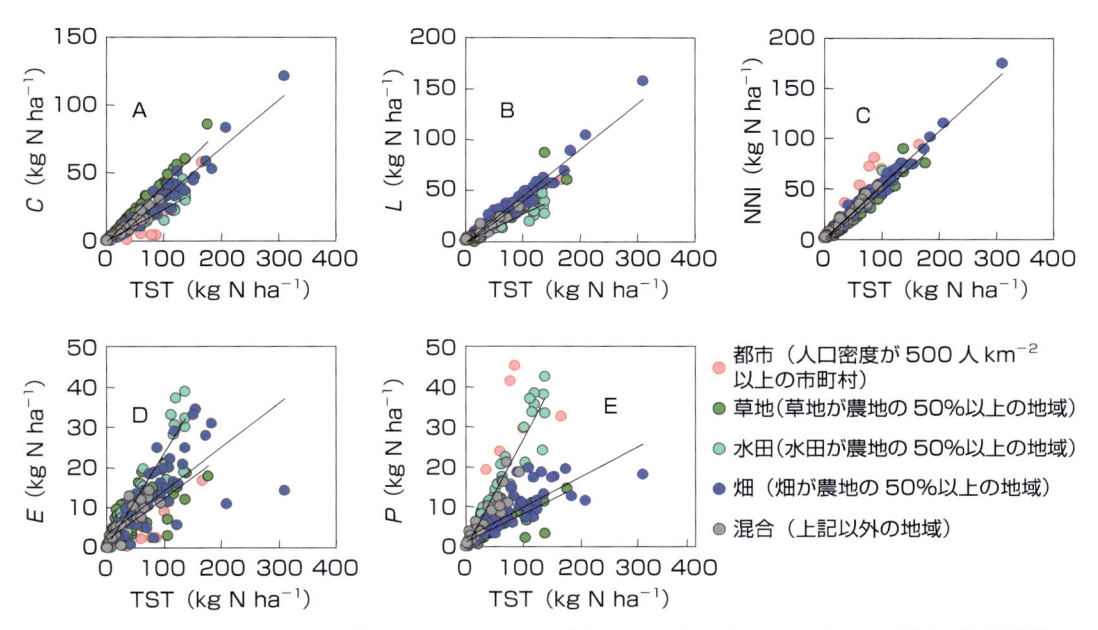

● 図 10.20 土地利用の異なる北海道の市町村における総窒素フロー（TST）とエコバランス要素（内部循環 C，出荷 E，環境負荷 L，浄化 P）および純窒素投入量（NNI）の関係

10 土壌と地域

の土壌の脱窒能を比較して示す．いずれの流域も脱窒能は，草地，河畔域，湿地の順に高かった．別寒辺牛川流域の河畔域と湿地の脱窒能は標津川流域の10〜100倍ときわめて高く，すべての地点で0〜30cmの間で最大脱窒能がみられた．脱窒には，還元状態であることおよび易分解性の炭素が十分にあることが必要である．標津川は河道が直線化され，堤防が築かれ，湿原は孤立しているが，別寒辺牛川の下流には湿原が自然のまま残され，脱窒能が高く維持されている．

別寒辺牛川上流の草地に隣接する河畔と，下流の湿原における地下水位の変動を記録した結果を図10.22に示す．河川水位は常に地下水位よりも低く，降雨に対応したピークがみられた．このことから草地の地下水は河川に向かって流れているとわかる．河畔域の地下水位は地表面下10cm以内を推移し，湛水期間もみられ，脱窒が機能すると思われる．一方，湿地では，降雨にかかわりなく，潮位に影響を受けて水位が変化する．河川水位は約80cm日変動し，それに連動して地下水位も約40cm変動していた．潮位上昇時に河川水位は地下水位よりも高く，河川水は湿地へ流入し，湿地の広い範囲を湛水させる．このために，脱窒能が大きく作用すると考えられる．

このように自然生態系の機能を損なうことなく，流域を保全し，エコバランスを評価したうえで，自然生態系の機能を発揮させることがきわめて重要である．

◆文　献

Hatano, R., Nagumo, T., Kimura, S. D. and Liang, L. (2005)：Relationship between magnitude of nitrogen pollution and structure of nitrogen cycling associated with food production and consumption in various farms. 3rd International Nitrogen Conference, contributed papers, eds. by Zhu, Z., Minami, K. and Xing, G., pp. 24-29, Science Press and Science Press USA.

Hayakawa, A., Shimizu, M., Woli, K. P., Kuramochi, K. and Hatano, R. (2006)：Evaluating stream water quality through land use analysis in two grassland catchments：Impact of wetlands on stream nitrogen concentration. *Journal of Environmental Quality*, **35**, 617-627.

Hayashi, Y. and Hatano, R. (1999)：Annual nitrogen leaching in subsurface-drained water from a clayey aquic soil growing onions in Hokkaido, Japan. *Soil Science and Plant Nutrition*, **45**, 451-459.

北海道環境生活部（2003）：硝酸性・亜硝酸性窒素による地下水の汚染について（http://www.pref.hokkaido.lg.jp/ks/khz/contents/mizukankyo/suisituhozen/syou/syou.htm）．

IPCC (2001)：Climate Change 2001：The scientific basis, Cambridge University Press.

IPCC (2007)：Fourth Assessment Report：Climate Change 2007 — Working Group I Report "The Physical Science Basis", Cambridge University Press.

Lelieveld, J., Crutzen, P. J. and Dentener, F. J. (1998)：Changing concentration, lifetime and climate forcing of atmospheric methane. *Tellus*, **50B**, 128-150.

八木一行（1994）：土壌中でのメタン生成．土壌圏と大気圏—土壌生態系のガス代謝と地球環境，陽　捷行編，pp 61-65，朝倉書店．

Mosier, A., Kroeze, C., Nevison, C., Oenema, O., Seitzinger, S. and Cleemput, O. (1998)：Closing the global N_2O budget：Nitrous oxide emissions through the agricultural nitrogen cycle. OECD/IPCC/IEA phase II development of IPCC guidelines for national greenhouse gas inventory methodology. *Nutr. Cycling Agroecosyst.*, **52**, 225-248.

南雲俊之・波多野隆介（2001）：北海道における融雪期河川水質の地域特性．日本土壌肥料学雑誌，**72**，41-48．

Raich, J. W. and Schlesinger, W. H. (1992)：The global carbon dioxide flux in soil respiration and its relationship to vegetation and climate. *Tellus*, **44B**, 81-99.

Tsunogai, S. and Watanabe, Y. (1983)：Role of dissolved silicate in the occurrence of a phytoplankton bloom. *Journal of the Oceanographical Society of Japan*, **39**, 231-239.

鶴田治雄（2000）：地球温暖化ガスの土壌生態系との関わり（3）人間活動による窒素化合物の排出と亜酸化窒素の発生．日本土壌肥料学雑誌，**74**，554-564．

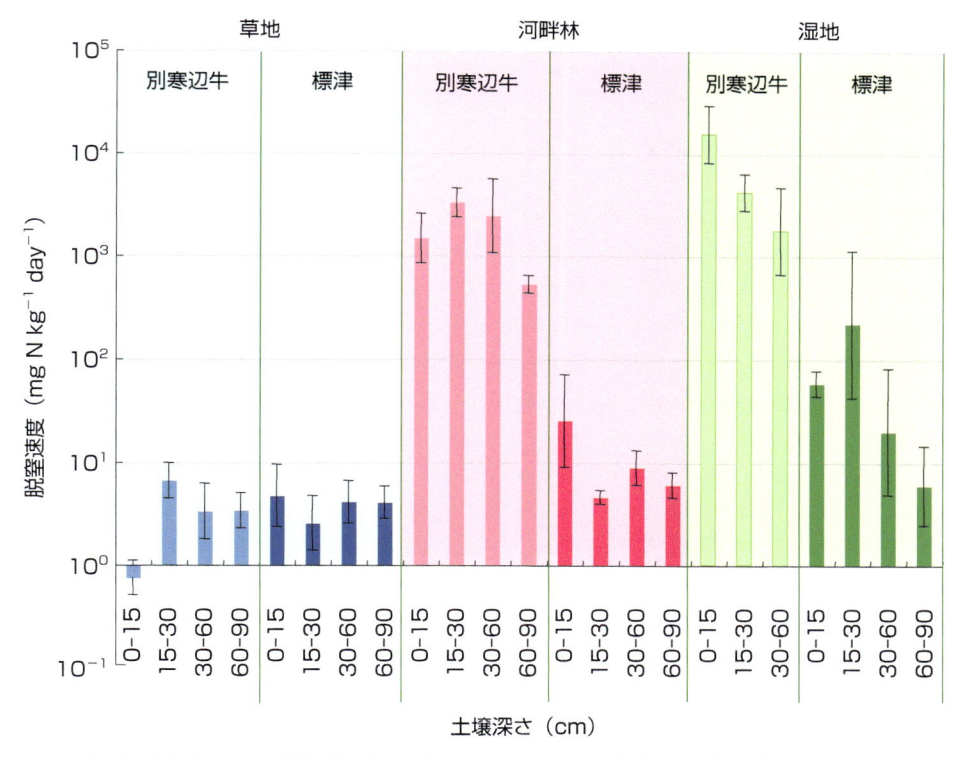

●図 10.21　北海道の別寒辺牛川，標津川流域の草地，河畔林，湿地の土壌深さ別脱窒能（Hayakawa ほか，2006）

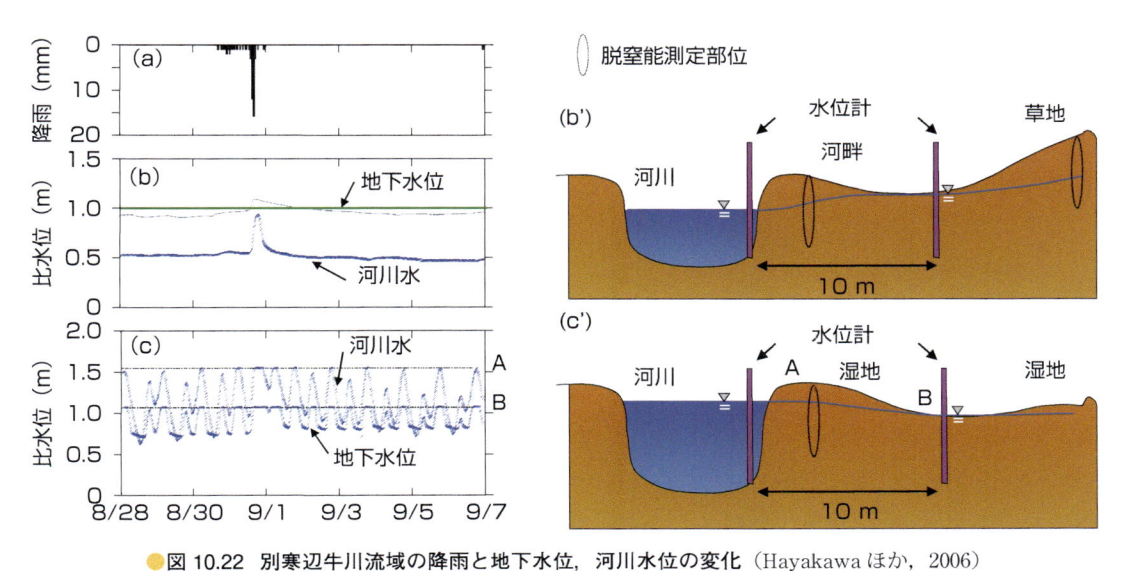

●図 10.22　別寒辺牛川流域の降雨と地下水位，河川水位の変化（Hayakawa ほか，2006）
(a) 降雨，(b) 草地の河畔域の地下水位と河川水位，(b') 草地から河畔における水位センサーの設置場所と脱窒能の測定点，(c) 湿地の地下水位と河川水位，(c') 湿地における水位センサーの設置場所と脱窒能測定場所．A は河川堤防の高さ，B は湿地の最低表面の位置．

10　土壌と地域　　147

11 土壌と地球

■ 11.1 土壌と地球環境のかかわり

a. 地球システム　地球は，中心より内核，外核，マントルおよび地殻からなり（図11.1），地球表面の7割を液体の水（大部分が海）が覆い，さらに全体を気体（大気）の層が覆う（不破・森田編，2002）．地球環境を考えると，通常，地球表層の各要素からなる系（地球システム）を対象としなければならない（図11.2）（IPCC, 2001）．地球システムは，①地殻からマントルの上層までを含む岩石圏（lithosphere），②大部分を海洋として，河川および湖沼を含む水圏（hydrosphere），そして③窒素および酸素を主体とした大気で構成される気圏（atmosphere）を基本要素として，④岩石圏と気圏との間には土壌圏（pedosphere）が形成され，⑤寒冷地には固体の水が覆う雪氷圏（cryosphere）が存在する．とくに気圏および水圏では，太陽エネルギーを主な駆動力として，物質の移動が速く化学反応が盛んである．

さらに，地球システムにはほかの惑星系では知られていない特徴がある．それは生物の存在である．生物が存在する場所を⑥生物圏（biosphere）という．地球システムでは岩石圏，水圏および気圏の全体にまたがり生物が存在するが，とくに生物の密度が高い範囲は水圏の表層および土壌圏（に立地する生態系）である．植物が太陽エネルギーを用いて大気中の二酸化炭素を固定しつくり出す有機物が多くの生物の生存基盤となっている．ただし，深海の熱水噴出孔に形成される特徴的な生態系のように，地球内部のエネルギーに頼る生態系もわずかだが存在する．

そして，生物圏に属する1生物種であるヒトは，文明を発達させるに伴い，それまでの狩猟採集のように生物圏のモノの流れやエネルギーを利用する生き方を脱却して，農耕牧畜のように植生改変，植物の栽培および家畜の飼育など，地球システムのレベルでモノやエネルギーの流れに影響を及ぼす生き方へと変容していった．このような生き方を人類が選択したときに地球システムに⑦人間圏（anthroposphere）という新しい要素が加わった（松井，2005）．

b. 激変してきた地球環境　地球環境にはさまざまな要素が含まれるが，ここでは地球表面の温度と大気中の二酸化炭素濃度について考える．直接に測定したデータが存在しない過去については，年代によって異なる方法を用いて当時の状態を推定する．有史以降から近世以前については，記録文書などから当時の気候が推定できる．およそ100万年前までの過去については，湖沼の堆積物，海洋の堆積物，樹木の年輪，および氷床に閉じ込められた空気などを調べて過去の地球環境を知ることができる．さらに遡るには化石の種構成や安定同位体比などを用いる．近年は，氷床コアや湖沼・海底堆積物コアの酸素の安定同位対比を調べることにより，その堆積地の温度の変化を知る方法に注目が集まっている（図11.3）．

過去の地球環境を知るにあたってもう1つ必要不可欠な情報は，調べている堆積物，化石および地層の年代である．地層や化石の年代の決定には時期が特定されている火山噴火などのイベン

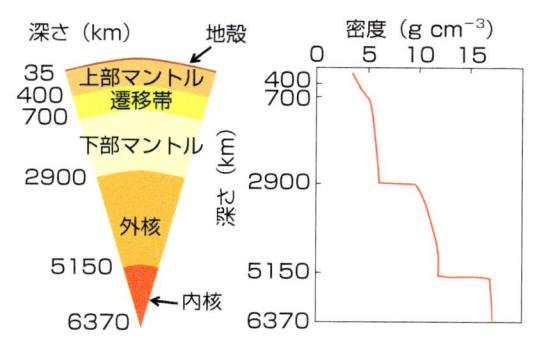

● 図 11.1 地球の構造（核，マントル，地殻）（一國，1994）

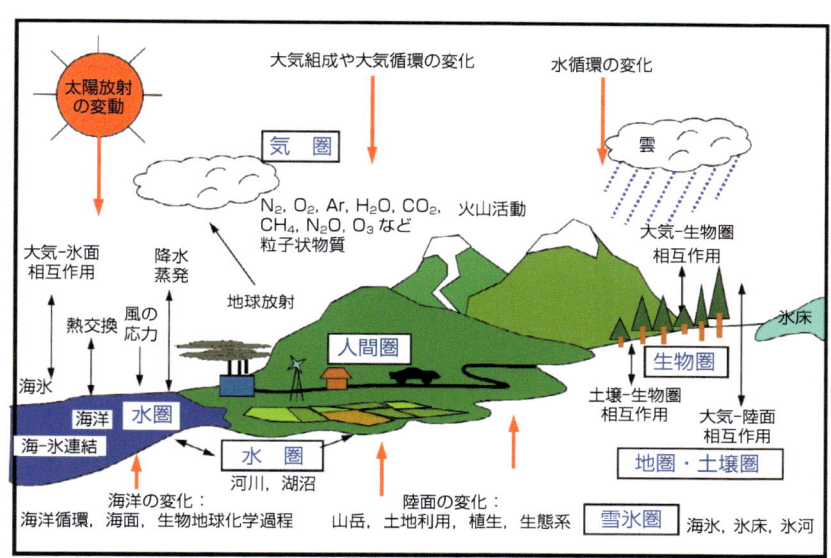

● 図 11.2 地球システム（青字），関連過程（黒い矢印）および変動要素（赤い矢印）（IPCC (2001) より作成）

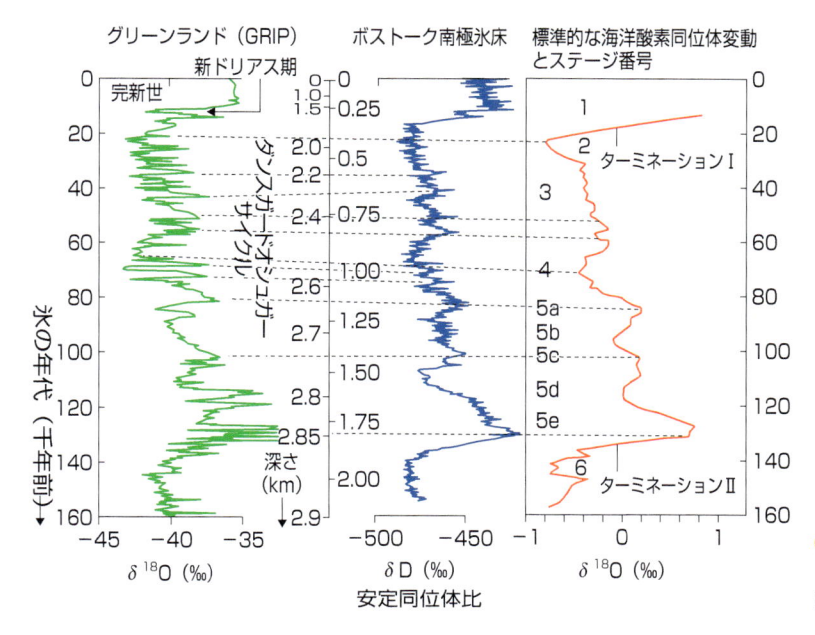

● 図 11.3 過去の地球環境を調べる方法
同位体比の測定による推定．

11 土壌と地球

トおよび放射性同位体の分析を行う．放射性同位体の半減期は元素によって決まっているので，親原子核と娘原始核の存在比率を測定することにより化石の年代が求められる（図11.4）．

図11.5は，5億年前（オルドビス紀）から現代までの，全球温度（地球表面温度の平均）と二酸化炭素濃度の推移である．過去5億年の間には現代よりも暖かい時代も寒い時代もあったが，現代はむしろ寒い時代に相当すること，また，二酸化炭素濃度をみると，現代は石炭紀と並んで地球史的に最も二酸化炭素濃度が低い時代にあたることがわかる．石炭紀の顕著な温度低下は，大型陸上植物の出現に伴う植生による炭素蓄積が進み，大気中の二酸化炭素濃度が低下して地球大気の温室効果が弱められたことによる．他の時代については，植生の炭素蓄積によって二酸化炭素濃度が低下する効果は大きくない．植生の現存量が増えない限り，固定した炭素はまた循環するからである．ただし，植生が固定した炭素の一部は土壌有機物として土壌圏に蓄えられていく．土壌圏では，植生の変化に伴うアルベド（地表面の反射率）の変化や，土壌の乾湿条件の変化などが気候変動に関与する．二酸化炭素濃度の継続的な低下に最も寄与しているのは，海洋に吸収された二酸化炭素から不溶性の炭酸カルシウムが生物的・非生物的に生成する過程であると考えられている．ところで，現代の二酸化炭素濃度が過去5億年で最も低いレベルであるのならば，多少増えても構わないのではないかという疑問が生じるのは当然であろう．実のところ，濃度そのものは問題の本質ではない．問題は濃度の急激な変化にある．

過去100万年を振り返っても地球表面の温度は大きく変動してきており，およそ10万年の周期で氷期と間氷期が繰り返されている（図11.6）．さらに，約4.1万年と2.3万年の周期の気候変動もみられる（注：これらの周期的な変動は先の図11.5では平均化されている）．このような周期的な変動の要因は十分に解明されていないものの，ミランコビッチが提示した地球の軌道要素の変化が有力な原因仮説である．①地球の自転軸には歳差運動といわれる周期的な首振り運動があり，そのために地球と太陽との距離が2.3万年と1.9万年の周期で変化する．②自転軸の傾斜角が4.1万年の周期で変化する．③公転軌道の離心率が約40万年と10万年の周期で変化する．このような地球の軌道要素の変化による周期的な気候変動に加えて，地球の気温変化と大気中の二酸化炭素濃度にはきわめて良好な正の相関がある．これは二酸化炭素濃度が上昇すると温室効果が高まることの結果であるかも知れないが，気温の上昇によって海洋に溶けていた二酸化炭素が大気中に放出されることの結果であるかも知れず，因果関係の結論は得られていない．

c. 地球環境において土壌が果たす役割

気圏，水圏および岩石圏などの地球システムの各要素は完全に分離しているわけではない．たとえば，水圏からは水蒸気が蒸発して気圏に入り，降水として岩石圏および水圏に戻る．岩石圏に降った降水は土壌および地下を通じて河川・湖沼に達し，再び海に戻る．これは地球システムにおける水の循環にほかならない．水にはさまざまな物質が溶け込むために，水の循環は溶存物質の循環も担っている．土壌圏は岩石圏と気圏が接するところに形成されるが（土壌の生成については第II部第2章を参照），土壌そのものは岩石が風化した母材からなり，粗であるために中に空気（つまり気圏の一部）が入り込む．降水の一部は土壌水分として土壌圏にとどまるため，水圏の一部も土壌圏にあるといえる．土壌は，固体，液体，気体のすべて，そして有機物さらに生物が混在するきわめてヘテロな系である．それゆえに土壌では物理的な作用，化学的な反応，そして生物的な活動が盛んであり，土壌圏は地球シス

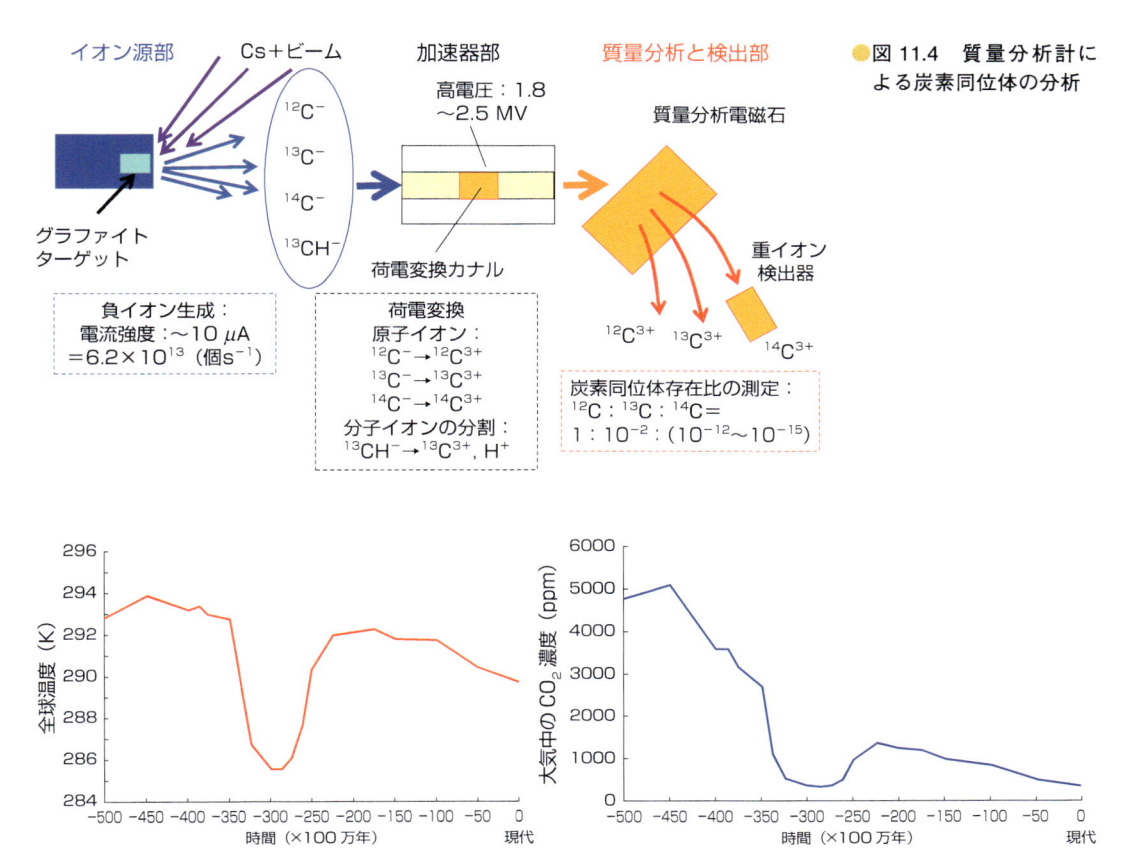

●図 11.4 質量分析計による炭素同位体の分析

イオン源部　Cs+ビーム　加速器部　質量分析と検出部

高電圧：1.8～2.5 MV

質量分析電磁石

$^{12}C^-$
$^{13}C^-$
$^{14}C^-$
$^{13}CH^-$

グラファイトターゲット

荷電変換カナル

重イオン検出器

$^{12}C^{3+}$　$^{13}C^{3+}$　$^{14}C^{3+}$

負イオン生成：
電流強度：～10 μA
＝6.2×10^{13}（個 s^{-1}）

荷電変換
原子イオン：
$^{12}C^- \rightarrow {}^{12}C^{3+}$
$^{13}C^- \rightarrow {}^{13}C^{3+}$
$^{14}C^- \rightarrow {}^{14}C^{3+}$
分子イオンの分割：
$^{13}CH^- \rightarrow {}^{13}C^{3+}, H^+$

炭素同位体存在比の測定：
$^{12}C : {}^{13}C : {}^{14}C =$
$1 : 10^{-2} : (10^{-12} \sim 10^{-15})$

●図 11.5　現代までの地球表面温度と二酸化炭素濃度の推移（Beerling & Woodward, 2003）

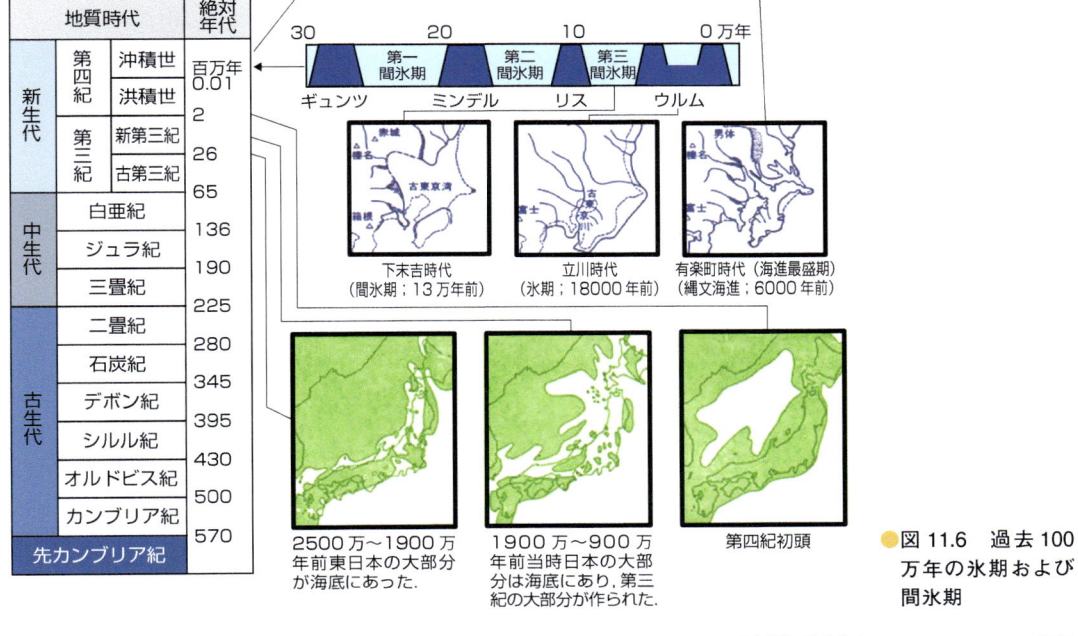

地質時代		絶対年代
新生代	第四紀 沖積世	百万年 0.01
	第四紀 洪積世	2
	第三紀 新第三紀	26
	第三紀 古第三紀	65
中生代	白亜紀	136
	ジュラ紀	190
	三畳紀	225
古生代	二畳紀	280
	石炭紀	345
	デボン紀	395
	シルル紀	430
	オルドビス紀	500
	カンブリア紀	570
先カンブリア紀		

30　20　10　0 万年
第一間氷期　第二間氷期　第三間氷期
ギュンツ　ミンデル　リス　ウルム

下末吉時代（間氷期；13万年前）
立川時代（氷期；18000年前）
有楽町時代（海進最盛期）（縄文海進；6000年前）

2500万～1900万年前東日本の大部分が海底にあった．

1900万～900万年前当時日本の大部分は海底にあり，第三紀の大部分が作られた．

第四紀初頭

●図 11.6　過去100万年の氷期および間氷期

11　土壌と地球

テムの物質循環において重要な役割を果たすとともに，陸域生態系が成立する場であり，そして食糧生産の場でもある．しかし，海洋の平均水深が3800mであることや，1気圧に圧縮した大気の厚さが8000mであること（朝倉ほか，1995）と比べて，土壌の平均的な厚さは18cmしかなく，土壌はきわめて薄い存在である．生物圏および人間圏にとってかけがえのない生存基盤である土壌は，その薄さゆえに失われやすいという脆さを併せもつ．

　土壌には大気との間でガスの交換を行うはたらきがある．土壌空気のある成分濃度が高まれば一部が土壌から大気へと放出され，逆に低下すれば同様な現象によって土壌はそのガスを吸収する．土壌と大気の間を出入りする主なガスは図11.7のように整理される．土壌と大気の間のガス交換には2つの過程がかかわる．1つは，土壌空気と大気の間に圧力勾配があるために土壌空気の全体が移動する過程であり，例として強い低気圧が接近する際に泥炭地からメタンを多量に含む気泡が放出される現象があげられる．もう1つは，あるガスについて濃度勾配が存在するときに，ランダムな分子拡散の結果として高濃度側から低濃度側へのフラックスが生じる拡散という過程である．多くの場合，拡散が土壌と大気の間のガス交換で重要なはたらきをする．

■ 11.2　地球環境問題と土壌への影響

a. 地球温暖化　　地球大気には温室効果がある（図11.8）．もし温室効果がなければ，太陽放射と地球放射との平衡から推定される地球表面の平均温度は−18℃になる．これでは地球は凍てついた世界となり，生存可能な生物はごく限られてしまう．現在の地球表面の平均温度は15℃であり，その差の33℃が温室効果の恩恵なのである．このように，温室効果そのものはきわめて大切なものであるが，温室効果を有する物質の大気中の濃度が増加すると，地球から宇宙に逃げる赤外線の一部が大気にとどまり，地球表面の温度が上昇していく．これが地球温暖化（global warming）である．

　温室効果をもつ物質は，水蒸気，二酸化炭素，メタン，一酸化二窒素（亜酸化窒素），オゾン，ハロゲン化炭素などのガス（温室効果ガス）である．また，黒色純炭素ともよばれる大気中の煤などの黒い粒子状物質も赤外線を吸収して温室効果を発揮する．一方，太陽放射の散乱を強めて地球に入る太陽放射を減らすことで寒冷効果をもつ硫酸ミストなども存在する．温室効果について最も重要視されている物質は二酸化炭素である．人間活動に伴って増え続ける発生量に応じて大気濃度が上昇し続けており，また，地球温暖化への寄与が最も大きい物質であるからである．

　図11.9に過去1000年の地球表面の平均温度の変動を示す（IPCC, 2001）．1900年代までは温度はむしろ低下傾向であったが，1900年以降には急上昇に転じている．ただし，そのすべてが人間活動によるものではなく，全球規模の気候数値モデルを用いた計算の結果，1950年ごろまでの50年間の温度上昇は主に自然要因によること，以降の50年間は主に人為要因によることが明らかになりつつある（IPCC, 2001）．地球温暖化問題の本質は，今後100年間に起こるとされる10年に0.3℃という温度上昇がこれまでにない速さであり，その結果生じる気候変動（climate change）に生態系や人間社会が適応するまでに大きな被害を受ける危険性があることにある．

　地球温暖化の影響はきわめて広範囲に及ぶ．直接的な変化は温度の上昇であるが，それに伴い降水量や降水形態の変化，風系の変化，海面上昇，および雪氷域の減少などの気候変動が生じ，

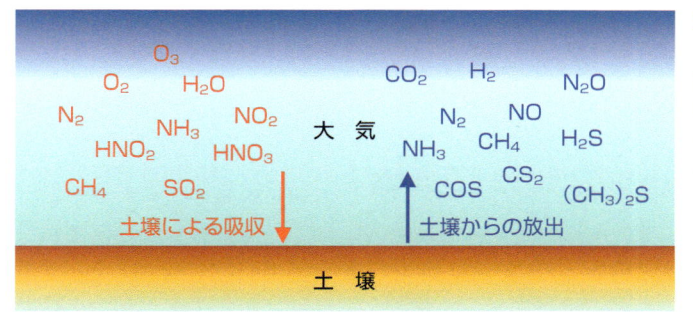

●図 11.7 大気と土壌の間を出入りする主な気体
酸素に乏しい嫌気的な土壌であるほど，還元物（CH_4, H_2S など）が発生しやすくなる．また，同じガスでも土壌により吸収される場合があれば放出される場合もある．その差し引きで正味の出入り（ネットフラックス）がわかる．

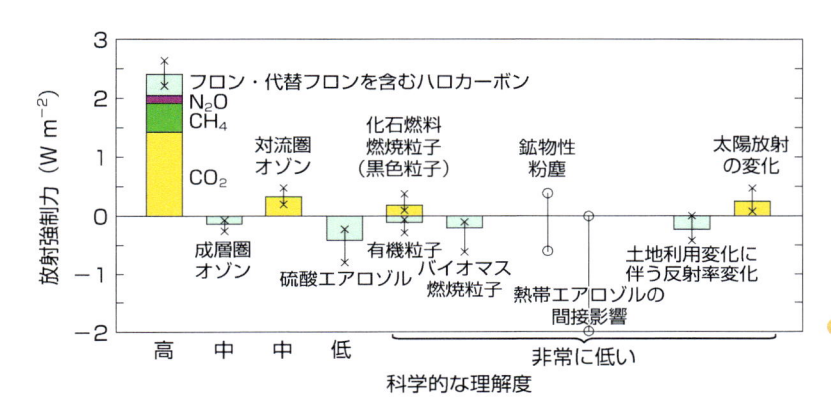

●図 11.8 地球大気の温室効果・寒冷効果（不破・森田編，2002）

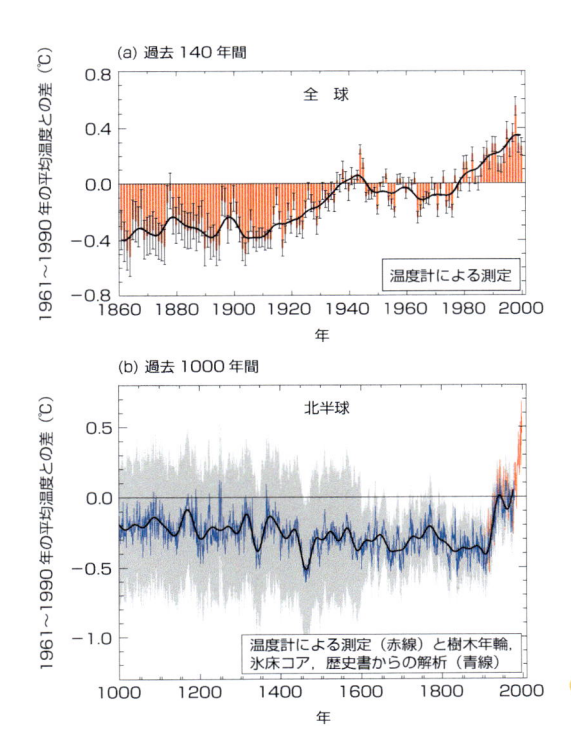

●図 11.9 過去 1000 年の地球表面の平均温度の変動（IPCC，2001）

11　土壌と地球

連鎖的にさらなる影響につながる．影響は地球システムの全体に及び，地球温暖化はまさに地球環境問題の最たるものといえる．地球温暖化が土壌に及ぼす影響については11.3節で述べる．

b. 酸性化　酸性化（acidification）とは，大気から地表への酸性化物質の沈着が長期的に続くことにより，土壌や河川・湖沼が少しずつ酸性条件になっていくことをいう（図11.10）．ここでいう酸性化物質とは，大気中の酸性物質とアンモニアを併せたものである．大気中の主な酸性物質は硫酸および硝酸であるが，塩酸や有機酸も存在する．アンモニアは1価の塩基性物質であるが，大気から地表に沈着した後にアンモニア酸化菌および亜硝酸酸化菌による一連の硝化作用を受けて1 molあたり2 molの水素イオン（H^+）を生成する．つまりアンモニアは，硝化を考慮すると正味1価の酸としてはたらく．

図11.11は酸性化の各過程である（村野，1993）．大気中の硫酸および硝酸の原因物質はそれぞれ硫黄酸化物および窒素酸化物であり，アンモニアを含めて人間活動により大量に発生する．発生した原因物質は風に流されて周囲に拡散する．同時に，硫黄酸化物および窒素酸化物の酸化による硫酸および硝酸の生成，硫酸とアンモニアの凝集による粒子状硫酸アンモニウムの生成などのさまざまな反応が起こる．そして，大気中の物質は地表へと沈着する．沈着には大きく分けて2種類の過程がある（図11.12）．1つは湿性沈着（wet deposition）とよばれ，雨，雪および霧などの降水に酸性化物質が取り込まれて地表へと沈着する現象である．酸性雨（acid rain）は湿性沈着の一形態である．もう1つは乾性沈着（dry deposition）とよばれ，大気中のガスや粒子状物質が地表に直接に沈着する現象である．降水が多い日本であっても，たとえば窒素化合物の湿性沈着量と乾性沈着量は同程度であり，直接に目につかない乾性沈着も重要な過程である．

土壌には酸を中和するさまざまなはたらき（酸中和能）があり，①炭酸塩や重炭酸塩の溶解，②交換性塩基の陽イオン交換，③酸としての陰イオン（とくに硫酸イオン）の吸着，および④一次鉱物の化学的風化による塩基の放出に区分される．

長期的に酸の負荷が続けば，酸中和能に乏しい土壌では酸性化が進行する可能性がある．酸性化による土壌への影響として，交換性塩基の減少，無機アルミニウムイオンの溶出，土壌微生物の活性変化，および重金属の可動化（マンガン，亜鉛，カドミウムなど）がある．交換性塩基のうちとくにマグネシウムとカルシウムの減少は植物栄養に不利な条件であり，無機アルミニウムイオンは植物の根の伸長や養分吸収に悪影響を及ぼす．土壌微生物の活性の変化は硝化，脱窒，無機化および窒素固定などの速度に影響を及ぼし，微量元素の可動化は動植物に物有害な影響を及ぼす可能性がある．ひとたび酸性化した環境は容易にもとに戻らないため，影響は長期的に継続するものとなる．他の環境問題と同様に，酸性化もまた未然防止がきわめて重要である．

c. 富栄養化　富栄養化といえば，多くの人が湖沼などの閉鎖性水域で発生するアオコや赤潮を思い浮かべるであろう．その直接的な原因は，人間活動に伴って発生する排水に含まれる栄養塩類，とくに窒素とリンにある．生態系では通常，窒素やリンの不足が生物生産の制限因子となっているため，そこに排水由来の栄養塩類が入り込むと，それに応じて生物生産が増加する．流入する栄養塩類が増加し続けて水域の富栄養化が進行すると，生物生産の増加のみでなく，一部の植物プランクトンが異常発生しやすくなる．すると植物プランクトンの呼吸による酸素消費量も増加するために水域が酸素欠乏の状態になり，水生生物の斃死などの被害が生じる．

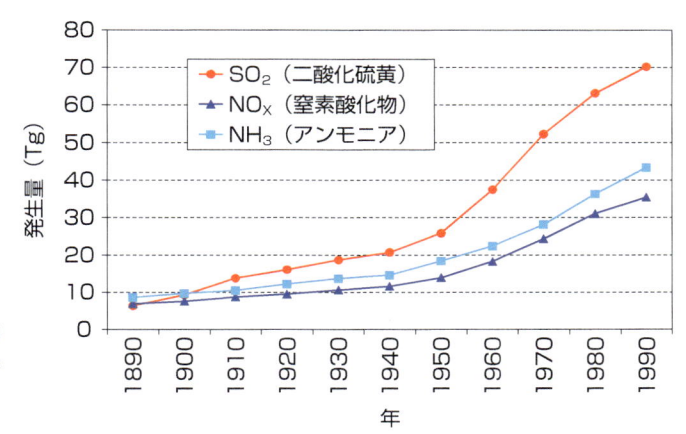

●図 11.10 人間活動に伴う酸性化原因物質の発生量の推移（全球）（van Aardenne ほか（2001）より作成）
$1\,\mathrm{Tg}=10^{12}\,\mathrm{g}=10^6\,\mathrm{t}$.

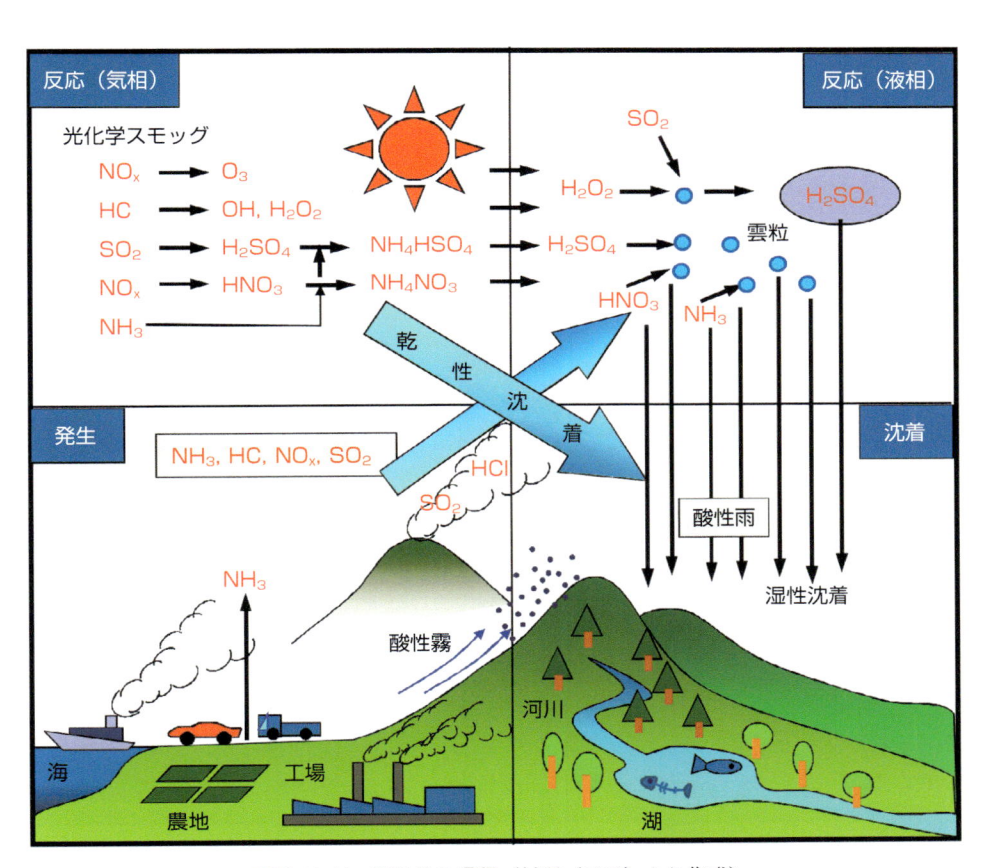

●図 11.11 酸性化の過程（村野（1993）より作成）

11 土壌と地球

水域だけでなく陸域でも富栄養化は生じる．排水が直接に土壌に流入する機会は少ないが，さきに述べたように，人間活動に伴って大量に放出される窒素化合物は大気中を輸送されて地表に沈着し土壌に流入する．水域への直接排出の影響が下流域に限られる一方で，大気を介した窒素負荷の影響は地域規模の広い範囲に及ぶ．なお，リンについては大気を介した負荷は少ない．

植物栄養に寄与する窒素は主にアンモニア態窒素と硝酸態窒素である．植物によって吸収されなかったアンモニア態窒素は微生物の硝化作用により硝酸態窒素に変換され，また，陽イオンであるアンモニウムイオンは土壌粒子に吸着されやすいことから，土壌溶液には通常，アンモニア態窒素はあまり含まれていない．一方，硝化作用によって土壌中で硝酸イオンが生成することに加えて，陰イオンである硝酸イオンは（陰イオンのなかでもとくに）土壌粒子に吸着されにくいために，土壌中の硝酸イオンの大部分は土壌溶液に存在し，水の流れに乗って土壌から地下へと浸出しやすい．富栄養化を引き起こす窒素化合物が硝酸態窒素である理由はこれらによる．

陸域生態系に対する窒素負荷が継続すると，窒素飽和（nitrogen saturation）になるという仮説がある．窒素飽和は「生態系の要求量に対して窒素が過剰に存在する状態」と定義される（Aberほか，1989）（図11.13）．窒素飽和の影響は多様であり，硝酸態窒素による地下水・地表水の汚染，下流水域の富栄養化，森林土壌からの温室効果ガスの発生量増加などの派生的な影響のほか，その生態系における植物生産や生物多様性への悪影響などがあげられている．植物生産については，初期には増加をもたらすが，程度が深刻化すると最終的には生態系を崩壊させると予期している．この窒素飽和仮説を実証しようとスウェーデンの森林集水域で行われている野外実験によると，窒素飽和の初期症状は確認されており，森林衰退に転じる可能性もあるものの，それがいつ起こるかはわからないとされる．欧州では1950〜1960年代以降の大気からの窒素沈着量の増加によって森林の生産量が増加した可能性が高かったが，ただし，窒素沈着の増加が北半球温帯林の現存量の増加に大きく寄与したことはないといえる．

現時点では，大気からの窒素負荷によって樹木の生長促進効果が認められている一方で，窒素飽和による森林衰退の兆候は確認されていない．しかし，陸域生態系が富栄養化すると生物が富栄養性のものに変化していき，食物網を通じて生物多様性の変化が追随する可能性がある．

　　d．オゾン層破壊　　大気中のオゾンの9割は成層圏に存在してオゾン層を形成する（WMO，1999）．ただし，名前から連想されるような明瞭な「層」ではない．オゾン層とは，地上からの高度が約15〜50kmのオゾン濃度が比較的高い範囲を指し，濃度の極大は高度約20〜25kmにある（図11.14）．酸素分子は紫外線を吸収して2個の酸素原子に光解離し，酸素原子が他の酸素分子と結合してオゾンが生成する．また，オゾン分子も紫外線（波長域）を吸収して1個の酸素分子と1個の酸素原子に光解離する（図11.15）．このようにオゾンは生成と分解の両方において紫外線を吸収する．生物が陸上で暮らせるのは，オゾン層が紫外線を吸収してくれるからである．大気中のオゾンを地表から大気の上端まで標準状態（0℃，1気圧）に圧縮するとわずか3mmの厚さしかないが（朝倉ほか，1995），その値が維持される限り心配はいらない．

ところが，人間がつくり出した物質によって成層圏オゾンが連鎖的に破壊される事態が生じた．炭化水素を構成する水素の一部あるいはすべてをフッ素，塩素，臭素あるいはヨウ素で置き換えた物質はハロゲン化炭素とよばれ，化学的に安定なため，冷媒，発泡剤，洗浄溶剤，スプレー剤，

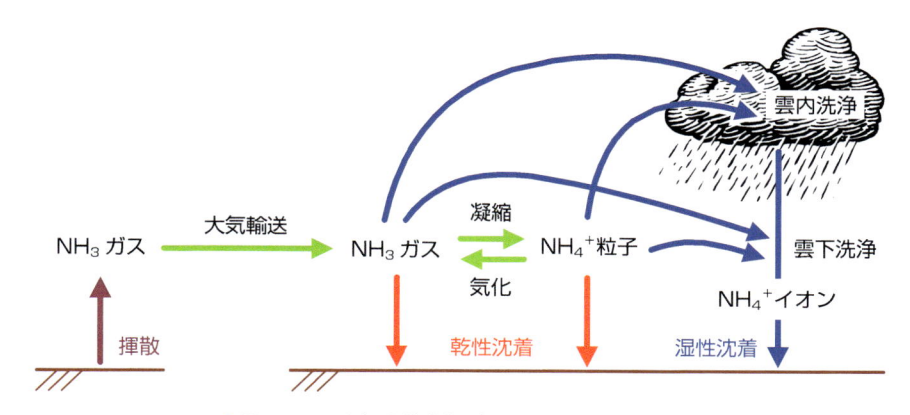

● 図 11.12　大気沈着過程（アンモニアを例として）

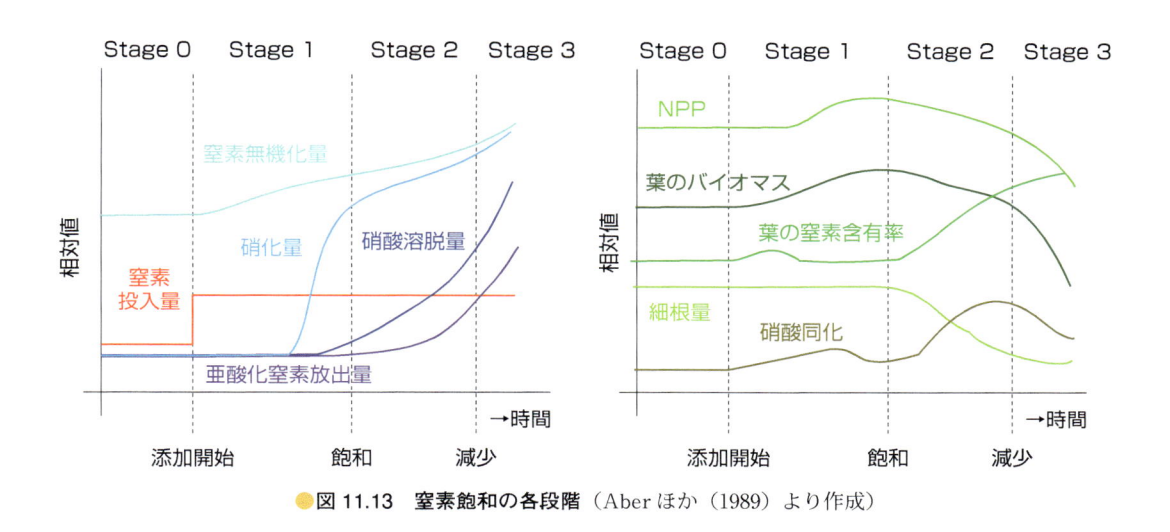

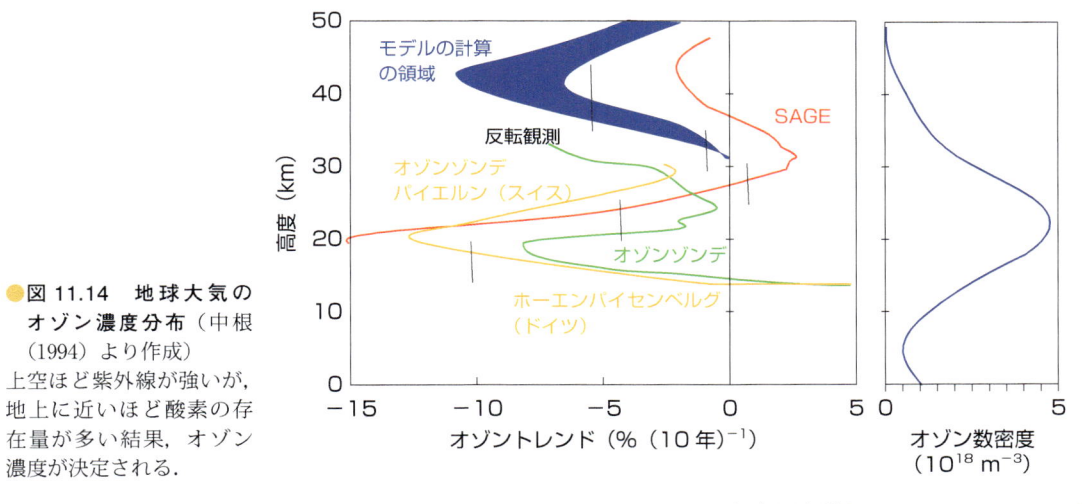

● 図 11.13　窒素飽和の各段階（Aber ほか（1989）より作成）

● 図 11.14　地球大気の
オゾン濃度分布（中根
（1994）より作成）
上空ほど紫外線が強いが，
地上に近いほど酸素の存
在量が多い結果，オゾン
濃度が決定される．

11　土壌と地球

および消火剤などとして大量に製造され使用された．このうち，塩素，臭素あるいはヨウ素を含む物質が成層圏オゾンを破壊しうる物質であり，オゾン層破壊物質（ozone depleting substances）とよばれる（表11.1）．いわゆるフロンやハロンはその代表である．地表で放出されたフロンなどが大気循環により成層圏に入り込むと，強い紫外線で分解されて塩素や臭素を遊離する．遊離した塩素や臭素は触媒的にオゾンを分解して成層圏オゾンが減少する．これをオゾン層破壊という．ただし，成層圏における実際の化学反応はより複雑である．

成層圏オゾンが減少すると地上に到達する紫外線 UV-B が増加する．UV-B は遺伝子に損傷を与えるなど生物に対する害作用が強く，その増加は人間の健康や生態系などに有害影響を及ぼすと懸念されている．地表は基本的に植生に覆われているので，UV-B の増加による土壌への直接の影響は起こりにくい．一方，土壌への間接的な影響として，UV-B により植物の光合成が抑制されて葉や根のリター量が減るために土壌有機物の減少につながること，これは土壌微生物の構成にも負の影響を及ぼすこと，また，UV-B を浴びることで葉由来リターのリグニン含量が高まり分解されにくくなることがあげられている．北極圏のヒース（heath）では，CO_2 濃度の増加よりも UV-B の増加の方が土壌微生物のバイオマスを減らす効果があるという．

e．砂漠化・土地荒廃　　地球では，大気の大循環により南北 20〜30°の緯度帯では下降気流が卓越しやすく，亜熱帯高圧帯が形成される．つまり，常に高気圧に覆われているため降水が少なく，陸域であれば砂漠となる．砂漠（desert）は降水量よりも蒸発散量が多い地域に広がる乾燥地をいい，主な構成物によって砂砂漠，礫砂漠，岩石砂漠などに区分される．砂漠化（desertification）は乾燥地において人為あるいは自然要因によって土地荒廃が進む現象である．

1977年のナイロビでの開催を最初とする「国連砂漠化会議」では，砂漠化を「主として不適切な人間活動に起因する乾燥地域（乾燥・半乾燥・乾性半湿潤地域）における土地荒廃」と定義し（UNEP, 1992），砂漠化をもたらす人為要因に力点を置いた（図11.16）．1994年に採択された「国連砂漠化対処条約」では，自然要因による気候変動の影響も取り入れ，砂漠化を「気候変動および人間活動などさまざまな要因に起因する乾燥地域における土地荒廃」と再定義した（不破・森田編，2002）．同条約では，土地荒廃を「降雨依存（天水）農地，灌漑農地，放牧地，牧草地および森林などの生物的または経済的生産性と複雑性の低下あるいは損失である」とした．

砂漠化をもたらしうる人為要因には，草地の過放牧，農地の過耕作，森林の過剰伐採，そして地下水の過剰揚水があげられる（ブラウン，2003）．ヤギやヒツジは草を根こそぎ食べてしまう動物のため，これらの過放牧は草地を失うことになる．半乾燥地での過耕作は多量の蒸発散に加えて周辺の水資源を奪うことになるほか，焼畑や過剰伐採も，森林再生のサイクルよりも短い間隔で行うと，森林の減少を招き水資源の涵養能力が低下して乾燥化を進めることになる．地下水の過剰揚水は地下水位を低下させ，土壌の乾燥が進む．

砂漠化は，アフリカおよびアジア（中央アジア〜中国北部）をはじめとする世界の乾燥地域で進行している．砂漠化の本質は，土壌侵食と塩類集積である．土壌粒子が結合して団粒構造（図11.17）を形成している場合には，土壌は適当な空気と水を含み，孔隙は空気と水の通路となって，植物が必要な時期に必要な量を供給することになる．土壌粒子が結合せず，単粒状態で存在している場合には，孔隙中に空気も水も少なく，通路としてのはたらきができない．乾燥地の降水は

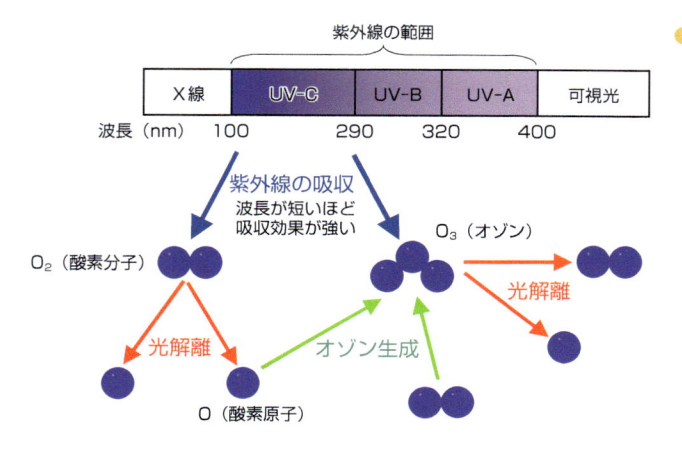

● 図11.15 紫外線の波長範囲とオゾン生成・消滅への紫外線の関与

● 表11.1 オゾン層破壊物質の例（WMO（1999）より作成）

総称		物質の例	物質の特徴		
			ODP[a]	GWP[b]	大気寿命[c]（年）
フルオロカーボン	クロロフルオロカーボン（CFC） 通称フロン	CFC-11 CFC-12	1.0 1.0	4600 10600	45 100
	ブロモフルオロカーボン（Halon） 通称ハロン	Halon-1211 Halon-1301	3.0 10.0	1300 6900	11 65
	ハイドロクロロフルオロカーボン（HCFC）	HCFC-22 HCFC-123	0.055 0.02[d]	1900 120	11.8 1.4
	ハイドロブロモフルオロカーボン（HBFC）	HBFC-22B1	0.74	470	7.0
クロロカーボン		CCl_4 CH_3CCl_3	1.1 0.1	1400 140	35 4.8
ブロモカーボン		CH_3Br	0.6	5	0.7

a) ODP：オゾン破壊係数（CFC-11のオゾン破壊能を1とした相対値）．
b) GWP（100年）：地球温暖化指数（CO_2の100年間の温室効果を1とした相対値）．
c) 大気寿命：ある時点の大気中の存在量を年間の消失量で除したもの．
d) 代表的な異性体（$CHCl_2CF_3$）の値．

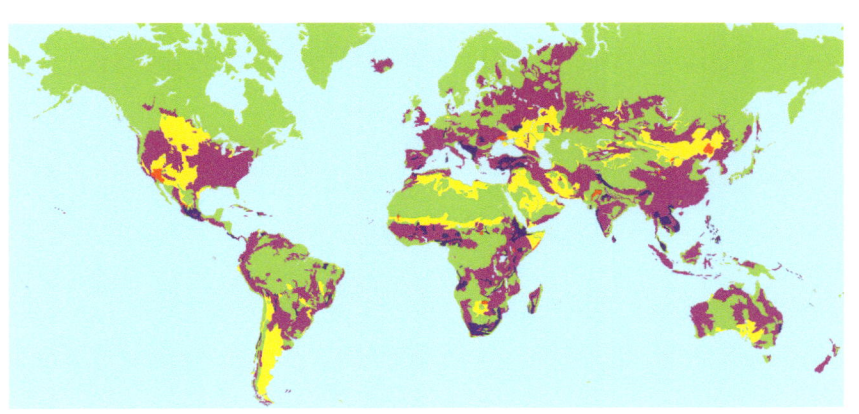

● 図11.16 風食と水食発生地域（ISRIC（1991）より作成）

11 土壌と地球

一度に急激にもたらされる．水は土壌に浸透できず，表面を流れ，土壌を侵食する．降水量が少なく，降雨に依存する農地では，農作物からの蒸散が無視できない．灌漑に頼った農地の多くは，地域の地下水位を上昇させ，土壌表層に塩類を集積していく（図 11.18 および 11.19, 第 II 部 8 章参照）．中国北部では北京など都市部での水需要の増加に伴う過揚水，過放牧，過伐採などの結果，北京西部地域の乾燥化が徐々に進行しており，黄河さえもがしばしば干上がるようになり，「断流」とよばれている．近年は黄砂の発生頻度もその規模も激化している．

11.3 地球温暖化が土壌に及ぼす影響

a. 土壌は肥えるか，それとも痩せるか

地球全体について，地表から 100 cm の範囲の土壌中の有機炭素含量は 1500 Gt, 窒素含量は 135 Gt と推計される．大気には土壌有機炭素の約半分の 720 Gt の炭素が二酸化炭素として存在し，また 600 Gt の炭素が植物体として存在する．このように土壌中の炭素の蓄積量は，その表層だけを取り上げても大気中の存在量より多い．ところが，気候変動に対する土壌の炭素蓄積量の変化は，条件によって正反対のものとなる．もし温暖化によって土壌有機物の分解が促進されるならば，それは大気への二酸化炭素の放出を増やし，さらなる温暖化をもたらす（正のフィードバック効果）．反対に，温暖化による植物生産の増加に伴う土壌へのリター供給量が土壌有機物の分解量を超えて増加するならば，土壌有機物の増加は大気中の二酸化炭素の吸収源としたはたらき，温暖化を緩和する（負のフィードバック効果）．温暖化に対する土壌有機物の分解速度の変化を予測することは難しい．それは，土壌有機物にはそれぞれに反応速度の温度依存性が異なる多様な成分が含まれること，温度以外の環境要因もまた土壌有機物の分解速度に影響するためである．

　従来の予測では，温暖化は土壌有機物の分解以上に植物生産を促し，陸域生態系の炭素蓄積量を増やすとされていた．そのメカニズムは複雑で，たとえば，一年生草本の草地での事例では，CO_2 濃度の増加によって植物生産が増えて土壌へのリター還元量が増えるものの，同時に植物による窒素吸収量が増加するため，土壌微生物にとって窒素が不足する状況が助長され，単位バイオマスあたりの土壌微生物の呼吸量はむしろ減少する．その結果，土壌微生物の分解作用が遅れて土壌有機物が増加する．しかし，その逆の事例もあり，ツンドラでは植物生産の増加以上に有機物分解が促進され，生態系から正味の炭素ロスが起こる．全体的には，温暖化によって熱帯林およびサバンナの土壌炭素は増加するものの，温帯林，寒帯林および草地の土壌炭素は減少するといわれている．

　土壌有機物の減少が直接的にまたは派生的にもたらす影響として，①土壌劣化および植物栄養の悪化，②二酸化炭素の発生量の増加などによる環境の悪化，③農業生産および植物生産の減少，④食糧不安や栄養失調などがあげられる（Lal, 2004）（図 11.20）．

b. 海に飲み込まれる陸地

地球温暖化は，温度上昇による海水の膨張や陸上の雪氷の融解促進によって海面を上昇させる．海面上昇は低地帯の土地の水没や高潮の影響の拡大といった直接的な影響に加えて，沿岸域では地下水に浸入する海水の範囲が広がり，水利用への悪影響や土壌の塩類化の原因となる．とくに低地帯に農地が分布し，土壌肥沃度の高い水田が広がるアジアの沿岸部（メコンデルタやガンジスデルタ）での影響が懸念されている．また，大洋に広がる島

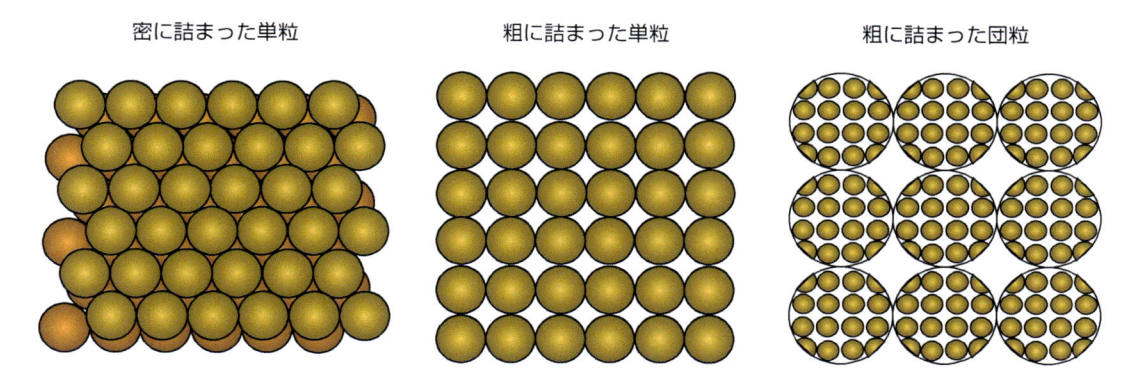

密に詰まった単粒　　　　　粗に詰まった単粒　　　　　粗に詰まった団粒

孔隙率, 0.260；固相率, 0.740　　孔隙率, 0.476；固相率, 0.524　　孔隙率, 0.725；固相率, 0.275

● 図 11.17　団粒の形成による孔隙率, 固相率の変化

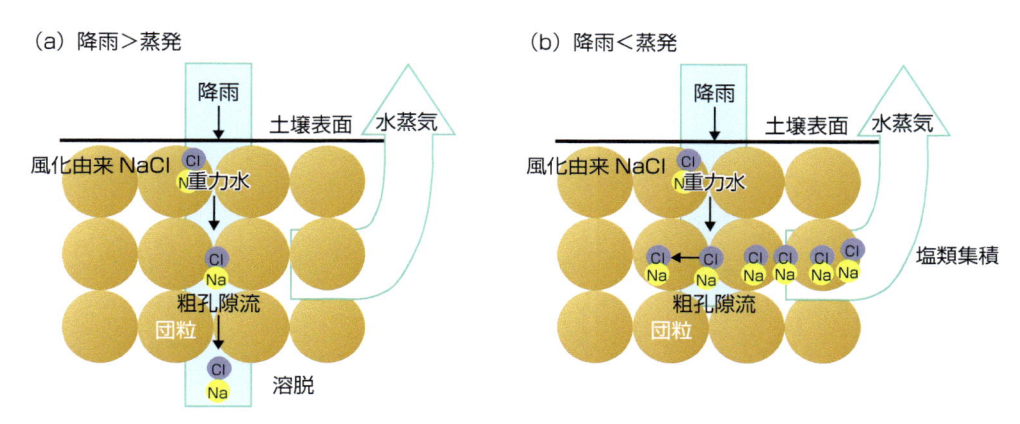

(a) 降雨＞蒸発　　　　　　　　　(b) 降雨＜蒸発

● 図 11.18　降雨, 蒸発に伴う塩類の移動の模式図

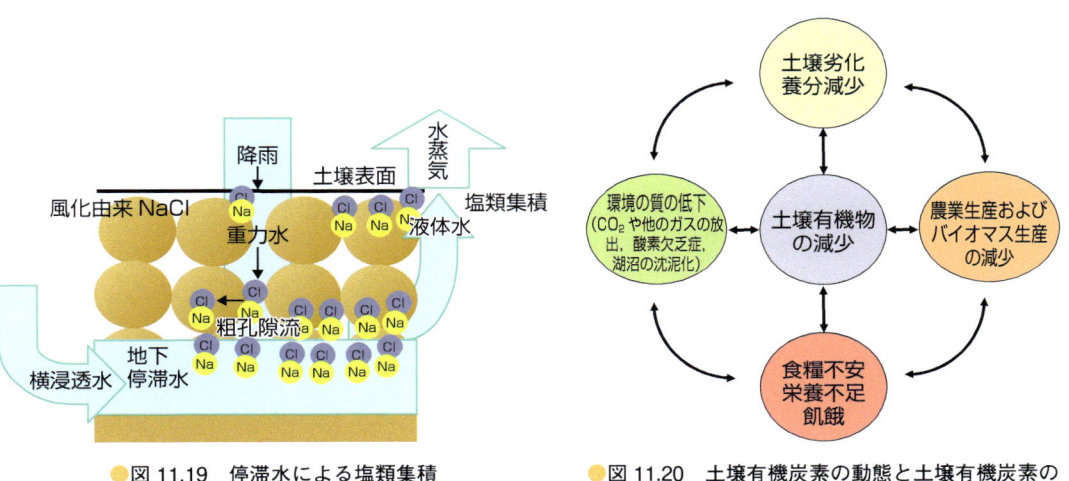

● 図 11.19　停滞水による塩類集積

● 図 11.20　土壌有機炭素の動態と土壌有機炭素の減少がもたらす影響（Lal（2004）より作成）

11　土壌と地球　　161

嶼諸国は全体に標高が低く，国土全体の存続が危ぶまれているツバルのような国もある．
　地球温暖化による陸地の消失は海面上昇によるものばかりではない．地球温暖化は北極圏の海氷を減少させる．つまり，海が凍り始める時期が遅くなり，海氷がなくなる時期が早くなる．北極圏の沿岸域では海氷がなくなると波による侵食が激しくなる．たとえば2006年8月8日の朝日新聞朝刊には，「アラスカ西部，凍る島削る温暖化の波」と題して，「米ロ国境のベーリング海峡に近いアラスカ西部の島シシュマレフで，海岸浸食が進み，家屋の倒壊が相次いでいる．温暖化の影響で，海が凍る期間が短くなり，次々と押し寄せる高波が永久凍土を削り，解かしているためである」と深刻な被害の実態を紹介している．

　c．永久凍土の減少　　永久凍土とは，少なくとも連続した2冬とその間の1夏を合わせた期間より長期にわたって0℃以下の温度を保つ土または岩と定義される（日本雪氷学会，2005）．この条件を満たしていれば，表土の構成物や水の含量を問わずに永久凍土という．永久凍土は主に極域から亜寒帯域に分布しており，陸域が大半を占める北半球の亜寒帯域から北極圏にかけて大面積の永久凍土が広がる．北半球の陸域の24.5％は永久凍土に覆われている（IPCC, 2001）．永久凍土では夏期の昇温によって地表からある深さまで融解するのが普通であり，夏期に融解する層を活動層（active layer）という．活動層の深さはツンドラで30〜50 cmであるのに対して，比較的暖かい北緯60度付近では1〜3 mに達する．永久凍土は地球温暖化に対する感受性が強い．とくに，不連続性の永久凍土が広く分布しながらも相対的に暖かな北半球の亜寒帯域において，地球温暖化による永久凍土への影響が懸念されている．

　北半球亜寒帯において永久凍土の融解が進み，地盤沈下が深刻化している．地球温暖化は永久凍土の活動層を厚くし，土壌が融解している期間を長引かせ，そして，土壌有機物の分解を活発にして二酸化炭素の発生量を増やす．また融解水による湿地化はメタンや亜酸化窒素の発生量も増加させる．これらの温室効果ガスの発生はさらなる地球温暖化をもたらす．

　永久凍土の融解に対する生態系の応答は複雑である．比較的暖かい中部アラスカでは，永久凍土の融解に伴うサーモカルストの形成によって，高台にあった森林が広大な湿地へと変容しつつある．対照的に，アラスカ北部のブルックス山脈北麓のツンドラでは，地球温暖化によって植物の密度が増加し，気温上昇に対する活動層の厚さの増加を抑制している．永久凍土の融解による出水や地盤沈下は，また，水路，道路，ビルおよびパイプラインなどの人工構造物の安定性を損ねるため，永久凍土の融解は人間社会にも悪影響を及ぼす（IPCC, 2001）．その影響はとくにロシア北部の都市で深刻で，地盤沈下により損傷を受けた建物の割合は，1990〜1999年の間にノリリスクで42％，ヤクーツクで61％，アムデルマで90％増加した．

　d．陸域生態系への影響　　各生物種には繁殖可能な温度範囲が存在し，その上限・下限を外れる条件では繁殖ができずに途絶えることになる．地球温暖化が進行すれば，冷涼な気候を好む生物種は極域あるいは高標高地へと押しやられて（正確には，ぎりぎり繁殖可能な上限温度の地域にいた個体群が消滅して）その分布域を狭める．分布域の縮小はまた，分布域の分断化をもたらす．地球温暖化に対する各生物種の応答には相違があるため，食物網や繁殖条件を通じて生態系の大規模な攪乱が生じる可能性があり，一部の生物種の絶滅につながる危険性もある．

　ある生物種の絶滅確率は，その分布域が小さくなるほど指数的に高まっていく．地球の陸域の

20％を対象とした2050年までの種の絶滅リスクの予測によると，最小の（つまり不可避の）気候変動で18％，中程度の気候変動で24％，最大の気候変動で35％もの生物種に絶滅の危険性があるという結果が得られた．この予測では，分布域の変化に対する既存分布域の消失や分断化，また新しい侵入生物による攪乱の影響は考慮されていない．地球温暖化とそれに派生する生態系の攪乱がもたらす種の絶滅リスクの合計はさらに高いのではないかとみられる．

e．降水量や降水形態などの影響　温度の上昇は蒸発散を促す．しかし，大気中に存在できる水蒸気量には限界があり，過剰な水蒸気は降水として地上に戻る．すなわち，温暖化は水循環を加速する可能性がある．その結果，台風や大雨などの極端な気象現象が頻発しやすくなる．ただし，全球一律に降水量が増えることはなく，温暖化により乾燥化が深刻になる地域もあるといわれる．

大雨が降りやすくなると水食による土壌浸食が進行する．これはとくに傾斜地に拓かれた農耕地で深刻な問題となりうる．作物生育期間中の年降水量が十分な土地，あるいは灌漑により作物に十分な水を供給できる土地では，温暖化により降水量が増加すると水食量は増加するとみられる．一方，風食は風速の影響を最も強く受けるほか，気温上昇に伴う蒸発散量の増加によって土壌水分が減少するほど風食量が多くなる．風速が20％増加すると100年間の風食量が平均的に4倍になるという．ただし，温暖化に伴う地上風速の変化については十分な知見がないのが現状である（谷山，2003）．

◆文　献

Aber, J. D., Nadelhoffer, K. J., Steudler, P. and Melillo, J. M. (1989)：Nitrogen saturation in northern forest ecosystems. *BioScience*, **39**, 378-386.
朝倉　正・関口理郎・新田　尚編（1995）：新版気象ハンドブック．pp. 17-22，朝倉書店．
Beerling, D. and Woodward, I. (2003)：植生と大気の4億年―陸域炭素循環のモデリング，454 pp.，京都大学学術出版会．
ブラウン，L. R. (2003)：エコ・エコノミー時代の地球を語る，337 pp.，家の光協会．
不破敬一郎・森田昌敏編著（2002）：地球環境ハンドブック第2版，1129 pp.，朝倉書店．
一國雅巳（1994）：地球の内部構造と元素組成．地球環境ハンドブック，不破敬一郎編，pp. 20-21，朝倉書店．
Intergovernmental Panel on Climate Change (IPCC) (2001)：Climate Change 2001―Synthesis Report, 398 pp., Cambridge University Press, Cambridge.
ISRIC (1991)：World Map of The Status of Human-induced Soil Degradation, 2nd editon. Global Assessment of Soil Degradation (GLASOD), 35pp., International Soil Reference and Information Centre (ISRIC).
Lal, R. (2004)：Soil carbon sequestration impacts on global climate change and food security. *Science*, **304**, 1623-1627.
松井孝典（2005）：宇宙生命，そして「人間圏」，229 pp.，ワック．
村野健太郎（1993）：酸性雨と酸性霧，179 pp.，裳華房．
中根英昭（1994）：成層圏オゾンの現状．地球環境ハンドブック，不破敬一郎編，pp. 168-170，朝倉書店．
日本雪氷学会（2005）：雪と氷の事典，760 pp.，朝倉書店．
UNEP (1992)：Status of Desertification and Implementation of the United Nations Plan of Action to Combat Desertification, pp. 3-5.
van Aardenne, J. A., Dentener, F. J., Olivier, J. G. J., Klein Goldewijk, C. G. M. and Lelieveld, J. (2001)：A 1°× 1° resolution data set of historical anthropogenic trace gas emissions for the period 1890-1990. *Global Biogeochemical Cycles*, **15**, 909-928.
WMO (World Meteorological Organization) (1999)：Scientific Assessment of Ozone Depletion：1998. WMO Global Ozone Research and Monitoring Project-Report No.44.

12 かけがえのない土壌

■ 12.1 土壌の質

　土壌の質が，人類生存にとって最も重要な環境因子であることは，すでに第II部第9章で述べた．国連食糧農業機関は，世界の土壌の質をこれ以上退化・破壊させないように1981年の総会で決議し，宣言した土壌を守るために世界土壌憲章（World Soil Charter）（図12.1左）を公表した．この憲章は「原則」，「各国政府に対する行動指針」および「各国際機関に対する行動指針」からなる．

　「原則」に，人類の生存は，土壌，水およびそれらによって育まれた動植物から構成されている土地の持続的な生産力に依存するものであり，土地資源を利用することによって土地を退化させ，破壊させてはならないと明確に述べている．土地の最適利用の促進，土地生産力の維持と増進および土地資源の保全を優先的に考える必要があり，土地の持続的な維持と向上，生産力の高い土地の減少を防止するのは世界各国政府の責務であるが，土地利用者も土地資源を合理的に利用できるようにすべきである．そのためには，農業関係者に対する教育・訓練がとくに大切であり，潜在的に生産力の高い土地の利用が他の用途への転用によって，長期にわたってあるいは永久に閉ざされないようにしなければならないと世界の国々に土地の質の重要性を訴えている．さらに一歩踏み込んで，農業以外の利用は，良質の土地を占有しないように配慮すること，土地の保全対策は，計画段階で土地開発の中に含め，保全のための費用も開発計画予算に計上すべきであることも求めている．

　各国政府に対する行動の指針として，各国政府は，有効で，健全な土地利用計画を策定し，資源立法に土壌資源の管理・保全の原則を組み入れ，土地管理・保全に対して勧告・監視する機関，さらに，これら関係機関を調整する制度・機関を設けるように促し，土地利用の適正評価を行い土壌退化の危険性を判定する評価を実施すること，あらゆるレベルで土壌の管理・保全の教育・訓練および普及計画を実施すること，土地資源の合理的管理・保全に望ましい社会経済的条件をつくることを指針とするように具体的に勧告している．

　さらに，各国際機関に対する行動指針として，国際機関が，国際社会のあらゆる部門において教育宣伝活動を行い，意識を高め，協力を推進する努力すべきであり，要請に応じて，適正な土地利用および保全計画の立案，実施および監視ができるように途上国政府を支援すること，農業開発プロジェクトを含めた健全な土地利用計画を採用するにあたって，各国政府間の協力関係を促進すること，土地資源の保全・改善を目指した制度的枠組の確立などにとくに配慮することを求めており，土地保全計画に関する経験，情報，調査結果を収録，編集および公表すべきであるとしている．

　しかし，世界の動向は，土壌資源の質を向上させる方向には進まず，むしろ土壌資源の質の低

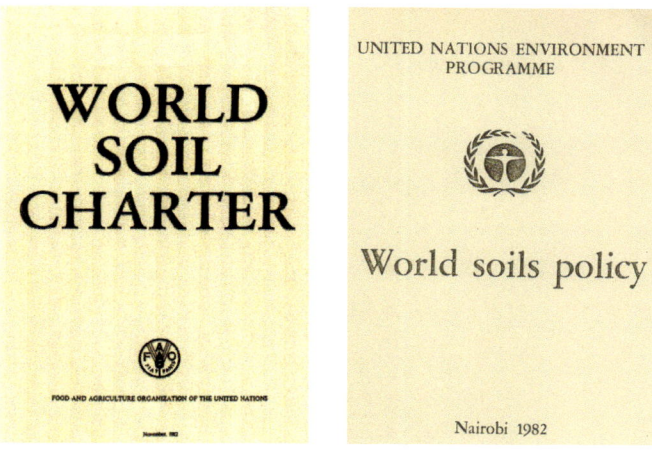

●図 12.1　世界土壌憲章（左）と世界土壌政策（右）（FAO（1981）および UNEP（1982））

下をもたらしつつあると認識されている．そこで，1972 年ストックホルムで開催された国連人間環境会議 10 周年を記念して 1982 年に開催されたナイロビにおける国連環境会議では，限りある土壌資源を保全するために UNEP が世界各国に世界土壌政策（World Soils Policy）（図 12.1 右）を勧告した．この政策は，「定義」，8 項目の「目的」，11 項目の「国際機関に対する行動指針」および 12 項目の「各国政府に対する行動指針」からなる．増大しつつある世界の人口に対して，生態系を維持しながら，我々の食糧，衣類，住居，エネルギーを安定して供給しうる道は，関連する国際機関と各国政府が協力し，土壌に対する教育，持続的な生産のための適切な土地利用計画を策定しつつ，資源管理の原則に基づいて，土壌侵食，土壌退化（soil degradation，人間による利用により土壌の質が低下すること），優良農地の農業外利用による減少を阻止し，土壌の生産力を少しでも増進させることしかないと記している．

　人類の活動が活発になると，土壌は汚染物質によって急速に汚染され始めた．土壌の汚染は目には見えにくいが，確実に進行し，気がついたときには取り返しがつかないことが多い．わが国は，土壌汚染に関しては重大で，貴重な経験をもつ．多くの知を結集して，土壌汚染を防止したい．

12.2　土 壌 汚 染

　土壌が生成するには膨大な年月を要するが，土壌を侵食などで失うこと，あるいは有害物質で汚染することは容易あるいは一瞬であることもある．ひとたび有害物質で汚染されるとその土壌を修復するのはきわめて困難で，時間も費用も要する．そのため，土壌を保全していくこと，土壌汚染を未然に防止することがきわめて重要である．

　a. **土壌汚染関連法**　　土壌がひとたび有害物質で汚染されると，
①直接ヒトが摂取することによる曝露リスク，
②土壌から地下水へと溶出して，その地下水を飲用することに曝露リスク，
③汚染土壌で栽培した農作物を摂取あるいは，汚染土壌で栽培した飼料を用いた酪農製品の摂

取による曝露リスク

など，さまざまな経路を経て，ヒトの健康にリスクをもたらす．そのため，表12.1に示すように，土壌に関連する法律・環境基準が制定されてきた．1960年代における高度経済成長はわが国に多くの環境汚染をもたらせた．1967年に「公害対策基本法」を定めたが，「土壌の汚染」は入れられていなかった．イタイイタイ病などを契機として，「農用地の土壌汚染の防止等に関する法律」（農用地汚染防止法）が1970年に制定された．これは世界の先駆け的な法であったが，3種類の特定有害物質に限定しており，しかも農用地以外には適用しないものであった．1970年から1980年代に，農用地ではない国の試験研究機関跡地などの土地利用転換時に土壌汚染が明らかになったことから，環境庁（当時）は，市街地土壌汚染に係る暫定対策指針を1986年にとりまとめた．その後，1991年の土壌の汚染に係る環境基準（土壌環境基準）の通知に伴い，1992年に同指針を改定した．さらに1994年の土壌環境基準の改正をふまえて，1994年11月，「重金属等に係る土壌汚染調査・対策指針及び有機塩素系化合物等に係る土壌・地下水汚染調査・対策暫定指針」を策定し，適切な土壌・地下水汚染の調査・対策の実施に努めることとなった．さらに，1998年以降急増した市街地土壌の汚染問題に対する対策として2002年5月に土壌汚染対策法が公布され，2008年に土壌汚染対策法の改正がなされた．

b. 農用地の土壌の汚染防止等に関する法律および土壌汚染対策法の定める特定有害物質

農用地の土壌の汚染防止等に関する法律に規定された特定有害物質は，カドミウム，銅，ヒ素およびそれらの化合物で，カドミウムは玄米中に$1\,\mathrm{mg\,kg^{-1}}$，銅は土壌中に$125\,\mathrm{mg\,kg^{-1}}$（$0.1\,\mathrm{mol\,L^{-1}}$塩酸可溶），ヒ素は$15\,\mathrm{mg\,kg^{-1}}$（$1\,\mathrm{mol\,L^{-1}}$塩酸可溶）を基準値としている．

2002年に定められた土壌汚染対策法では，地下水等の摂取によるリスクをふまえて，重金属，揮発性有機化合物，農薬等の26物質に対して土壌含有量基準が設けられている（表7.1）．これは環境省が定めた抽出法により測定した土壌中の各物質の含有量が一定値以下でなければならないことを意味する．したがって，基準値以下であれば，たとえ汚染物質が存在したとしても，土壌から地下水へと溶出しその地下水を飲用してもヒトへの害はないものと判断している．土壌含有量基準では，土壌に含まれる有害物質の量だけではなく，どれだけ溶け出てくるかを規制しているのが大きな特徴である．

重金属である10元素およびその化合物に対しては，ひとたび土壌が汚染されると，地下水へと溶出していく可能性に加えて，土壌中に長期間にわたって残留・蓄積する可能性が想定される．そのため，土壌含有量基準に加えて，土壌を直接摂取することによりリスクをふまえ，抽出量基準が設けられるに至った．2008年に，土壌汚染対策法の改正がなされている．

c. 土壌汚染対策地域

農用地の土壌の汚染防止等に関する法律に基づく汚染対策指定地域は，2008年3月（環境省，2008）において指定要件以上の汚染が明らかになった累積面積は7487 haで，対策地域として指定された地域の累積面積は6276 ha（72地域）であり，対策事業完了地域は6306 ha（県単独事業を除く）であり，84.2%が何らかの対策がとられた地域となっている（図12.2）（第Ⅱ部第6章および第7章参照）．

土壌汚染調査・対策事例（環境省，2008）によると，1991年以降市街地において土壌汚染が判明するケースが増え始め，1998年以降急増している（図12.3）．これまでは市街地土壌の法規

● 表 12.1　土壌・地下水汚染対策関連法規の成立

1958（昭和33）年	工場排水規制法，水質保全法
1967（昭和42）年	公害対策基本法
1970（昭和45）年	農用地の土壌の汚染の防止等に関する法律
	水質汚濁防止法（9項目）
1984（昭和59）年	トリクロロエチレン（TCE）等の排水に係る暫定指導指針
1986（昭和61）年	市街地土壌汚染に係る暫定対策指針（国有地を対象）
1989（平成元）年	水質汚濁防止法改正（地下水質の常時監視，有害物質の地下浸透禁止）
1991（平成3）年	土壌環境基準（10項目）
1993（平成5）年	水質環境基準の改正（9項目→23項目）
1994（平成6）年	土壌環境基準（10項目→25項目）
	重金属等に係る土壌汚染調査・対策指針及び有機塩素系化合物に係る土壌・地下水汚染調査・対策暫定指針
1996（平成8）年	水質汚濁防止法改正（汚染原因者への浄化命令）
1997（平成9）年	地下水質環境基準（23項目）
1999（平成11）年	土壌・地下水汚染に係る調査・対策指針
	ダイオキシン類対策特別法
2002（平成14）年	土壌汚染対策防止法案成立

特定有害物質	カドミウム	銅	ヒ素
指定地域	●	▲	■
うち対策計画策定地域	◐	◭	◧
うち指定解除地域	○	△	□

注）1. ●▲などの下線は，複数の特定有害物質による汚染であることを示す．
　　2. ◐◭は，それぞれカドミウム，銅にかかわる指定地域で一部について指定解除された地域であることを示す．

● 図 12.2　農用地土壌汚染対策地域位置図
　（環境省，2008）

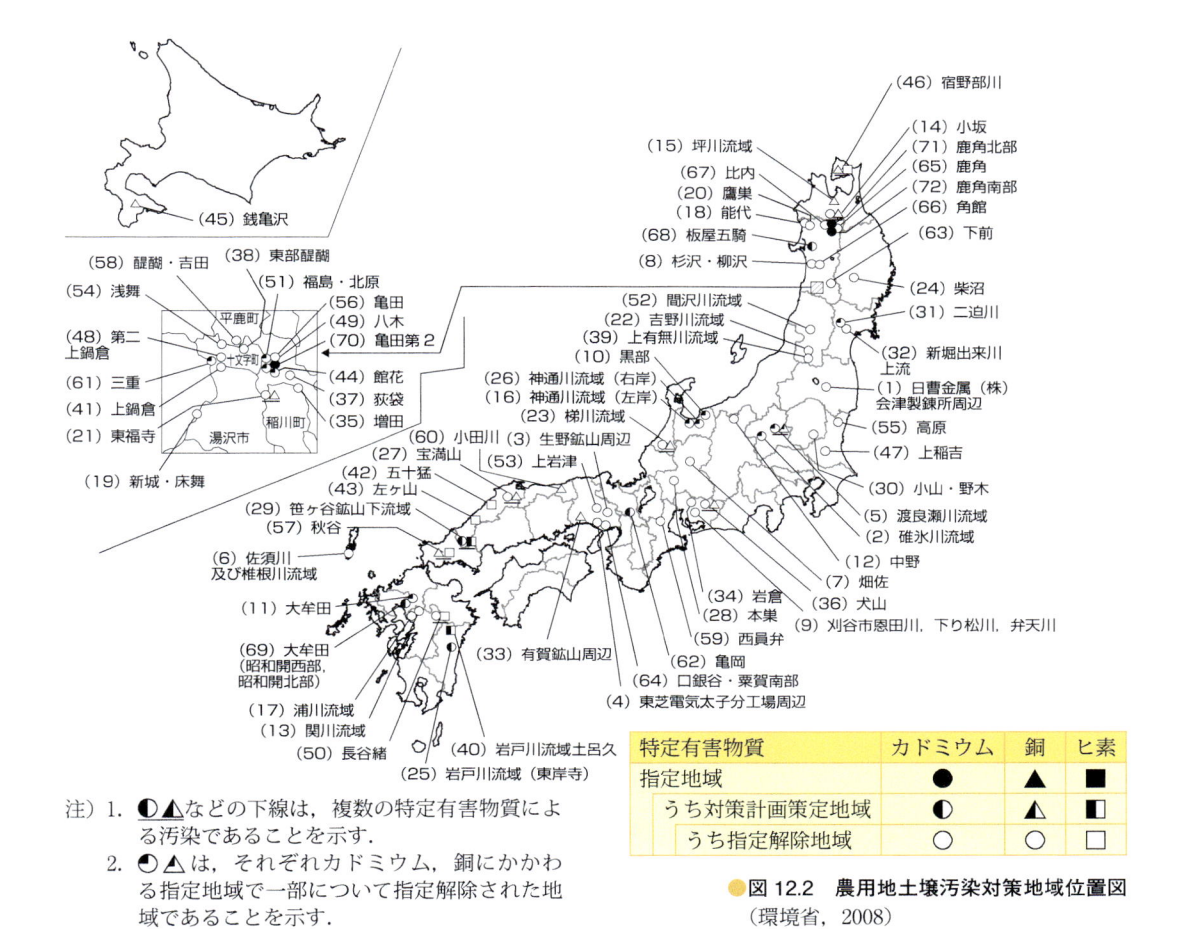

12　かけがえのない土壌

制が十分でなかったことから，現実には相当数の工場用地に土壌汚染が存在すると想像される．調査の必要な事業所数は93万ヵ所ほどあり，調査費用のみで2兆円，浄化費用が11兆円，合計13兆円が必要とされるとする試算もある．

土壌汚染の原因は，主に重金属および揮発性有機化合物であり，その割合はおおよそ1：1である（図12.4）．また，汚染に至った行為は，施設の破損といった事故，不適切な取り扱いによる漏洩といった，本来なら防ぐことができた事例が全件数の約半分を占めている．

d. 土壌汚染の社会影響　環境汚染が企業の経営基盤を揺るがすことを，1960年代にいわゆる「公害」として社会問題化した四大公害裁判を通して，わが国の企業は学んだ．水俣病，イタイイタイ病の原因企業は現在も患者に医療費を，その他，環境の保全に必要な経費などの支払いを続けている．今後，企業ばかりでなく，個人についても，汚染に対する注意深い配慮が必要である．

国土交通省は2003年から不動産鑑定に土壌汚染の影響を考慮させる方針を打ち出している．すなわち，従来の土地の値段から，土壌汚染調査・浄化費用を差し引き，さらに汚染が発覚した場合に予想されるスティグマ（風評）コストが引かれることになる．土壌汚染対策法では，汚染された土壌が認められた場合，都道府県知事はその土地の所有者に「汚染の除去および汚染の拡散の防止」を命ずることができる．また，それに要する費用は土地の所有者または汚染の原因者が負担することが明記されている．そのため，土壌の汚染が認定されると，その土地の所有者に必要な汚染拡散防止ならびに浄化のための費用が課せられることになる．したがって，これらの費用はその土地の価値に反映され，資産価値の減少を引き起こす．

12.3　土壌汚染の修復と人の健康

土壌汚染の件数が飛躍的に増加している一方，その対策も着実に実施されている．理論的にも，また現実的にも土壌汚染の多くは人の健康へのリスクが想定されない程度にまで浄化できる．しかし，それには莫大な費用を要する．「自分の土地なら何をしてもよい」とする考え方を背景に，汚染物質の流出に対して未然に防止する方法を採用せず，しかも汚染の修復に有効な手段を講じてこなかったことが，汚染地域を拡大させたことは間違いない．土壌汚染が我々の健康に直結していることを忘れてはならないのである．

現実的な汚染土壌の主な修復方法としては，堀削除去措置と原位置浄化措置の2つがあげられる．前者は，取り除いた汚染土壌を化学的分解，熱分解，生物分解，熱脱着・揮発，土壌洗浄などの最適な方法により浄化するものである．一方，原位置措置は，原位置分解あるいは原位置抽出のどちらかの方法を採用する．汚染修復に要するコストは，採用する技法により異なるが，揮発性有機化合物や油類あるいは重金属の場合には，1 m^3 当たり数千〜数万円，ダイオキシンの場合にはさらに高額となる．

米国のスーパーファンド法やドイツの土壌保護法は，土壌汚染を防止するための先駆的な法律であり，汚染物質の発生者，運送者，土地の所有者・管理者ばかりでなく，資金を融資した者に対しても効力を発揮するものとなっている．

1980年に米国において制定されたスーパーファンド法は，正式には包括的環境対処・補償

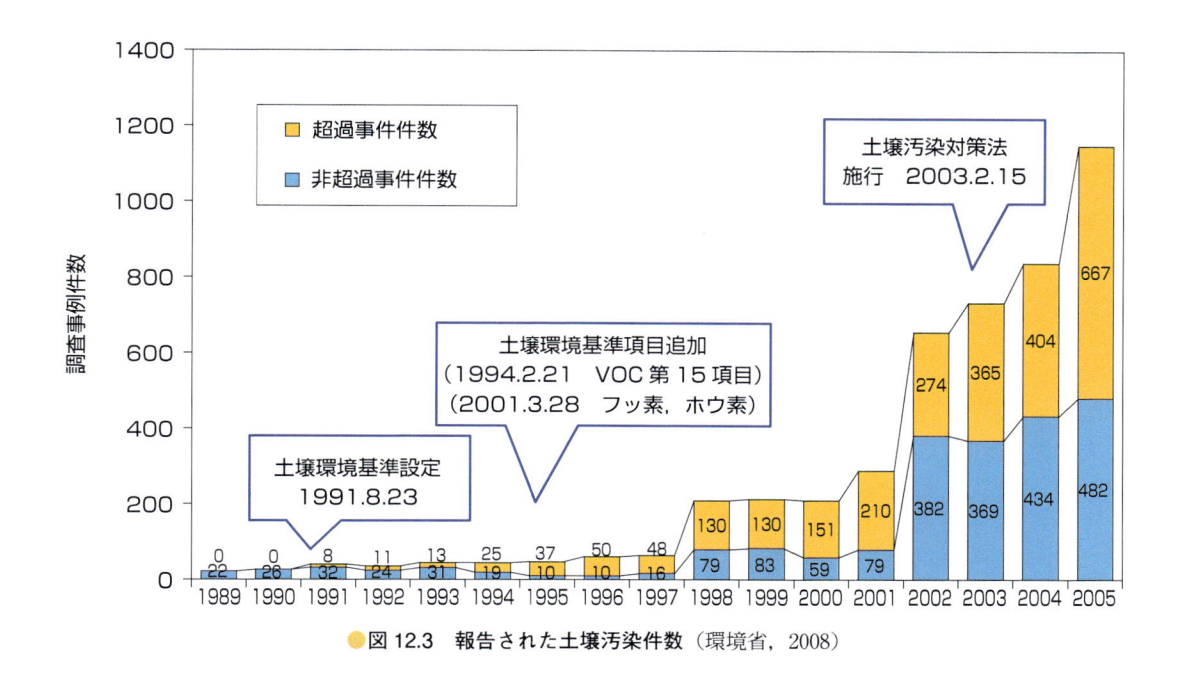

●図 12.3　報告された土壌汚染件数（環境省，2008）

●図 12.4　土壌汚染の原因行為（超過事例累積）

12　かけがえのない土壌

責任法（The Comprehensive Environmental Response, Compensation and Liability Act, CERCLA）とよばれ，健康や環境を危険にさらす有害物質を浄化するためのものである（加藤ほか，1996）．この法律では，浄化計画をより実行しやすくするため，以下の4者
 ①汚染された施設の現在の所有者・管理者，
 ②有害物質が放出された時点での当該施設の所有者・管理者，
 ③当該施設に運び込まれた有害物質の発生者，
 ④当該施設へ有害物質を輸送した運送業者
を潜在的責任当事者（potential responsible parties：PRP）として定義し，当事者に連帯責任を課し，さらに，スーパーファンド法制定以前の汚染であっても，その当事者は浄化の義務を負うことになる．

 一方，ドイツ連邦土壌保護法（Bundes-Bodenschutzgesetz：BBSG）は，1980年代から主として廃棄物処分場跡地や閉鎖された産業施設の土壌汚染が問題となってきた経緯をふまえて，1998年に制定された枠組み法である．土壌の機能を恒久的に保全または回復することが目的で，予防義務，危険防止義務，封土解除義務，浄化義務，汚染調査義務からなっている．浄化義務には汚染土壌に起因する水質汚濁にも適用され，スーパーファンド法と同様に，
 ①汚染者ならびにその法的後継者，
 ②土壌に有害な変化を与えたあらゆる関係者ならびにその法的後継者，
 ③不動産の現在の所有者・占有者および過去の所有者
が汚染土壌および水質汚濁の浄化の責任当事者となる．

 このような法を制定し，積極的に土壌の有害な変化を未然に防止し，すでに有害な変化を発生している汚染土壌を浄化しなければならない状況にある．

■ 12.4　おわりに

 土壌の重要性はいうまでもない．しかし，土壌を汚染さ，劣化させることは，それらを修復するのに比べ，はるかに容易である．そのため，世界中で土壌の重要性が叫ばれる一方で，土壌汚染・劣化が着実に進行している．持続的な土壌管理を我々自身が行い，積極的に地方，国，国際機関にはたらきかけることによって，土壌と末永くつきあいたいと願っている．

◆ 文　献
土木学会建設技術研究委員会土壌・地下水汚染対策研究小委員会（2004）：土壌・地下水汚染の現状と調査・対策技術の動向.
FAO（1981）：World Soil Charter, 7 pp.
畑　明郎（2008）：日本の土壌汚染．アジアの土壌汚染，畑　明郎・田倉直彦編，pp. 203–215, 世界思想社．
環境省（2008）：平成19年度農用地土壌汚染防止法の施行状況, 13 pp.
加藤一郎・森島昭夫・大塚　直・柳　憲一郎監修，安田火災海上保険(株)・安田総合研究所編（1996）：土壌汚染と企業の責任, pp. 39–264, 有斐閣．
UNEP（1982）：World Soils Policy, 8 pp.

索　引

欧　文

Actinobacteria　46
BBSG　170
BSE　110
CERCLA　170
DGGE　52
Firmicutes　46
Frankia　50
GIS　124
IPCC　42, 136
ISSS　124
LCA　118
LCI　120
LCIA　118
NBP　136
NEP　136
NNI　142
NPP　136
pF　78
Proteobacteria　46
Q_{10}　138
US Soil Taxonomy　1, 34
USLE　114
VBNC　46
VOC　122

あ　行

アオコ　154
赤潮　118, 154
亜酸化窒素　60, 136
足尾銅山　104
亜硝酸酸化菌　50
アセチレン　62
暖かさの指数　6
アブレイジョン pH　66
アリディソル　1, 42
アルカリ化（土壌の）　115
アルカリ土　22
アルティソル　1, 42
アルフィソル　1, 42
アルベド　150
アルミニウム　86

アロフェン　16, 38
アンディソル　1, 4, 42
安定同位体比　148
アンドソル　4
アンモニア　116, 154
アンモニア揮散　60
アンモニア酸化菌　50

硫黄酸化菌　22
硫黄酸化細菌　62
硫黄酸化物　116
硫黄循環　50, 62
イオン交換反応　81
イオンの固定　82
イソチオシアネート　64
イタイイタイ病　96, 100, 168
一次鉱物　36, 80
一酸化二窒素　152
一致溶解　38
イモゴライト　16, 38
イライト　38
インセプティソル　1, 42
インベントリー　120
インベントリーデータ　142

ウシ海綿状脳症　110
雲母　128

永久荷電　81
永久凍土　162
栄養素　98
エコバランス　142
塩鉱物　36
塩素循環　64
エンティソル　1, 42
塩類化（土壌の）　114
塩類土　22

黄褐色森林土　6, 14
黄色土　16
黄鉄鉱　20
オキシソル　1, 42
汚水処理　126
オゾン層　158
オゾン層破壊物質　156

オパーリンシリカ　38
温室効果ガス　50, 136, 152

か　行

海面上昇　160
カオリナイト　38, 128
カオリン族　128
化学的風化　36, 66
化学肥料　105
角閃石　68
火山ガラス　16
火山噴出物　86, 116
加水分解　36, 70
火成岩　4
褐色森林土　6, 14
褐色低地土　18
活動層　162
カテナ　32
カドミウム　94, 100
カドミウム汚染　104
河畔林　146
神岡鉱山　96
夏緑広葉樹林　6
カルボキシル基　40
環境基準　98
環境構成要素　90
環境三法　108
環境負荷　142
還元　38
乾性沈着　154
岩石　66
岩石圏　148
岩屑土　22
間帯性土壌　4, 34
間氷期　150
カンラン石　66

機械的風化　66
気圏　148
気候区分　42
気候変動　116, 154
希釈平板法　48
輝石　68
揮発性有機化合物　121, 166

ギブサイト　38
キャリア　128
キュータン　20
菌根菌　84, 86

グライ色　18
グライ土　18
黒雲母　68
黒ボク土　4, 16, 86
クロライト　38

景観　132
ケイ酸　36
ケイ酸四面体　36
ケイ素　134
ゲータイト　16, 22, 38
結核　20
ゲリソル　1, 42
原位置抽出　122
原位置分解　122
嫌気呼吸　56
原生動物　46
元素の生成　28

高位泥炭　20
公害対策基本法　124
交換性ナトリウム率　22
工業材料　126
工業的窒素固定　40
光合成　40
黄砂　116, 160
鉱床粘土　124
国際土壌学会　124
国連砂漠化会議　158
古土壌　6
根圏　54, 80, 82
根圏効果　54
根圏土壌　82

さ　行

細菌　46
砂丘未熟土　24
砂漠化　114, 158
寒さの指数　6
サーモカルスト　162
酸化　38, 70
酸化還元電位　18
酸性化（土壌などの）　154
酸性褐色森林土　6
酸性官能基　40
酸性物質　154

酸性硫酸塩土　20
酸中和能（土壌の）　154
残留農薬　106

紫外線　156
糸状菌　46
自然生態系　146
湿性沈着　154
湿地　146
標津川　146
ジャロサイト　22
純一次生産量　44, 136
準黒ボク土　16
純生態系生産量　44, 136
純生物相生産量　136
純窒素投入量　142
硝化　60
浄化　142
硝化脱窒　62
硝酸化成　50, 60, 138
硝酸態窒素　108, 134
照葉樹　6
常緑広葉樹　6
常緑針葉樹林　6
植物　76, 92
植物遺体　18, 58
植物吸収　50
植物ケイ酸体　16
植物プランクトン　134
食物連鎖　44
人工改変土　24
浸食　76
神通川　96

水圏　148
水質汚染　116
水食　112
水食予測式　114
垂直成帯性　6
水田土　20
水和　38, 68
スーパーファンド法（米国）　168
スポディック層　14
スポドソル　1, 42
スメクタイト　38

生元素　36
成帯性土壌　4
成帯内性土壌　4, 34
静電気的反発力　74
生物圏　148
生物的窒素固定　40

世界土壌憲章　164
世界土壌図　124
世界土壌政策　165
赤黄色土　6, 16
赤色土　16
石炭　129
石油　129
雪氷圏　148
節理　66
セラミックス　129
線虫　54

層位　8
造岩鉱物　36
粗腐植層　8

た　行

大気汚染物質　124
堆積岩　4
堆積腐植層　8
ダイナミックチャンバー法　60
脱臭装置　126
脱窒　56, 60, 138
多摩丘陵　32
タルク　128
ダルシー則　72
炭素化合物　40
炭素循環　56
担体　128
団粒　46

地球温暖化　56, 152
地球システム　148
窒素　84, 134, 154
窒素固定　50, 60
窒素固定菌　40
窒素酸化物　116
窒素循環　50, 60, 133
窒素飽和　156
チャネル　84
チャンバー法　58
中間泥炭　20
直接検鏡法　48
地理情報システム　124

低位泥炭　20
泥炭土　18
低地土　18
鉄酸化菌　22
電気伝導度　22
電気2重層　74

天然ガス　129

ドイツ連邦土壌保護法　170
銅　104
銅汚染　104
同形置換　38, 92
同像置換　38
トウヒ-コケモモクラス域　6
動物　90
土壌
　——のアルカリ化　115
　——の塩類化　114
　——のガス拡散　58
　——の酸中和能　154
　——の受食性　114
　——の生成　32
　——の凍結融解　62
土壌汚染　115, 165
土壌汚染対策法　100, 122, 166, 168
土壌環境基準（土壌の汚染に係る環境基準について）　100, 166
土壌空気　78
土壌圏　148
土壌孔隙　78
土壌鉱物　80
土壌呼吸　56
土壌資源　124
土壌侵食　92, 112
土壌生成因子　4, 32
土壌炭素　58
土壌動物　44
土壌微生物　154
土壌有機物　80, 81, 160
土壌劣化　112
土性　81
土地荒廃　158
土地利用　132
虎斑　16
トレンチ法　126

な　行

内圏錯体　82

二酸化炭素　136, 152
二次鉱物　80
人間圏　148

粘土移動　74
粘土鉱物　8, 80, 94

農薬　104, 128
農用地汚染防止法（農用地の土壌の汚染の防止等に関する法律）　100, 166

は　行

灰色低地土　18
バイオマーカー　46, 52
バイオマス　46
バイオーム　84
バイオレメディエーション　106
パイライト　20
バクテリア　46
バーティソル　1, 42
ハビタルゾーン　30
バーミキュライト　16, 38
ハロイサイト　16, 38, 128
斑紋　20

ヒゲハリスゲクラス域　6
ヒストソル　1, 42
非成帯性土壌　4
微生物　46, 58
ヒ素　102
ヒ素汚染　104
ビッグバン　28
必須栄養素　98
必須元素　36, 78, 92, 98
ヒートアイランド現象　126
氷期　150
表面荷電　81
肥料取締法　116

不一致溶解　38
風化　32, 36, 66
風食　114
富栄養化　116, 154
フェノール性水酸基　40
フェロジック鉄　18
負荷電　38
腐植　8, 40
腐植粘土複合体　46
腐植物質　81
物理的風化　36, 66
ブナクラス域　8
フランキア　61
フルボ酸　12

別寒辺牛川　146
ヘマタイト　16, 38, 70
変異荷電　81

変成岩　4
変性剤濃度勾配電気泳動法　52

放射性同位体　150
母材　4
ポドゾル生成植物　12
ポドゾル性土　4, 12
ポリ塩化ビニル　64
ポンプ　84

ま　行

マイカ　128
マグマ　66, 92
マスフロー　84
マトリックポテンシャル　72

ミミズ　44

無機態窒素　40
無酸素呼吸　56

メタン　136, 142, 152
メタン消化液　60
メタンハイドレート　142
メトヘモグロビン血症　108

モリソル　1, 42
モンモリロナイト　70

や　行

ヤブツバキクラス域　8

有害化学物質　115
有害物質　98
有機酸　12
有機態窒素　40
有機物分解　40, 50, 58, 136
ユクエピラチャシ　90

陽イオン交換容量　38
溶解　70
溶脱　42

ら　行

ライフサイクル　118
ライフサイクルアセスメント　118
ラムサール条約　20

粒径組成　10, 81
硫酸還元菌　20
リン　84, 134, 154
リン鉱床　130

リン鉱石　130
リン酸　86, 130
リン脂質脂肪酸　52

レシバージ　74
レス　14
レメディエーション　129

著者略歴

岡崎 正規（おかざき まさのり）
- 1948年 東京都に生まれる
- 1975年 東京大学大学院農学系研究科博士課程中退
- 現在 東京農工大学大学院農学研究院教授
  農学博士

木村園子ドロテア（きむら そのこ ドロテア）
- 1976年 愛知県に生まれる
- 2005年 北海道大学大学院農学研究科博士課程修了
- 現在 東京農工大学大学院農学研究院准教授
  農学博士

波多野隆介（はたの りゅうすけ）
- 1956年 福岡県に生まれる
- 1982年 北海道大学大学院農学研究科博士課程中退
- 現在 北海道大学大学院農学研究院教授
  農学博士

豊田剛己（とよだ こうき）
- 1965年 愛知県に生まれる
- 1993年 名古屋大学大学院農学研究科博士課程修了
- 現在 東京農工大学大学院農学研究院准教授
  農学博士

林 健太郎（はやし けんたろう）
- 1968年 石川県に生まれる
- 2002年 東京農工大学大学院生物システム応用科学府博士課程修了
- 現在 （独）農業環境技術研究所物質循環研究領域主任研究員
  農学博士

図説 日本の土壌

定価はカバーに表示

2010年4月30日　初版第1刷
2017年11月20日　　第3刷

著者　岡崎　正規
　　　木村園子ドロテア
　　　波多野　隆介
　　　豊田　剛己
　　　林　健太郎
発行者　朝倉　邦造
発行所　株式会社　朝倉書店
東京都新宿区新小川町6-29
郵便番号　162-8707
電話　03(3260)0141
FAX　03(3260)0180
http://www.asakura.co.jp

〈検印省略〉

© 2010 〈無断複写・転載を禁ず〉

教文堂・渡辺製本

ISBN 978-4-254-40017-5　C 3061　　Printed in Japan

JCOPY ＜(社)出版者著作権管理機構 委託出版物＞

本書の無断複写は著作権法上での例外を除き禁じられています．複写される場合は，そのつど事前に，(社)出版者著作権管理機構（電話 03-3513-6969, FAX 03-3513-6979, e-mail: info@jcopy.or.jp）の許諾を得てください．

前九大 和田光史・滋賀県大 久馬一剛他編

土 壌 の 事 典

43050-9 C3561　　　　A5判 576頁 本体22000円

土壌学の専門家だけでなく，周辺領域の人々や専門外の読者にも役立つよう，関連分野から約1800項目を選んだ五十音配列の事典。土壌物理，土壌化学，土壌生物，土壌肥沃度，土壌管理，土壌生成，土壌分類・調査，土壌環境など幅広い分野を網羅した。環境問題の中で土壌がはたす役割を重視しながら新しいテーマを積極的にとり入れた。わが国の土壌学第一線研究者約150名が執筆にあたり，用語の定義と知識がすぐわかるよう簡潔な表現で書かれている。関係者必携の事典

前森林総研 渡邊恒雄著

植物土壌病害の事典

42020-3 C3561　　　　B5判 288頁 本体12000円

植物被害の大きい主要な土壌糸状菌約80属とその病害について豊富な写真を用い詳説。〔内容〕〈総論〉土壌病害と土壌病原菌の特性／種類と病害／診断／生態的研究と諸問題／寄主植物への侵入と感染／分子生物学。〈各論〉各種病原菌(特徴，分離，分類，同定，検出，生理と生態，土壌中の活性の評価，胞子のう形成，卵胞子形成，菌核の寿命，菌の生存力，菌の接種，他)／土壌病害の生態的防除(土壌pHの矯正，湛水処理，非汚染土の局部使用，拮抗微生物の処理，他)

植物栄養・肥料の事典編集委員会編

植物栄養・肥料の事典

43077-6 C3561　　　　A5判 720頁 本体23000円

植物生理・生化学，土壌学，植物生態学，環境科学，分子生物学など幅広い分野を視野に入れ，進展いちじるしい植物栄養学および肥料学について第一線の研究者約130名により詳しくかつ平易に書かれたハンドブック。大学・試験場・研究機関などの専門研究者だけでなく周辺領域の人々や現場の技術者にも役立つ好個の待望書。〔内容〕植物の形態／根圏／元素の生理機能／吸収と移動／代謝／共生／ストレス生理／肥料／施肥／栄養診断／農産物の品質／環境／分子生物学

但野利秋・尾和尚人・木村眞人・越野正義・三枝正彦・長谷川功・吉羽雅昭編

肥　料　の　事　典

43090-5 C3561　　　　B5判 400頁 本体18000円

世界的な人口増加を背景とする食料の増産と，それを支える肥料需要の増大によって深刻化する水質汚染や大気汚染などの環境問題。これら今日的な課題を踏まえ，持続可能な農業生産体制の構築のための新たな指針として，肥料の基礎から施肥の実務までを解説。〔内容〕食料生産と施肥／施肥需要の歴史的推移と将来展望／肥料の定義と分類／肥料の種類と性質(化学肥料／有機性肥料)／土地改良資材／施肥法／施肥と作物の品質／施肥と環境

安西徹郎・犬伏和之編　梅宮善章・後藤逸男・妹尾啓史・筒木 潔・松中照夫著

土 壌 学 概 論

43076-9 C3061　　　　A5判 228頁 本体3900円

好評の基本テキスト「土壌通論」の後継書〔内容〕構成／土壌鉱物／イオン交換／反応／土壌生態系／土壌有機物／酸化還元／構造／水分・空気／土壌生成／調査と分類／有効成分／土壌診断／肥沃度／水田土壌／畑土壌／環境汚染／土壌保全／他

滋賀県大 久馬一剛編

最新 土 壌 学

43061-5 C3061　　　　A5判 232頁 本体4200円

土壌学の基礎知識を網羅した初学者のための信頼できる教科書。〔内容〕土壌，陸上生態系，生物圏／土壌の生成と分類／土壌の材料／土壌の有機物／生物性／化学性／物理性／森林土壌／畑土壌／水田土壌／植物の生育と土壌／環境問題と土壌

東大 宮崎 毅・北大 長谷川周一・山形大 粕渕辰昭著

土 壌 物 理 学

43092-9 C3061　　　　A5判 144頁 本体2900円

大学初年級より学べるよう，数式の使用を抑え，極力平易に解説した土壌物理学の標準的テキスト。〔内容〕土の役割／保水のメカニズム／不飽和浸透流の諸相／地表面の熱収支／土の中のガス成分／土中水のポテンシャルの測定原理／他

広島大 堀越孝雄・京大 二井一禎編著

土壌微生物生態学

43085-1 C3061　　　　A5判 240頁 本体4800円

土壌中で繰り広げられる微小な生物達の営みは，生態系すべてを支える土台である。興味深い彼らの生態を，基礎から先端までわかりやすく解説。〔内容〕土壌中の生物／土壌という環境／植物と微生物の共生／土壌生態系／研究法／用語解説

上記価格（税別）は2017年10月現在